“十二五”国家重点图书　现代化学与应用丛书
普 通 高 等 教 育 化 学 类 专 业 规 划 教 材

基础化学计量学及其应用

倪力军 张立国 ◎编 著

華東理工大學出版社
EAST CHINA UNIVERSITY OF SCIENCE AND TECHNOLOGY PRESS

图书在版编目(CIP)数据

基础化学计量学及其应用/倪力军,张立国编著.
—上海:华东理工大学出版社,2011.7(2025.7 重印)
普通高等教育化学类专业规划教材
ISBN 978-7-5628-3011-5

Ⅰ.①基… Ⅱ.①倪… ②张… Ⅲ.①化学计量学—高等学校—教材 Ⅳ.①06-04

中国版本图书馆 CIP 数据核字(2011)第 086437 号

"十二五"国家重点图书·现代化学与应用丛书·
普通高等教育化学类专业规划教材

基础化学计量学及其应用

编　　著 / 倪力军　张立国
责任编辑 / 周　颖
责任校对 / 金慧娟
封面设计 / 陆丽君　裘幼华
出版发行 / 华东理工大学出版社有限公司
　　地　址:上海市梅陇路 130 号,200237
　　电　话:(021)64250306(营销部)　64251837(编辑室)
　　传　真:(021)64252707
　　网　址:www.ecustpress.cn
印　　刷 / 广东虎彩云印刷有限公司
开　　本 / 890mm×1240mm　1/32
印　　张 / 13
字　　数 / 369 千字
版　　次 / 2011 年 7 月第 1 版
印　　次 / 2025 年 7 月第13次
书　　号 / ISBN 978-7-5628-3011-5
定　　价 / 48.00 元

联系我们:电 子 邮 箱 zongbianban@ecustpress.cn
　　　　官 方 微 博 e.weibo.com/ecustpress
　　　　天猫旗舰店 http://hdlgdxcbs.tmall.com

华东理工大学出版社
客户端扫码进入天猫旗舰店

“十二五”国家重点图书·现代化学与应用丛书·
编委会成员名单

“十二五”国家重点图书《现代化学与应用丛书》联系邮箱 hxyyyhx@163.com

前言

化学计量学是连接化学、数学、计算机技术的交叉学科，在高校化学类专业中作为必修课或选修课。化学计量学中的很多方法来自多元统计学，采用矩阵、向量来描述相关化学原理和定律。笔者在从事化学计量学本科生及研究生教学的过程中深切体会到，虽然大多数理工科大学生在大一、大二阶段学过线性代数或概率统计课程，但并不了解相关数学概念、定理与化学信息、化学定律有什么关系，缺乏将化学信息转化为数学方法描述的过渡和训练，通常感到这门课的内容抽象、难懂，难以适应与理解化学计量学中的相关内容和方法。其次，化学计量学中的方法大多需要通过计算机来实现，对于只学过基本计算机语言但缺乏相应锻炼的化学类专业的学生而言，化学计量学算法的计算机实现也是一桩难事，需要采用合适的计算机平台开展本科化学计量学教学与练习。

本书是笔者十年来在华东理工大学化学类专业开设的化学计量学、化学信息的解析及其应用讲义和从事化学计量学应用和理论研究的基础上修订、补充完成的，目的是想提供一本适合化学类专业本科生、便于教学和学生自学并练习的教材。

本书具有以下几个特色。

一是在编写过程中注意各知识点和方法间的联系、不同章节间有呼应。有时同一个例子在不同的章节中都会用到，以便学生通过例题关注和理解不同知识点、方法和概念间的联系及相互关系，而不是孤立地去学习化学计量学的内容。

二是在内容和例题的选编上贯穿“授人以鱼不如授人以渔”的理念，采用恰当的例题为载体，将化学中的问题转化成抽象的数学问题来描述，再用合适的数学方法来解决该数学问题，在这个过程中将相关概念和方法讲透，并联系实际应用。当学生掌握和理解采用数学工具来描述和解决化学问题的思想和方法后，便不难理解和运用教材中的各种方法。因此，本书的第 2 章用了很大篇幅进行数学基础知识的回顾，讲解线性代数和数理统计中的基本概念、理论与化学现象、信息的关系，通过大量生动的例子演示数学概念和知识如何用于化学数据、信息及规律的描述。使学生能够适应线性代数的描述方法、理解数理统计中的基本概念并掌握其应用。在打好这些基础后，后面的主成分分析、多元校正、回归分析及模式识别等化学计量学基本内容和方法的讲解与学习就会比较轻松易懂。

三是采用 MATLAB 平台实现化学计量学方法，将学生从繁琐的编程中解放出来。本书绝大部分例题都附有 MATLAB 实现的命令和注释，书中的例题和练习题中的数据均做成电子文档备份在配套光盘中，以便于学生根据教材进行练习。本书中用到的常用 MATLAB 函数、自编的 M 文件和 MATLAB 函数均收录在附录或相关章节中，并附有注释、调用说明及例子，可减轻学生在学习和应用化学计量学方法时计算机编程的困难，非常便于初学者使用。

四是在进行基础知识的讲解和介绍中强调化学计量学方法的应用及注意事项，以便于读者正确使用相关方法。书中例题尽可能采用生产、科研实践或大学生课外创新实践的数据，有明确的化学或应用背景，可使读者感受到化学计量学不仅仅是抽象的数学方法、理论，而且是有广阔应用背景的学科。

五是本书配有 32 学时的教学课件，可供高等院校教师教学时参考。

在本书付梓之际，感谢参考文献中所列的同行和前辈，是他们的工作将笔者引进化学计量学学科大门；感谢中南大学梁逸曾教授 2002 年 7 月在首都师范大学举办的第二届全国化学计量学培训与交流会议期间的讲座，使笔者体会到了如何通过好的例子架起化学与数学间的桥梁。本课题组所指导的部分研究生及参加创新实践的本科生为本书提供了部分算例，进行了校稿、例题与程序验证等工作，在此一并致谢。

由于笔者水平有限，书中的不足之处在所难免，敬请读者和同行批评指正。

目录

第6章 主成分分析及其在回归分析中的应用

第7章 化学校正理论及光谱定量分析技术

第 9 章 如何用好化学计量学

第1章 绪　论

1.1 为什么学习化学计量学

现代科学技术、计算机和互联网、多媒体的飞速发展与普及，给人类生活、工作和科学研究带来极大便利的同时也使我们面临着信息爆炸和信息泛滥的困惑。在各行各业的生产实践与各种实验性学科研究中，经常会产生大量类型不同的实验或测试数据。例如，一个现代化化工厂就有成千上万个传感器不断记录生产数据；医疗、环保、地质勘探领域每天也在积累大量数据。随着计算机技术的进步与互联网的普及，大批数据库(Data base)已经建立。这些数据中蕴藏着大量宝贵信息，为我们认识事物的性质、规律提供了丰富的材料与科学依据，犹如有价“矿藏”有待开发挖掘。它能够快速有效地从铺天盖地的数据与信息中抽提有用的、重要的信息与规律，以指导生产实践与经济、科研活动，成为现代科技人才应当具备的重要技能和素质。

化学是一门理论与实验并重的学科，化学领域工作者每天会面对大量的实验数据。实验数据的种类很多，按基本物性分为物理和化学两大类。如物质的硬度、尺寸、密度、质量、沸点、压强等属于物理性能数据；化学数据主要反映关于化学性能方面的性质，如样品中所含物质的结构、组成(含量)、相对分子质量、化学反应速率常数等。此外，既有以离散形式体现的化学信息，如活化能、化合物(物质)含量等；也有以连续的谱图体现的化学信息，如红外、紫外光谱等。在样品的质量分析、检测过程中大量使用各种光谱、色谱甚至联用仪器方法来获取样品的化学信息，这些化学信息通常以兆为单位，以向量或矩阵、张量等形式存储在计算机中。采用简单的分析方法很难从中找到有效解决方案和所需的信息，化学计量学则可以为这类复杂数据的解析和信息抽提提供解决方法。

一个化学问题的研究过程一般如下。

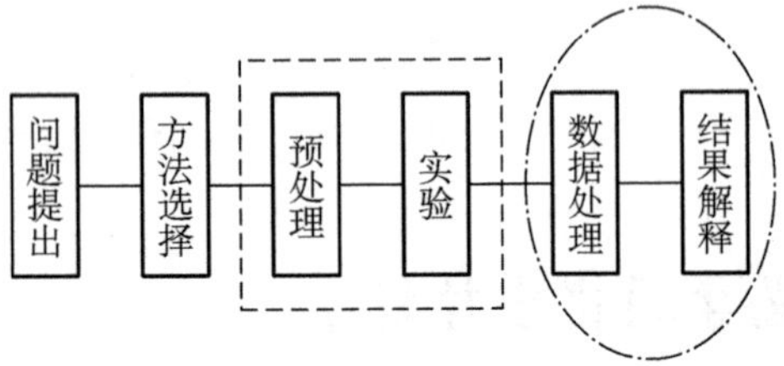

以往的化学工作者对研究过程中的预处理及实验过程研究较多（即虚线方框内的内容），其主要精力放在如何获得实验数据上。而对方法选择、数据处理及结果解释（椭圆框内的内容）方面的研究较少，往往不能很好地从实验数据中提取有用的化学信息。传统的化学教育侧重于对化学原理、知识、方法的传授和对学生实验技能的培养、实验数据的获取上，在数据的处理、结果分析和解释方面的相关教育和培训较少，学生往往不能很好地从实验及测试数据中提取有用的信息。

在实际化学问题的解决过程中，实验只是其中的一个步骤，与之同样重要的还有实验方案的设计与选择、数据处理和实验结果中化学信息的提取等。实验结果的不合理解释会歪曲隐含在实验数据中的化学信息，导致错误的结论。

此外，目前各类现代分析仪器都配有专门的软件处理和分析测试数据。如果对软件中所用的数据处理方法缺乏必要的了解，不但难以理解、利用和解释软件提供的分析结果而且不易掌握软件中各个功能、参数的使用与设置。此外，商业软件有时不能满足分析者的特定需求或并不能提供用户所需要和关心的某些特定信息（或某些中间过程的信息），需要分析人员对相关数据另外进行分析处理。所以，如何从大量化学实验及测试数据中获取有用的信息，为生产实践、科研和质量控制提供服务是化学工作者及相关领域技术人员所面临的共同难题。

本书主要介绍以数字形式为载体或可化为数字形式的化学实验

数据的处理方法及其应用，在化学领域中这些方法通常称为化学计量学方法。希望通过本书的学习和实践，使学生掌握从实验（测试）数据中抽提出所需要的信息、建立可正确反映研究对象的数学模型（规律）的方法及如何求解这些数学模型。

1.2 化学计量学的定义

1974 年国际化学计量学工作者在美国西雅图召开了国际化学计量学学会成立大会，并正式创办了该学会的机关刊物（Journal of Chemical Information & Computer Science）。20 世纪 80 年代以来，新的化学计量学刊物相继问世，如 Journal of Chemometrics，Chemometrics and Intelligent Laboratory Systems 等。我国中科院计算化学开放实验室主办的《计算机与应用化学》也刊登了很多化学计量学方面的文章。

化学计量学（Chemometrics）是一门新的化学分支学科，它应用数学、统计学、计算机及其他相关学科的理论和方法去设计和选择最优的测量过程和实验方法，并通过对化学数据的解析，最大限度地获取有用的化学信息。

化学计量学的内涵如下。

(1) 选择最优测量程序并获取最大限度信息，必须也只有借助计算机技术。

(2) 化学计量学研究和探讨各种化学量测过程的共性问题，如化学实验设计和优化，化学数据解析及有用信息的提取等，因此它是有关化学量测的基础、理论和方法学。

(3) 化学计量学是化学、数学和统计学及计算机科学诸多学科的“接口”，但它又是一个学科总体，有其自然学科体系，可更具体地表达为研究应用数学与统计学方法、借助计算机技术，进行化学量测的实验设计、数据处理和分类、解析和预测的一门学科。

Chemometrics 一词是 Wold. S 仿 Econometrics（经济计量学）一词提出的，翻译为化学计量学则较好地反映出其作为“接口”学科的内涵。

化学计量学在化学实验设计、数据处理、信号解析与分辨、化学分类决策及预报等方面解决了许多传统化学研究方法难以解决的问题,显示了强大的生命力,受到了越来越多化学工作者的重视。

1.3 化学计量学解决问题的方法

化学计量学运用各种数学和统计方法进行数据处理和信息抽提。例如,化学谱图是一种常见的化学信息载体,为了从中提取有用的信息,通常我们会对化学谱图进行去除噪声、微分或积分以及傅里叶变换等预处理,在相关的化学定律(如 Lambert-Beer 定律)基础上结合多元统计方法,可建立复杂样品中化合物浓度和化学图谱信息间的数学关系,以达到对样品进行定量或定性分析的目的。这些化学信息解析中用到的数学方法分散在数理统计、多元统计分析、线性代数、最优化理论、数值分析与拟和等应用数学专著与教材中。

理工科的大学生大都具备高等数学、线性代数的基础,概率和数理统计的学习则视具体专业而定。大学数学课程中将各种实际研究对象或问题抽象成为变量、矢量、矩阵、函数等概念,在数学课上学生只是学习各种定理、概念,而不知道它们都有哪些用处、如何在实际问题中运用这些理论和知识。因此,作为高等院校的高年级理工科大学生及研究生,结合专业背景,学习如何综合运用专业知识、数学方法进行数据分析和信息抽提与挖掘,以解决相关领域中出现的各种问题、满足现代信息社会的迫切需求,是十分重要和必要的。化学计量学的学习与实践可以作为构建数学方法、计算机技术与化学问题间的桥梁,培养学生的数据分析、信息挖掘能力。

化学计量学方法的学习及其应用需要三方面的基础:一是相关的数学基础和知识;二是应用计算机处理数据和编程的能力;三是相关的化学和专业背景知识。对于本书的对象(化学类相关专业本科生)而言,计算机编程能力比较薄弱,专业的软件(如统计软件包SPSS、SAS)并不全部适合本教材内容,并且这些软件限制了学生的主观能动性。而纯粹的计算机编程平台(如C语言)不适合于缺乏专业训练的学生进行复杂方法编程和计算机实现。MATLAB作为一个基于C语言和以矩阵为变量开发的数学软件平台,包含大量基本函数,本教材中涉及的很多算法都以函数形式包含在MATLAB平台的相关工具箱里,MATLAB平台使得数学算法的实现和编程十分简单。因此,为便于学生实践和练习,本书的大部分例子都配有MATLAB命令和命令中各相关参数的解释。希望本课程的学习和实践,能够帮助学生构建专业知识与数学概念、方法间的桥梁,锻炼综合各种知识、方法去解决复杂实际问题的能力,使学生具备较好的数据分析和信息抽提的能力,以适应信息化社会的挑战和要求。

1.4 化学计量学的研究对象与内容

化学计量学为化学量测提供了理论和方法,为各类波谱及化学量测数据的解析、化学化工过程的机理研究和优化提供了新途径。如图1-1所示,化学计量学涵盖了分析化学的全过程,包括采样理论和方法、实验设计与化学化工过程的计算机模拟、化学定量构效关系、化学信号处理、分析信号的校正与分辨、化学模式识别、化学数据库、人工智能与化学专家系统等,是一门内涵相当丰富的化学学科分支。

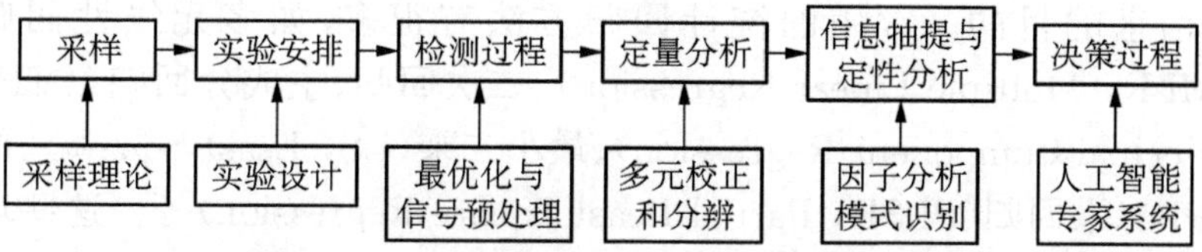

图1-1 化学计量学涵盖了分析化学的全过程

采样与实验设计理论比较成熟,有关报道多为应用研究。化学计量学作为一种方法学学科,其主要研究对象是各类数据,因此数据的处理分析以及信息挖掘是化学计量学的主要研究内容。

本书作为化学计量学的入门读物，旨在通过实例介绍相关基础方法的原理和应用。为使读者具备运用化学计量学方法进行数据分析和信息解析的能力，本书只介绍了一些比较基本的方法和内容，至于化学计量学中前沿和比较繁难的主题，有兴趣的读者可以参阅其他相关资料与文献。

本书主要内容包括：数学基础知识与 MATLAB 简介、相关分析及其应用、回归分析及其应用、实验设计与实验数据的处理、主成分分析及其在回归分析中的应用、化学校正理论及光谱定量分析技术、化学模式识别及其应用、如何用好化学计量学。

学习本书内容需要线性代数、统计分析的基础知识。考虑到初学者的基础不同，为了方便起见，本书第 2 章进行了有关数学基础知识的简要回顾并对 MATLAB 的使用进行简单介绍。

我们对所研究的对象通常采用一些变量进行描述，这些变量是否独立、相互间有无关联对于建立数学模型有很大影响。相关分析是对变量进行评估和筛选的一种有效方法。只有当自变量和因变量之间存在相关性时进行定量或定性分析才可能建立有意义的统计模型。所以相关性分析是在进行数据分析和处理之前对其进行初步评价和筛选的简单可行的方法，本书的第 3 章对有关内容和应用进行介绍。

对于所获得的分析与测试数据，化学计量学最常用的方法就是采用各种统计回归的方法建立以测试数据(或来自测试数据的量)为自变量、待求信息为因变量的回归模型，从而达到用回归模型预测所需信息的目的。常用的统计回归方法有很多，如多元线性回归(MLR, Multiple Linear Regression)、二次回归、主成分回归(PCR, Principal Component Regression)、最小二乘(LS, Least Square)、偏最小二乘回归(PLSR, Partial Least Square Regression)等。这些均是建立定量数学模型的常用数学方法，在具体应用时，需要根据研究对象的特点选择合适的方法。本书第 4 章主要介绍线性回归方法，主成分回归及偏最小二乘回归在第 6 章进行介绍。

化学实验设计的目的是用较少的实验次数尽可能多地获得实验因素与目标之间关系的信息。传统化学工作者采用一次一个变量的实验设计方法不仅费时、不经济，而且对于多因素问题往往难以达到总体优化。化学计量学中的实验设计一般都是以多因素实验为基础的，其中正交实验设计是一种常用的优化实验设计方法，已为广大化学、化工及其他研究领域的工作者所采用。而后来出现的均匀设计比正交设计具有工作量更小的优点。单纯形优化(Simplex)是一种序贯实验设计方法，它简单、信息量多，在分析化学中的色谱、光谱等实验条件优化以及在化工过程生产条件优化等方面有很多应用。本书第5章对这方面内容进行介绍。

主成分分析或基于主成分分析的多变量统计方法，可处理多因素相互影响的复杂体系，对于信息重叠、相关性较强的化学信息可借助主成分分析进行信息压缩与独立信息的抽提。此外，主成分分析在众多变量中提取起主要作用的因素，有助于进一步认识事物的本质。主成分分析的方法常与模式识别、多元校正(回归)等方法联合解决化学中的问题，本书的第6章以主成分分析为核心，介绍其在信息压缩、多元校正(回归)中的应用，主成分分析在模式识别等定性分析中的应用在第8章进行介绍。

实际的化学量测系统一般都是多组分共存的体系，组分之间的干扰是难免的，化学量测得到的往往是多组分信息重叠的混合图谱，必须将这些复杂信号进行分辨、解析后，才能得到系统中各单一组分的信息。传统的化学量测常采用繁琐、冗长的化学分离或掩蔽等方法获得单一组分的信息。但在很多情况下，仅靠化学方法解决多组分系统的分辨常常是很困难的。第7章介绍的多元校正理论可以根据多元物系的图谱信息进行多组分同时测定而不必进行化学分离实验。

化学量测的最终目的是获取所研究对象的定性或定量信息。这些信息有些可用实验直接测得，但有些信息是一种隐含的性质，难以直接用化学方法测量而得到。例如，我们可以测定某矿石样品中的各种元素含量，但无法直接测定它属于不同矿石中的哪一类。像这种分类或判别等问题，常常是不能直接测定的一些隐含性质。一般来说，对于单因子或两因子的判别分类问题，人们有较强的判别能力，但对于多因子系统的判别分类则需要借助模式识别技术。模式识别是以多元统计分析及相关数学理论和方法为基础发展起来的提取研究对象中隐含信息的多因子判别分析方法。聚类分析、判别分析、非线性映照等方法在化合物的结构-性能关系研究、疾病辅助诊断、环境污染源分析、质量控制等方面得到成功应用，本书的第8章对模式识别方面的内容和应用进行介绍。

尺有所短，寸有所长，化学计量学有传统化学方法没有的优点，但也存在其局限性，只有合理、正确地应用化学计量学理论和方法，才有可能解决好实际化学问题。为此，本书第9章对相关原则进行了讨论。

总之，化学计量学所包含的内容是极其丰富的，目前各种传统的化学教科书中基本没有反映这些内容。一些欧美国家已将化学计量学设为本科高年级与研究生的必修课，并开发了相关的软件用于科研与教学。我国一些高校也开设了这门课程，作为化学类专业的学生及教师、科研工作者，了解其内容并在一定程度上掌握某些与所从事领域相关的专题是十分必要的。

1.5 化学计量学与现代分析化学的关系

化学计量学最初是从分析化学发展而来的一门交叉学科，因此，有必要先回顾一下分析化学的发展历程。分析化学的发展经历了三次巨大的变革。

第一次变革发生在20世纪初，物理化学的发展建立了溶液的四大平衡理论，使分析化学从一门技术发展成一门科学，这一阶段是分析化学与物理化学结合的时代，在这一时期分析化学作为化学的一个分支。

第二次变革发生在20世纪60年代，物理学、电子学等学科的发展促进了分析中物理方法、仪器分析方法的大发展。化学分析方法在很多方面已无能为力，如半导体学科向分析化学提出砷化镓中砷常量分析的测定准确程度要达到10^{-6}级别等。这一时期是分析化学与物理、电子学结合的时代。

从20世纪70年代以来，以计算机应用为主要标志的信息时代的来临，给分析化学带来了巨大的活力，目前分析化学已发展成为一门建立在化学、物理学、数学、计算机、精密仪器制造科学等学科之上的综合性的边缘学科。传统的分析化学中简单的实验设计及数据处理方法对于现代分析化学中大量复杂过程的处理显得无能为力，而化学计量学在这方面表现出极大的优越性。它涉及的问题很多是分析化学的基础性问题，或者说它是构成分析化学第二层次基础理论的重要组成部分。

显然，化学计量学与分析化学的信息化密切相关，在化学计量学的诞生、发展及成熟过程中，分析化学工作者做出了重大贡献。化学计量学的许多基础性工作是由分析化学家完成的。许多高校的化学计量学课程也是由分析化学教师讲授。但化学计量学发展至今，其涉及面已远远超出了分析化学范畴。近年来，除分析化学外，化学计量学在环境化学、材料领域、地球化学以及工业过程中的应用以惊人的速度增加，化学计量学呈现出交叉性和边缘性的特点。在我国，目前已将化学计量学列为分析化学的分支学科。

长期以来，分析化学工作者一直以单纯的分析数据提供者的角色在化学学科发展中起作用。而现代分析化学的发展，不仅需要解决获得化学量测数据的问题，而且需要从大量分析数据中提取化学信息。化学计量学的兴起和发展，促进了分析化学与化学其他分支的结合，使分析化学工作者不再是单纯的分析数据提供者，而且是化学问题的直接参与和解决者。

1.6 化学计量学教学及其目的

20世纪80年代，化学计量学从学术研究领域发展到进入化学课堂，化学计量学的软件纷纷问世，到20世纪90年代，它已成为现代分析化学工作者不可缺少的工具。

Brown认为化学家习惯于将99%的精力与资源用在数据的收集上，只余下1%用于将数据转化为信息。这种与信息时代的观念相悖的习惯应通过化学教育加以改变。在 InCINC'94 网上讨论中，Lochmueller 等介绍了 Duke 大学主持的美国国家自然科学基金研究项目，目标是将化学计量学引入主修化学的本科生分析化学实验中。他们将采样(土壤中镁的离子交换-萃取及 AA 测定)、发现建模及单纯形优化(NMR 及中子活化)、重叠峰去卷积及通用秩消去法(HPLC-DAD)与化学模式识别(烷烃及烯烃的 GC-MS)等列入实验大纲。

主修分析化学的学生掌握化学计量学基础，将有利于他们更好地完成提供化学信息的服务，进而他们还能为智能分析仪器的设计提供新的思路。分析仪器工业是发达国家十分重要的高科技产业。许多新型智能分析仪器的基础部分其实与常规仪器相同，其增值部分往往是智能软件，通常这就是化学计量学的贡献。

作为一个交叉学科，化学计量学的很多内容或方法与当前的一些术语在本质上是相同的。如目前的研究热点——数据信息采掘与知识获取(Data Mining and Knowledge Discovery，简称 Data Mining)以及数据分析与信息挖掘技术(Data Analysis and Information Digging)中的各种方法也是化学计量学中常用或研究的热点，从某种意义上而言，只是由于研究背景的不同而有了不同的叫法而已。从历史角度而言，化学计量学这一名词的提出和应用源自分析化学，因此化学计量学课程或相关研究多以分析化学中的问题为背景。

为了便于学生掌握和运用相关方法，本书将结合相关的背景问题进行介绍。首先是一些重要的数据处理、分析方法和信息抽提技术的原理、方法，然后通过具体实际案例问题的解决，演示如何应用合适的方法来处理化学实验(测试)数据，抽提有用的信息，对研究对象进行合理、正确的评价和分析。在具体章节中，着重介绍方法的使用和步骤，理论部分的推导与原理介绍从简或用 * 标出，有兴趣及数学基础好的同学可以阅读带有 * 号的内容或相关的参考书籍作为拓展。

本教材和课程设置的目的是希望学生能够学会有关的数据处理方法与信息挖掘技术，无论例子来自哪个领域，应着重理解方法的本质和适用范围，而不要拘泥于某一特定领域。因此，化学计量学教学的目的可以说是为了培养学生具备以下科学技能与素质。

(1) 学习合理地安排科学实验方案、选择最优的测量过程的方法，以最经济的代价获取最完善可靠的实验数据。

(2) 掌握从化学实验和测试数据中抽取信息的方法；从实验（测试）数据中抽提出所需要的信息及有关数据间的基本关系（规律）、用于指导生产实践和科学研究。

(3) 良好理解和掌握现代分析仪器中分析软件的原理和功能，为更好地应用相关软件奠定基础，并能利用其所提供的数据解决实际问题。

(4) 学习根据不同问题的特点选择合适的方法，建立数学模型去描述研究对象，以解决相关的具体问题。

思考题

1. 化学计量学的目的是什么？它怎样解决问题？

2. 掌握化学计量学有哪些益处？

3. 学习本课程要用到哪些数学基础知识？

参考文献

[1] Brown S D. Chemometrics Intell. Lab. Syst.，1995，30：49.

[2] Miller C E. The use of chemometrics techniques in process analytical method development and operation. Paper of InCINC'94.

[3] Lochmueller C H，Reese C E. Computational analytical chemistry and its introduction in undergraduate curricula. Paper of InCINC'94.

[4] Prada-Sanchez J M，Febrero-Bande M J. Chemometrics，1997，11：13.

[5] Wold S. Chemometrics：what do we mean with it do we want from it. Paper of InCINC'94.

[6] 高鸿. 化学通报，1982，8：3.

[7] 何锡文，郭薇，胡军，等. 分析化学，1997，25：253.

[8] 梁逸曾，卢志强，俞汝勤. 高等学校化学学报，1989，10：704.

[9] 汪尔康. 21世纪的分析化学. 北京：科学出版社，1999.

[10] 俞汝勤. 化学计量学导论. 长沙：湖南教育出版社，1991.

[11] 俞汝勤. 化学计量学与现代分析化学. 北京：科学出版社，1996.

[12] 张正奇，俞汝勤. 中国科学. B辑. 1988，8：810.

第2章 数学基础知识与MATLAB简介

2.1 线性代数基础知识

线性代数的研究对象为向量和矩阵，而向量是一种特殊形式的矩阵。矩阵方法的问世，为描述冗长复杂的数学计算提供了一种简明的方法。矩阵运算的标准程序适用于所有的计算机。化学测量数据不论一维、二维还是三维，均可表示成矩阵。对化学实验数据、谱图进行处理与信息抽提时如没有掌握矩阵代数的有关知识，就难以掌握各种信息处理方法的内涵和实质。

数据排列成矩阵形的阵列叫矩阵，这些数据称作矩阵的元素。元素的形式是多种多样的，它可以是实数、复数、代数表达式，也可以是矩阵本身或矩阵表达式。矩阵的运算只涉及具有数值形式的矩阵。

2.1.1 向量和矩阵

向量是一种特殊的矩阵，当矩阵中只有一行或一列元素时，这个矩阵就退化为一个行向量或列向量。通常用黑斜体字母来表示一个向量或矩阵。例如，$\boldsymbol{a} = [a_1 \quad a_2 \quad \cdots \quad a_p]$ 是一个有 p 个元素的行向量，用 $\boldsymbol{a}^{\mathrm{T}}$ 来表示 $\boldsymbol{a}$ 的转置，上面的行向量 $\boldsymbol{a}$ 转置后就成为一个列向量

$$\boldsymbol{a}^{\mathrm{T}} = \begin{Bmatrix} a_1 \\ a_2 \\ \vdots \\ a_p \end{Bmatrix}$$

而 n 个由 p 个元素组成的行向量可以用矩阵 $\boldsymbol{A}_{n\times p}$ 表示如下

$$\boldsymbol{A}=\begin{bmatrix} a_{11} & a_{12} & \cdots & a_{1p} \\ a_{21} & a_{22} & \cdots & a_{2p} \\ \vdots & \vdots & \ddots & \vdots \\ a_{n1} & a_{n2} & \cdots & a_{np} \end{bmatrix}$$

向量的点积(内积)计算结果为两个向量对应元素乘积的和,即一个行向量乘以一个维数相同的列向量,计算结果为一个数

$$\boldsymbol{a}^{\mathrm{T}}\boldsymbol{b}=[a_1 \quad a_2 \quad \cdots \quad a_p]\begin{Bmatrix} b_1 \\ b_2 \\ \vdots \\ b_p \end{Bmatrix}=\boldsymbol{b}^{\mathrm{T}}\boldsymbol{a}=[b_1 \quad b_2 \quad \cdots \quad b_p]\begin{Bmatrix} a_1 \\ a_2 \\ \vdots \\ a_p \end{Bmatrix}=\sum_{i=1}^{p}a_ib_i$$

当两个向量内积等于 0 时,称这两个向量相互正交。其几何意义相当于这两个向量相互垂直。

由于向量是矩阵的特例,所以下面的相关性质介绍均以矩阵为基础。

2.1.2　矩阵的加法和数乘

当两个矩阵(向量)具有同样的阶数时,可以相加。设

$$\boldsymbol{A}=(a_{ij})\text{ 和 }\boldsymbol{B}=(b_{ij})(i=1,\ 2,\ 3,\ \cdots,\ n;\ j=1,\ 2,\ 3,\ \cdots,\ p)$$

则矩阵加法为

$$\boldsymbol{C}=\boldsymbol{A}+\boldsymbol{B}=(a_{ij}+b_{ij})$$

若用一个常数 k 去乘,即数乘矩阵,则有

$$\boldsymbol{C}=k\boldsymbol{A}=(ka_{ij})$$

2.1.3　矩阵乘法

如果第 1 个矩阵(向量)的列数等于第 2 个矩阵(向量)的行数,则这两个矩阵(向量)可以相乘。设 $\boldsymbol{A}$ 为 $n\times m$ 阶矩阵,$\boldsymbol{B}$ 为 $m\times p$ 阶矩阵,则矩阵 $\boldsymbol{A}$ 与 $\boldsymbol{B}$ 的点积 $\boldsymbol{C}$ 为 $n\times p$ 阶矩阵。有乘法

$$\boldsymbol{C} = \boldsymbol{A}_{n\times m}\boldsymbol{B}_{m\times p} = (c_{ij})\ (i = 1, 2, \cdots, n;\ j = 1, 2, \cdots, p)$$

一般 $\boldsymbol{AB}$ 不等于 $\boldsymbol{BA}$。因此,相乘的顺序不能颠倒。即使两个矩阵颠倒顺序后能够相乘,结果一般也不相等。

2.1.4 矩阵的转置和对称性

一个矩阵(向量)的转置矩阵由对换原矩阵的行和列而得,即第 i 行变成 i 列,第 i 列变成 i 行。转置矩阵记为 $\boldsymbol{A}^{\mathrm{T}}$。

若一个方阵(行和列相等的矩阵)对所有的 i 和 j,都有 $a_{ij} = a_{ji}$,则称该方阵为对称矩阵,即该方阵关于主对角线对称,对称矩阵的转置是该矩阵本身。即

$$\boldsymbol{A}^{\mathrm{T}} = \boldsymbol{A}$$

若矩阵 $\boldsymbol{A}$ 中,$a_{ij} = -a_{ji}$,且主对角线元素 $a_{ii} = 0$,就称它是反对称矩阵,因此

$$\boldsymbol{A}^{\mathrm{T}} = -\boldsymbol{A}$$

任何方阵都可以分解为一个对称矩阵和一个反对称矩阵之和。即

$$\boldsymbol{A} = (\boldsymbol{A} + \boldsymbol{A}^{\mathrm{T}}) + (\boldsymbol{A} - \boldsymbol{A}^{\mathrm{T}})$$

其中第一项是对称的,第二项是反对称的。

2.1.5 某些特殊矩阵

行矩阵与列矩阵:只有一行或一列的矩阵,又称行矢量(行向量)或列矢量(列向量)。

零矩阵:矩阵中各元素都为 0 的矩阵。

对角矩阵:一个方阵的非零元素只出现在主对角线上,即 $i \neq j$ 时,$a_{ij} = 0$。对角矩阵的重要性质是它能应用于对行或列进行变换。用一个可相乘的对角阵左乘一个矩阵时,其结果就是用对角矩阵中的相应元素去乘该阵的每一行。同理,用一个对角阵右乘一个矩阵时,其结果就是用对角阵中的相应元素去乘该阵的每一列。

单位矩阵:主对角元素为 1,其他元素为零的矩阵,常记为 $\boldsymbol{I}$。单

位矩阵有一个重要性质是它与任何矩阵相乘都不改变那个矩阵的值,即

$$\boldsymbol{I}_{n\times n}\boldsymbol{A}_{n\times m}=\boldsymbol{A}_{n\times m}\boldsymbol{I}_{m\times m}$$

三角矩阵:对角元以下元素为 0 的矩阵称为上三角矩阵;对角元以上的元素为 0 的矩阵称为下三角矩阵。

2.1.6 矩阵的逆

记矩阵 $\boldsymbol{A}$ 的逆为 $\boldsymbol{A}^{-1}$,其意义为 $\boldsymbol{A}\boldsymbol{A}^{-1}=\boldsymbol{I}$,变换该式为

$$\boldsymbol{A}\boldsymbol{A}^{-1}\boldsymbol{A}=\boldsymbol{I}\boldsymbol{A}=\boldsymbol{A}\boldsymbol{I}$$

故有

$$\boldsymbol{A}^{-1}\boldsymbol{A}=\boldsymbol{I}$$

方程组的解可用矩阵的逆表示。当 $\boldsymbol{A}\boldsymbol{X}=\boldsymbol{B}$ 时,$\boldsymbol{A}^{-1}\boldsymbol{A}\boldsymbol{X}=\boldsymbol{A}^{-1}\boldsymbol{B}$,故有 $\boldsymbol{X}=\boldsymbol{A}^{-1}\boldsymbol{B}$。

矩阵求逆通常采用消去法。

应当指出的是,矩阵求逆是一个有用的代数概念,但不应该认为它有助于数值计算。求逆解方程组的过程比直接求解原方程要花费更多的计算量。除非特别需要逆矩阵或计算效率无关紧要时,应力求避免矩阵的求逆计算。

矩阵转置和逆具有如下性质。

(1) $(\boldsymbol{A}^{\mathrm{T}})^{\mathrm{T}}=\boldsymbol{A}$; $(\boldsymbol{A}^{-1})^{-1}=\boldsymbol{A}$; $(\boldsymbol{A}^{-1})^{\mathrm{T}}=(\boldsymbol{A}^{\mathrm{T}})^{-1}$。

(2) 若 $\boldsymbol{D}=\boldsymbol{A}\boldsymbol{B}\boldsymbol{C}$,则 $\boldsymbol{D}^{\mathrm{T}}=\boldsymbol{C}^{\mathrm{T}}\boldsymbol{B}^{\mathrm{T}}\boldsymbol{A}^{\mathrm{T}}$(矩阵转置反向规则)。

(3) 若 $\boldsymbol{D}=\boldsymbol{A}\boldsymbol{B}\boldsymbol{C}$,则 $\boldsymbol{D}^{-1}=\boldsymbol{C}^{-1}\boldsymbol{B}^{-1}\boldsymbol{A}^{-1}$(矩阵求逆反向规则)。

(4) 推论:$\boldsymbol{C}=\boldsymbol{A}^{\mathrm{T}}\boldsymbol{A}$ 总是对称的。证明:$\boldsymbol{C}^{\mathrm{T}}=(\boldsymbol{A}^{\mathrm{T}}\boldsymbol{A})^{T}=\boldsymbol{A}^{\mathrm{T}}\boldsymbol{A}=\boldsymbol{C}$。

(5) 若 $\boldsymbol{B}$ 是对称的,则 $\boldsymbol{C}=\boldsymbol{A}^{\mathrm{T}}\boldsymbol{B}\boldsymbol{A}$ 也是对称的。

(6) 对称矩阵的逆也是对称的。

2.1.7 矩阵的秩

构成一个矩阵的线性无关的矢量数目称为它的秩。

两个矩阵的乘积矩阵的秩必定小于或等于其中任意一个矩阵

的秩。

子式定义为从矩阵中取出相同数目的行和列得到的行列式。

如果一个矩阵的秩为 R,则至少有一个 R 阶非 0 子式,而任何大于 R 阶的子式的值为 0。因为舍入误差往往会搅乱用数值方法对秩的研究,所以依据实际问题的物理、化学性质来确定矩阵的秩是很重要的。

矩阵的秩在实际应用中是一个很有用的概念。根据矩阵的秩可以判断数据矩阵中独立变量的个数,这样建模时就不致引入冗余信息;根据对秩的研究,以及对化学测量误差与计算误差的考虑来考察分析测量数据,可确定复杂体系的组分数等信息。

2.1.8 矩阵的特征值和特征向量

主成分分析是一种非常常用的多元信息抽提和压缩的方法,矩阵的特征值和特征向量与主成分分析密切相关。对于一个矩阵 $\boldsymbol{A}_{p\times p}$,如果存在向量 $\boldsymbol{u}_i(i=1, 2, \cdots, p)$ 和数值 $\lambda_i(i=1, 2, \cdots, p)$,满足 $\boldsymbol{A}\boldsymbol{u}_i=\lambda_i\boldsymbol{u}_i(i=1, 2, \cdots, p)$,则称 $\lambda_i(i=1, 2, \cdots, p)$ 为矩阵 $\boldsymbol{A}$ 的特征值,称向量 $\boldsymbol{u}_i(i=1, 2, \cdots, p)$ 为矩阵 $\boldsymbol{A}$ 对应于特征值 λ_i 的特征向量。如果矩阵 $\boldsymbol{A}$ 为对称矩阵,则其所有特征值都是实数。

2.1.9 线性相关与线性无关

线性运算是线性代数最基本的一种运算,也是化学计量学中经常用到的计算。设有一组向量 $\boldsymbol{a}_1, \boldsymbol{a}_2, \cdots, \boldsymbol{a}_m$,每个向量包含有 p 个元素(即向量的维数为 p),$k_1, k_2, \cdots, k_m$ 是任意 m 个实数,则称 $k_1\boldsymbol{a}_1+k_2\boldsymbol{a}_2+k_m\boldsymbol{a}_m$ 为 $\boldsymbol{a}_1, \boldsymbol{a}_2, \cdots, \boldsymbol{a}_m$ 的一个线性组合,即线性组合是对这 m 个向量分别进行“数乘”然后再求和产生的新向量。因为 $k_1, k_2, \cdots, k_m$ 是任意的数,所以向量 $\boldsymbol{a}_1, \boldsymbol{a}_2, \cdots, \boldsymbol{a}_m$ 的线性组合有无数个。

如果当且仅当 $k_1=k_2=\cdots=k_m=0$ 时,才能使向量 $\boldsymbol{a}_1, \boldsymbol{a}_2, \cdots, \boldsymbol{a}_m$ 的线性组合 $k_1\boldsymbol{a}_1+k_2\boldsymbol{a}_2+k_m\boldsymbol{a}_m=0$,则称这 m 个向量线性无关;否则称这 m 个向量线性相关。

线性相关的含义就是向量 $\boldsymbol{a}_1$，$\boldsymbol{a}_2$，…，$\boldsymbol{a}_m$ 间存在一定的线性关系，每一个向量都可以通过其他向量的“数乘”与“求和”运算产生。所以，一组向量线性相关的充分必要条件就是该向量组中至少有一个向量可以由其余向量表示出来。而线性无关则表示向量 $\boldsymbol{a}_1$，$\boldsymbol{a}_2$，…，$\boldsymbol{a}_m$ 之间没有任何关系，它们之间不能相互表示，只有当用零乘以每一个向量后，它们的“和”才是零向量。

线性相关的概念在化学信息的解析中非常有用，利用线性无关和相关的概念便于我们分析原始数据是否含有冗余和重叠的信息，是否需要进行信息压缩。

2.2 矩阵概念与化学信息

一组描述研究对象的变量可以构成一个矢量：如化学反应温度、配比、压力、反应时间四个变量可以组成一个矢量（某一组值用向量符号 $\boldsymbol{X}_i$ 表示），当我们研究上述四个变量取不同数值对产物收率、纯度（这两个变量可以用向量 $\boldsymbol{Y}_i$ 表示）的影响时，若有 n 组温度、配比、压力、时间的值，就构成自变量数据矩阵 $\boldsymbol{X}_{n\times 4}$，对应的因变量构成数据矩阵 $\boldsymbol{Y}_{n\times 2}$。

当我们用向量或矩阵表示化学量测信息时，除了能使化学信息的表述更简洁外，更重要的是可以利用线性代数的理论分析有关信息，从中找出数据（变量）之间的内在关系，建立符合实际规律的数学模型，从而获取所需的信息。

例 2－1　任何一个光谱的纵坐标可以用一个列向量表达，如图 2－1 为甲苯的紫外图谱。其在 246～267 nm 波长范围的吸光度及波长见表 2－1。则该区间甲苯紫外光谱的吸光度可以用行向量 [0.282　0.307　0.385　0.418　0.413　0.497　0.383　0.303　0.377　0.232] 表示，如果将表 2－1 中的横坐标与纵坐标一一对应表示成两个行向量，则表 2－1 所示的紫外光谱数据就构成一个矩阵

$$\begin{bmatrix} 246 & 248 & 250 & 252 & 254 & 259 & 261 & 263 & 265 & 267 \\ 0.282 & 0.307 & 0.385 & 0.418 & 0.413 & 0.497 & 0.383 & 0.303 & 0.377 & 0.232 \end{bmatrix}$$

表 2-1　部分波长下的甲苯紫外光谱的吸光度

波长/nm	246	248	250	252	254	259	261	263	265	267
吸光度	0.282	0.307	0.385	0.418	0.413	0.497	0.383	0.303	0.377	0.232

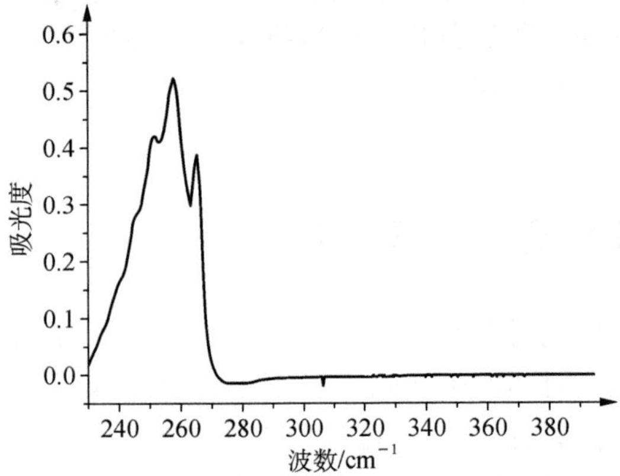

图 2-1　甲苯的紫外图谱

例 2-2　IR-MS 构成的二维数据既有光谱信息又有质谱信息；HPLC-DAD 构成的三维数据包含时间、波长和吸光度信息，在计算机中必须采用矩阵或张量形式存储，而且这些数据矩阵一般都大于 10 兆。大量的化合物数据库中有关的信息在计算机中也都以数字矩阵的形式存储。

因此，研究和掌握化学信息的处理技术或方法，矩阵知识是必不可少的基础。

例 2-3　不同浓度的光谱与向量数乘。

图 2-2 表示不同浓度的二甲苯乙醇溶液的紫外光谱，如果用向量 $\boldsymbol{a}$ 来表示浓度 a 下的二甲苯乙醇溶液光谱，则不同浓度下二甲苯乙醇溶液的 UV 光谱可表示为向量 $\boldsymbol{a}$ 的数乘形式。

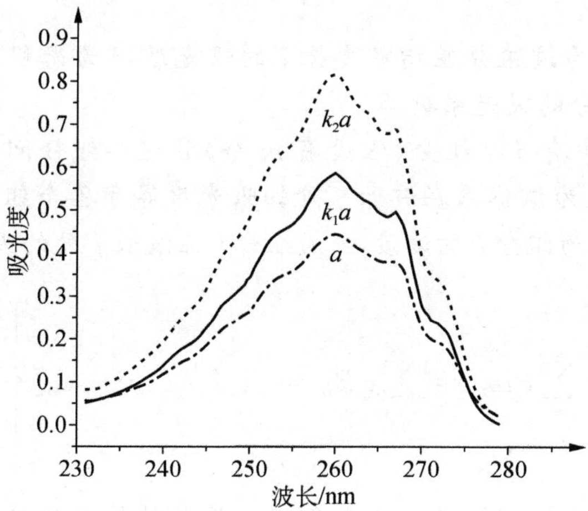

图 2-2　不同浓度下二甲苯乙醇溶液 UV 光谱与向量的数乘（$k_1 = 1.31$，$k_2 = 1.83$）

例 2-4　化学性质向量的线性相关与无关的几何表示。

将某两个化合物 a、b 按照不同比例进行混合，可以得到多个混合物，混合物的广度性质（如质量、体积、自由能等）可以表示为这两个化合物对应性质乘以混合比例后的线性加和，如 a、b 按照 1∶1 混合后所得混合物的质量＝0.5a 的质量＋0.5b 的质量。在图 2-3 中，黑色粗线的 ***a***、***b*** 向量分别为化合物 a、b 的广度性质构成的向量，细的 5 个向量为化合物 a、b 按照不同比例混合后所得混合物的广度性质构成的向量。由于这 5 根混合物向量为 ***a***、***b*** 的线性组合，即这 5 个向量可以由 ***a***、***b*** 的线性加和来表示，所以这 5 个向量是不独立的，图 2-3 中的 7 个向量只有 2 个独立。

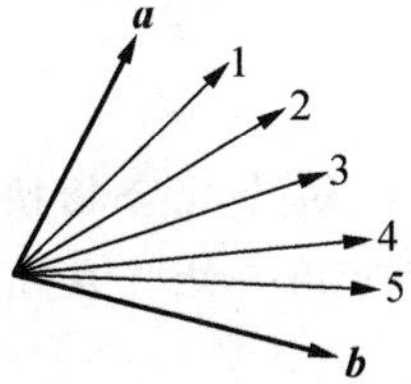

图 2-3　混合物和化合物的向量

例 2-5　用矩阵形式表示的 Lambert-Beer 定律的推演。

常规基础化学教材介绍的 Lambert-Beer 定律是单组分在固定波长处吸光度与组分浓度间呈线性关系，即

$$A = cl\varepsilon \tag{2-1}$$

其中 A 为该组分在指定波长下的吸光度，l 为光程，c 是组分浓度，ε 为该组分的吸光系数。

当体系中有多个组分（假设有 m 个）且这些组分间没有交互作用时，可以认为该体系在波长 j 处的吸光度等于各个组分在该处吸光度之和（c_i 为组分 i 的浓度，ε_{ij} 为组分 i 在波长 j 处的吸光系数）

$$A_j = \sum_{i=1}^{m} c_i l \varepsilon_{ij} = \sum_{i=1}^{m} c_i B_{ij} = [c_1 \quad c_2 \quad \cdots \quad c_m] \begin{Bmatrix} B_{1j} \\ B_{2j} \\ \vdots \\ B_{mj} \end{Bmatrix} \tag{2-2}$$

则 m 个化合物构成的混合物系在 p 个波长处的吸光度可以用一个行向量表示

$$[A_1 \quad A_2 \quad \cdots \quad A_p] = \left[\sum_{i=1}^{m} c_i B_{i1} \quad \sum_{i=1}^{m} c_i B_{i2} \quad \cdots \quad \sum_{i=1}^{m} c_i B_{ip} \right] = [c_1 \quad c_2 \quad \cdots \quad c_m] \begin{bmatrix} B_{11} & B_{12} & \cdots & B_{1p} \\ B_{21} & B_{22} & \cdots & B_{2p} \\ \vdots & \vdots & \ddots & \vdots \\ B_{m1} & B_{m2} & \cdots & B_{mp} \end{bmatrix} \tag{2-3}$$

m 个化合物按照不同组成构成的 n 个样本在 p 个波长处的吸光度可用一矩阵表示

$$\begin{bmatrix} A_{11} & A_{12} & \cdots & A_{1p} \\ A_{21} & A_{22} & \cdots & A_{2p} \\ \vdots & \vdots & \ddots & \vdots \\ A_{n1} & A_{n1} & \cdots & A_{np} \end{bmatrix} = \begin{bmatrix} \sum_{i=1}^{m} c_{1i} B_{i1} & \sum_{i=1}^{m} c_{1i} B_{i2} & \cdots & \sum_{i=1}^{m} c_{1i} B_{ip} \\ \sum_{i=1}^{m} c_{2i} B_{i1} & \sum_{i=1}^{m} c_{2i} B_{i2} & \cdots & \sum_{i=1}^{m} c_{2i} B_{ip} \\ \vdots & \vdots & \ddots & \vdots \\ \sum_{i=1}^{m} c_{ni} B_{i1} & \sum_{i=1}^{m} c_{ni} B_{i2} & \cdots & \sum_{i=1}^{m} c_{ni} B_{ip} \end{bmatrix}$$

$$= \begin{bmatrix} c_{11} & c_{12} & \cdots & c_{1m} \\ c_{21} & c_{22} & \cdots & c_{2m} \\ \vdots & \vdots & \ddots & \vdots \\ c_{n1} & c_{n2} & \cdots & c_{nm} \end{bmatrix} \begin{bmatrix} B_{11} & B_{12} & \cdots & B_{1p} \\ B_{21} & B_{22} & \cdots & B_{2p} \\ \vdots & \vdots & \ddots & \vdots \\ B_{m1} & B_{m2} & \cdots & B_{mp} \end{bmatrix} \qquad [2-4(a)]$$

即
$$A_{n\times p} = c_{n\times m}B_{m\times p} \qquad [2-4(b)]$$

其中 A_{kj} ($k=1, 2, \cdots, n$; $j=1, 2, \cdots, p$) 表示由 m 个化合物构成的样本 k 在波长 j 处的吸光度，c_{ki} 表示组分 i 在样本 k 中的浓度($k=1, 2, \cdots, n$; $i=1, 2, \cdots, m$)，B_{ij} 表示组分 i 在波长 j 处的吸光系数。

通过此例可以看到 Lambert-Beer 定律在描述单通道、单一物质的化学信息时是一简单的变量间乘积关系。当该定律描述多种物质在单通道或单一物质在多通道的信息时，就成为向量间的点积关系。当 Lambert-Beer 定律在描述一个混合物系在多通道下的化学信息时就成为向量与矩阵的乘积关系。当描述的是多个混合物系在多通道下的化学信息时就成为矩阵间的乘积关系。从这一推演过程我们可看出，随着化学信息量的增加，其描述方式从变量发展到向量又进一步到矩阵，但所反映的化学规律(乘积形式)是不变的。

例 2-6 两个化学结构相似的化合物组成的光谱形状也非常相似[如图 2-4(a)]，而两个化学结构不相似的化合物组成的光谱形状也不相似[如图 2-4(b)]。

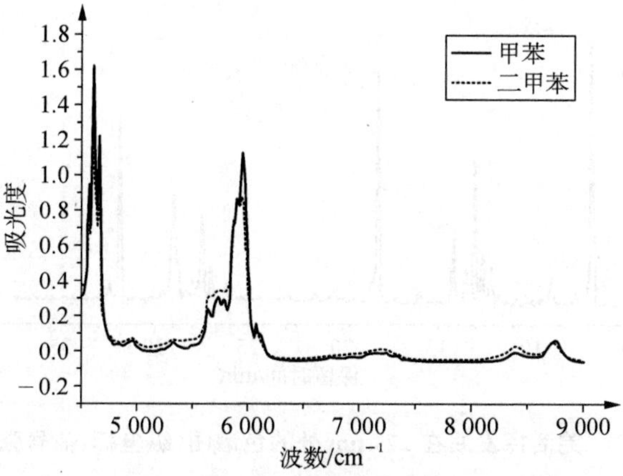

图 2-4(a) 两个结构相似化合物的紫外光谱

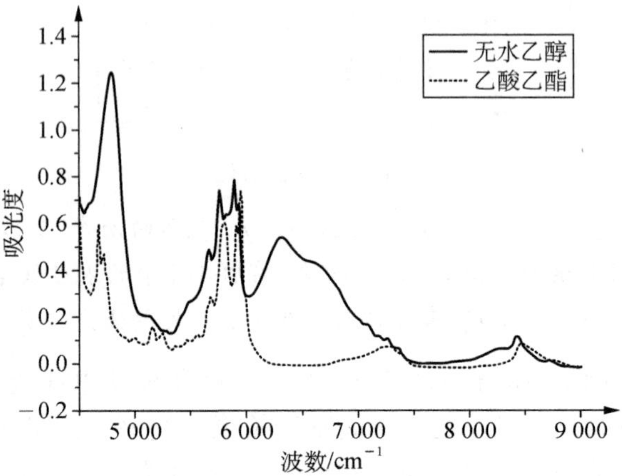

图 2-4(b) 两个结构不相似化合物的紫外光谱

相似的图谱意味着图谱所对应的向量接近线性相关,在利用其图谱信息时需要进行信息压缩获取独立的图谱变量后再进行后续分析。

例 2-7 两个不同中药材挥发油提取物的色谱图(见图 2-5)可以表示成两个维数不同的矩阵(矩阵第 1 列为色谱峰所对应的保留时间,第 2 列为保留时间所对应的色谱峰的信号强度)。

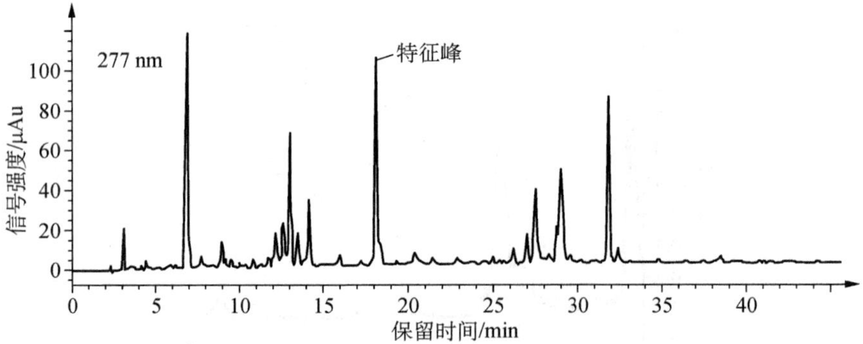

图 2-5(a) 羌活挥发油在 277 nm 处的色谱图(纵坐标:信号强度/μAu)

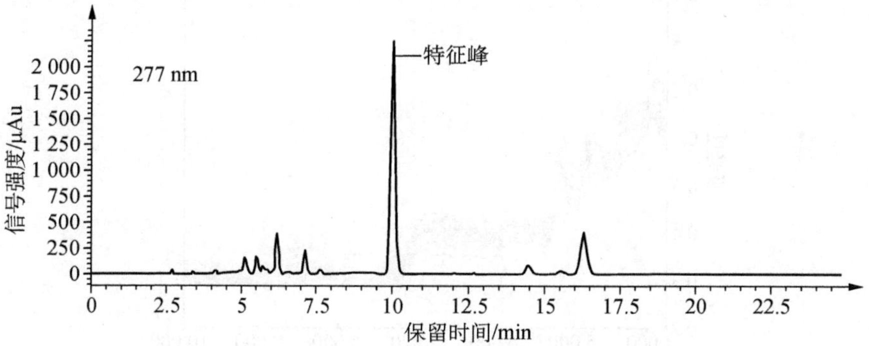

图 2－5(b)　苍术挥发油在 277 nm 处的色谱图(纵坐标:信号强度/μAu)

例 2－8　若干烟叶样品(粉末状)的红外[见图 2－6(a)]、近红外[见图 2－6(b)]光谱图,在计算机中每个烟叶样品的光谱以矩阵形式保存(矩阵的第 1 列为光谱波长点坐标,第 2 列为对应波长点下的红外或近红外吸光度)。对于同一台仪器上采集的光谱,波长点数(假设为 p)是相同的,可以只取每个样品的吸光度作为样品信息,将 n 个样品的吸光度信息保存在一个 n 行 p 列的矩阵 $\boldsymbol{X}$ 中,则矩阵 $\boldsymbol{X}$ 的每一行代表一个样品在 p 个波长点下的吸光度。

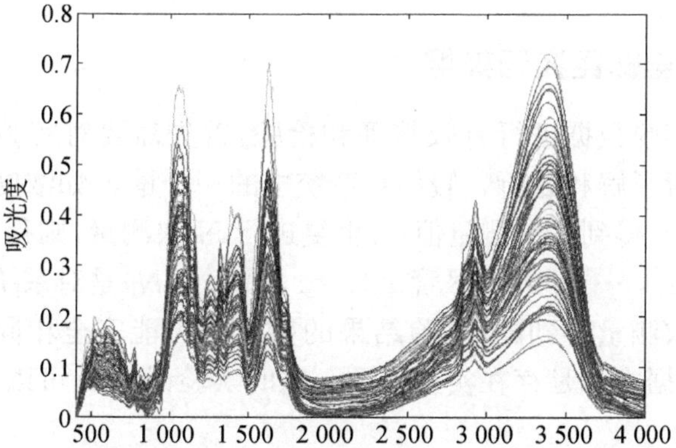

图 2－6(a)　若干烟叶样品的红外谱

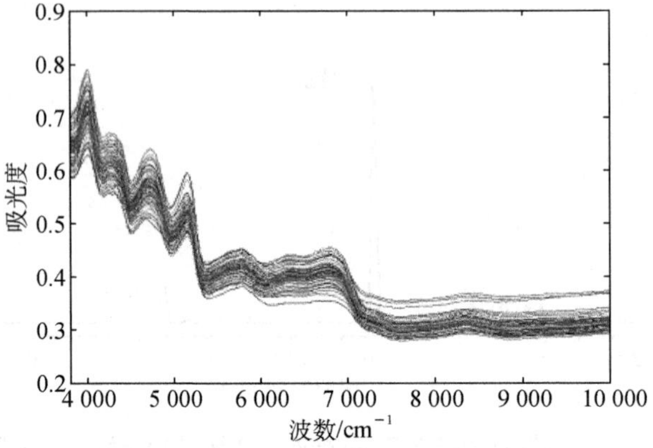

图 2-6(b) 若干烟叶样品的近红外光谱

通过这些例子，可以帮助我们学习采用向量、矩阵等数学概念和相关理论来描述化学性质及这些性质间的关系，即将数据转化为向量和矩阵，便于利用计算机存储和处理，这对于后面章节进行化学数据的处理、信息解析十分有用。

2.3 误差与数理统计基本知识

2.3.1 误差的定义与类型

要对实验数据进行有效整理和检验，首先需要对实验数据的基本特点有所了解和分析。假如对系统中的一个量 c（如浓度、温度）进行测量，每次得到一个测量值 x，重复进行 N 次测量，则得 N 个实验数据(x_1, x_2, …, x_N)。尽管 x_i($i=1, 2, \cdots, N$)是对系统中同一个量进行多次测量得到的，实验结果的数值不可能完全相同。也就是说，实验数据中总是存在实验误差。这时实验误差 δ_i 可以表示为

$$\delta_i = x_i - \mu_0 (i = 1, 2, \cdots, N) \tag{2-5}$$

即误差是测量值偏离真值 μ_0 的程度，也就是测量值的不确定度。

由此可以看出，一个物理（化学）量的测试值是在其真值附近波动的。通过统计分析和评价可以对测试数据的误差、波动范围与可信度进行评估和解释。

误差按性质大致可以分为随机误差、系统误差和过程误差三类，其中随机误差又分为绝对误差和相对误差。

1. 随机误差

在相同条件下对同一物理量重复多次测量时，误差大小或正负纯属偶然而毫无规律，这种误差称为随机误差，也叫偶然误差。随机误差单个地看是无规律性的，但就其总体来说，由于正负有相消的机会，随着测试次数的增加，误差的平均值将趋近于零。这种抵偿正是统计规律的表现，所以随机误差是可以用概率统计来处理的。

绝对误差为测量值与真值的差值，当测量值大于真值时误差为正数；反之为负数。绝对误差具有与测量值和真值相对应的量纲。

绝对误差在真值中所占的比率称相对误差，一般用百分数表示

$$\text{相对误差} = \frac{x-\mu_0}{\mu_0} \times 100\% \tag{2-6}$$

当真值未知时，可用数次重复测定结果的算术平均值 $\bar{x}$ 代替 μ_0，相对误差没有量纲。

2. 系统误差

系统误差是由某种原因所产生，并遵循一定的规律进行变化。例如，测量值随样品或试剂用量的大小按比例进行变化；称量一种吸湿性物质，其误差总是正值。从系统误差的来源看，它属于方法和技术问题，知道了产生的原因，便可消除或修正，所以此种误差也称可定误差。

3. 过程误差

过程误差是由于非正常实验条件或非正常操作所造成的，如测量时对错了标志、误读了数码、实验仪器未达到预想的指标等。含有过程误差的测量值常称为坏值或异常值，应予以剔除。

2.3.2 精密度和准确度

精密度表示一组测定数据相互接近的程度或分散的程度，它的大

小完全取决于偶然误差。在分析化学中，常用**重复性**(Repeatability)和**再现性**(Reproducibility)来表示精密度。重复性是指在完全相同的条件下，即同一操作者、同一仪器、同一实验室，在较短时间内分析同一样品所得结果的精密度；再现性是指在不同的条件下，即不同的操作者、非同一仪器、不同的实验室、不同的时间，但是用相同的分析方法和分析相同样品所得结果的精密度。**准确度**表示测量值与真值的偏离程度，它由系统误差和偶然误差共同决定。

如由 4 个学生用浓度准确为 0.1 mol·L^{-1}的盐酸滴定浓度准确为 0.1 mol·L^{-1}的氢氧化钠，氢氧化钠的体积准确为 10.00 mL。每个学生重复测量 5 次，其结果示于表 2-2。

表 2-2 用盐酸进行氢氧化钠的滴定结果

学生	结果/mL	注释	学生	结果/mL	注释
A	10.08 10.11 10.09 10.10 10.12	精密但不准确	C	10.19 9.79 9.69 10.05 9.78	不准确也不精密
B	9.88 10.14 10.02 9.80 10.21	准确但不精密	D	10.04 9.98 10.02 9.97 10.04	准确而且精密

由表 2-2 可见，学生 A 尽管测试结果重复性较好(即精密)，但是准确性较差(A 的均值为 10.10)，所有结果均偏高，这是由于系统误差所致。学生 B 的测试落到准确值(即真值)的两侧，其均值为 10.01。此结果较准确，但精密度较差，主要受到了偶然误差的影响。学生 C 测量中既有偶然误差的影响，又有系统误差的影响，所以既不精密，也不准确。只有学生 D 测试结果比较精密(范围为 9.97～10.04 mL)，又比较准确(均值为 10.01)。

2.3.3　概率与数理统计的基本概念

1. 总体、样本和样本含量

总体广义上是指性质相同的研究对象所构成的集合；狭义上是指该集合中所有研究对象某变量的实测值构成的集合。通常把二者统称为**总体**。

从广义总体或狭义总体中随机抽取一部分研究对象或研究对象某变量的实测值构成的子集，称为广义样本或狭义样本。通常把二者统称为**样本**。

样本中研究对象或某变量实测值的个数称为样本容量。

例如，前面所说的对变量 c 的全部可能测量组成了统计计算的总体，而 N 个测试值构成了容量为 N 的样本集合。又如，华东理工大学全体学生构成一个总体，从中抽取一部分学生进行华东理工大学学生健康状况调查统计，则这部分学生就称为统计学中的样本，这些学生的个数就称为样本容量。

样本与总体是子集和集合的关系。

2. 事件

概率论中的事件不是我们日常生活中所指的已经发生了的事情，而是指某种(或某些)情况的"陈述"，它可能发生也可能不发生，发生与否要"实验"或"观察"结果出来才知道。因此概率论中的事件具有"随机"的特性。

3. 概率与频率

频率是指某一事件出现的次数相对于总实验次数的百分比，它反映了某事件在样本中出现的机会的大小。

随着实验次数无限增加，某事件出现的频率在某一确定值附近摆动，最后无限趋近于这个确定值，则称该确定值为某事件出现的概率。

4. 参数、统计量和自由度

参数是表征总体特性的数字，如总体均值 μ，总体标准差 σ 和总体概率 π 等。统计量是表征样本的特性的数字，它们是样本观测值 $x_1, x_2, \cdots, x_N$ 的函数，如样本均值、样本标准差、样本概率等。

自由度是某一统计量中，取值不受限制的变量的个数，用 df(或

υ)表示。设某统计量中共有 n 个可变的量，$df = n$；若它们受到 $k(k < n)$ 个条件制约，则 $df = n - k$。

2.3.4 统计描述

为了反映实验数据的特征，人们常用各种方法对数据进行描述，常用的方法有如下几种。

1. 统计表和统计图

利用统计表和统计图可以直观地看出检测指标的分布情况，图 2-7 为180 名 40 岁以上正常人空腹血糖分布直方图，可以看出正常人血糖的分布在 5 左右的居多，血糖值小于或大于 5 的人数随着与 5 偏离程度的加大而减少。

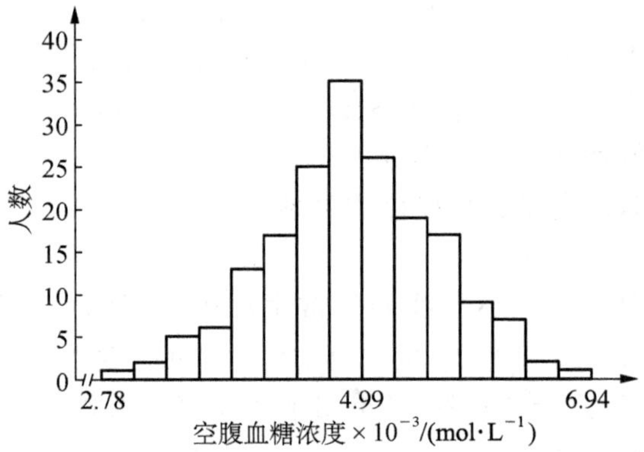

图 2-7　180 名 40 岁以上正常人空腹血糖分布直方图

2. 数据集中趋势的度量

数据集中趋势的度量常用平均指标来描述(如算术平均值)，用于表达呈正态分布数据的平均水平。常用该值来检验数据是否符合正态分布，检验方法有 U 检验、D 检验和 W 检验。目测法是把数据从小到大排列，看全部数据是否关于中等大小的数据基本对称，且全部数据彼此之间相差不过于悬殊。常用的计算集中趋势的度量有算术均值，其计算公式如下

$$\mu = \frac{1}{n} \sum_{i=1}^{n} x_i \tag{2-7}$$

3. 定量数据离散趋势的度量

实验数据 x_1，x_2，…，x_N 在整个实数轴上的分散程度是用离散趋势特征参数来描述的。常用的散度特征参数有方差、标准差、极差等指标。在实际应用中，常要求计算以均值为中心的散度特征参数，其中包括

总体标准差
$$\sigma=\sqrt{\frac{1}{n}\sum_{i=1}^{n}(x_i-\mu)^2} \tag{2-8}$$

样本标准差
$$S=\sqrt{\frac{1}{n-1}\sum_{i=1}^{n}(x_i-\mu)^2} \tag{2-9}$$

方差
$$S^2=\frac{1}{n-1}\sum_{i=1}^{n}(x_i-\mu)^2 \tag{2-10}$$

方差或标准方差是一个非常有用的统计指标，在后面章节中，对测试数据的误差分析、回归分析、模式识别中变量（特征）的重要性评估或筛选、实验设计中的数据分析均要用到方差的概念。

例 2-9 图 2-8(a)和图 2-8(b)分别为某商品奶和某牧场牛奶样品在同一近红外仪上、相同测试条件下连续 5 次测得的 5 条近红外光谱，理论上这 5 条光谱应该完全重合，但由于样品的均匀性、仪器的噪声及测试误差影响，连续重复测得的这 5 个光谱不可能完全重合，为了评价光谱质量，可计算同一样品连续多次重复测试的 n 条光谱的标准方差光谱 SVSRS (Standard Variance Spectrum of Repeat Spectra)，SVSRS 越小，说明光谱质量越好。

$$\mathrm{SVSRS}(j)=\sqrt{\frac{\sum_{i=1}^{n}(X_{ij}-\overline{X}_j)}{n-1}} \tag{2-11}$$

X_{ij} 为光谱 i 在波长 j 处的吸光度；$\overline{X}_j$ 为波长 j 处 n 次测量吸光度的均值。

从图 2-8(a)和图 2-8(b)可以看出，在 4 500～10 000 cm^{-1} 牧场鲜奶连续测试光谱的重现性不如商品鲜奶，而在此区间牧场鲜奶连续测试光谱的标准方差谱 SVSRS［图 2-8(c)］的值显著高于商品

鲜牛奶的SVSRS。分析原因是为了保鲜,牧场鲜奶在运输和保存过程中进行了冷藏,样品中有脂肪粒和块状物,导致其样品均匀性不及经过均质处理的商品奶,其近红外光谱的精密度就差。

根据这个结果,可以推断对经过冷藏的牧场鲜奶直接进行近红外测试,光谱质量难以保障,应当进行均质预处理。图2-8(d)为在40℃下对牧场鲜奶进行不同时间超声处理的SVSRS光谱。

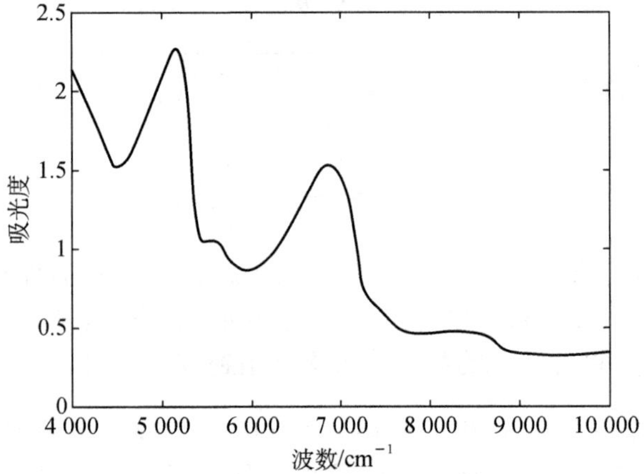

图2-8(a) 某商品牛奶样品连续测试5次的原始近红外光谱

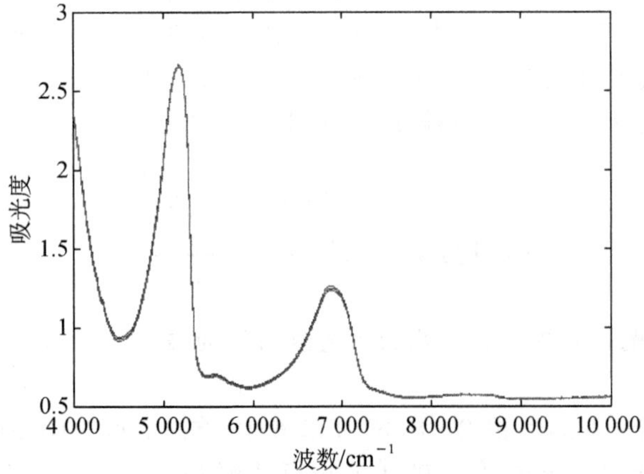

图2-8(b) 某牧场牛奶样品连续测试5次的原始近红外光谱

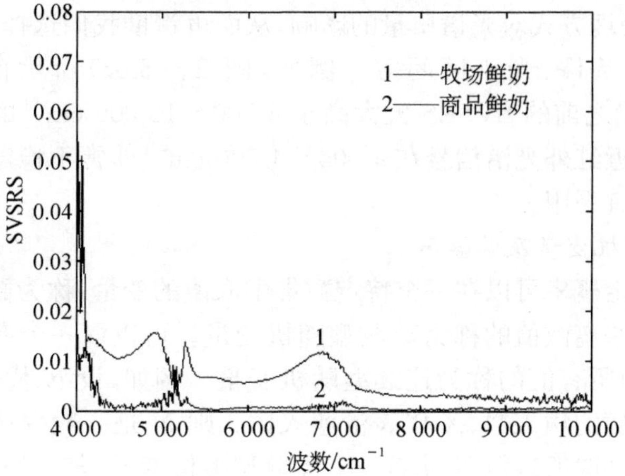

图 2-8(c)　牧场鲜奶和商品鲜奶的 SVSRS 光谱

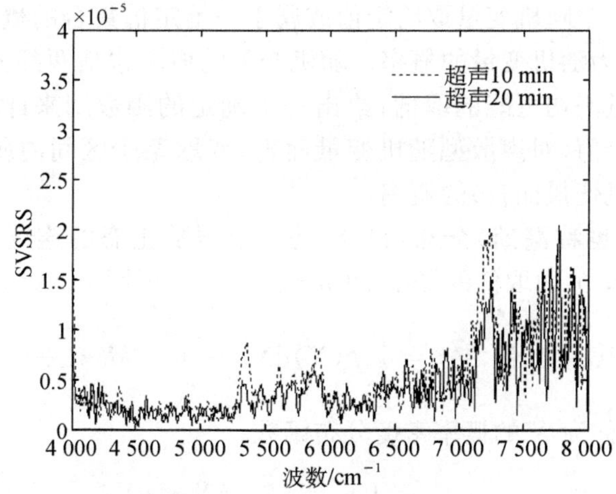

图 2-8(d)　在 40℃ 下分别超声 10 min 与 20 min 的牧场鲜奶的一阶导数 SVSRS 光谱

由图 2-8(d)可知，超声 20 min 得到的连续测试光谱的标准方差低于超声 10 min 的标准方差。说明冷藏鲜奶经超声 20 min 预处理，其近红外光谱质量优于超声 10 min 处理后得到的近红外光谱。

本例借助于对重复测试光谱的标准方差计算，可以分析样品均匀性、预处理方式对光谱质量的影响，从而可帮助我们选择合适的样品预处理条件、光谱区间等。例如，图 2－8(c)所示商品奶在 4 500 cm^{-1}之前的 SVSRS 大大高于 4 500～10 000 cm^{-1}的值，说明商品牛奶近红外光谱信号在 4 000～4 500 cm^{-1}非常不稳定，这段光谱信息不宜采用。

4. 随机变量及其概率

按一定概率可以在一个特定数集中取值的变量，称为**随机变量**。只能取某些离散值的称为离散型随机变量。可以取一个有限(或无限)区间内所有值的称为连续型随机变量。例如，设 N 代表一组患有相同疾病的病人数、X 代表治愈人数。则 N 是一般变量(可人为事先确定其取值)，但 X 就是一个离散型随机变量，其一切可能取值为 0, 1, 2, …, N；设 Y 代表一组成人的身高，Y 的一切可能取值可以充满一个区间，如(1.0, 3.0)米。

表示一个随机变量取给定值或属于一给定值集合的概率所确定的函数，称为随机变量的概率。随机变量的概率包括两部分内容：给出随机变量一切可能的取值；给出一个确定的函数用来计算随机变量取每一个值(对离散型随机变量而言)或取某个区间内所有值(对连续型随机变量而言)的概率。

正态(也称高斯)分布：设 X 是一个服从正态的连续型随机变量，X 在(a, b)内取值的概率 $P(a < X < b)$可用下式计算

$$P(a < X < b) = \int_a^b f(X)\mathrm{d}X, \quad -\infty < X < +\infty \qquad (2-12)$$

$f(X)$称为 X 的概率密度分布函数。

$$f(X) = \frac{1}{\sigma\sqrt{2\pi}}\exp\left[-\frac{(X-\mu)^2}{2\sigma^2}\right] \qquad (2-13)$$

μ, σ 分别代表正态变量 X 的均值和标准差，分别是位置参数和形状参数。

简记正态分布为 $X \sim N(\mu, \sigma^2)$。若令 $u = (X-\mu)/\sigma$，则 u 就成了一个服从标准正态的连续型随机变量，其概率密度函数简化为

$$f(u)=\frac{1}{\sqrt{2\pi}}\exp\left(-\frac{u^2}{2}\right) \qquad (2-14)$$

此时 u 的均值为 0，标准差为 1，简记为 $u\sim N(0,1)$。

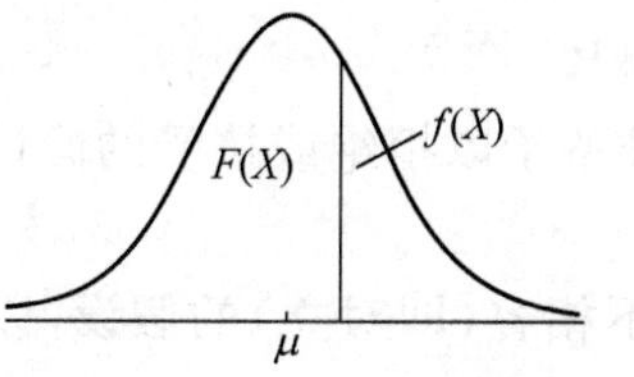

图 2-9(a)　正态分布曲线

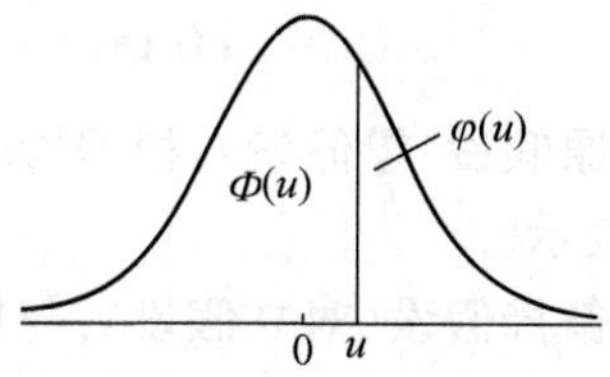

图 2-9(b)　标准正态分布曲线

除正态分布外，t、χ^2、F 也都是很常用的连续型随机变量的概率分布函数，其中 t 的图形与标准正态分布十分相似，当自由度→∞时，t→标准正态。这几种概率密度函数都很复杂，使用时有相应的临界值表可查。其具体的概率值也可用统计软件包或 MATLAB 平台中相应的概率函数算得。

5. 显著性检验与置信区间

显著性检验离不开预设的小概率，如正态分布的测量值落到区间 $[\mu\pm2\sigma]$ 以外的概率小于 0.05，落到区间 $[\mu\pm3\sigma]$ 以外的概率小于 0.01。在概率论中，小概率的原则是：如果一个事件发生的概率很小，那么在一次实验中，实际上可把它看成不可能发生的事件。如果某个小概率事件竟然发生了，则认为这是一反常现象。小概率越小就越显得异常，所以此小概率在显著性检验中称为显著性水平 α。α 反映的是显著差异的程度，通常 α 在 0.05 以下便认为是显著。

按预先给定的概率 $1-\alpha$（通常取为 0.95 或 0.99），估计未知参数值的可能范围，这个范围称为被估计参数的 $100(1-\alpha)\%$ 置信区间。$1-\alpha$ 称为置信度或置信水平，α 称为显著性水平，也是估计出错的概率。

2.3.5 统计分析

假设检验：先对总体的参数作出某种假设，然后用适当的方法根据样本对总体提供的信息，推断此假设应当拒绝或接受。

例如，对总体随机变量 X 的均值 μ 不小于一给定值 μ_0 的假设的检验见式(a)；对两批不合格品率 π_1 和 π_2 相等(未知)的假设的检验见式(b)。

$$H_0:\mu \geqslant \mu_0 \text{ 及 } H_1:\mu < \mu_0 \tag{a}$$

$$H_0:\pi_1 = \pi_2 \text{ 及 } H_1:\pi_1 \neq \pi_2 \tag{b}$$

原假设(零假设)：根据检验结果准备予以拒绝或接受的假设，以 H_0 表示。

备择假设(对立假设)：与原假设不相容(即对立)的假设，以 H_1 表示。

参数检验：检验统计量的函数依赖于观测值函数类型的检验。

例如，当总体的方差未知时，对于原假设"均值等于某给定值"的 t 检验中，必须假定总体方差是正态分布的。

统计量的函数不依赖于观测值函数类型的检验，则称为**非参数检验**。

在一元检验中，常用的参数检验法有 U 检验(以正态分布为其理论依据)、t 检验(以 t 分布为其理论依据)、F 检验(以 F 分布为其理论依据)。

在多元检验中，常用的检验法有 T^2 检验。

(检验的)显著性水平：当原假设正确时，其被拒绝的概率的最大值记为 α。α 的值一般取为 0.05 或 0.01。

检验统计量与对应的概率之间的关系：设 U 为服从标准正态分布的随机变量，U_0 为根据实验数据算得的 U 统计量的具体数值。现以 U 检验为例，说明 U_0 与 $U \geqslant U_0$ 这一事件发生的概率 $P = P(|U| \geqslant U_0)$ 之间的关系。

问题：设根据实验数据算得的检验统计量 $U_0 = 2.10$ 时，可以作出什么样的统计推断？

统计量 U 随样本而随机变化，它的取值范围为 $(-\infty, +\infty)$。所以不应关心 U 取某个特定值的概率(=0)，而应关心 U 在某个范围内取值的概率有多大。

把 U 的取值范围分成 3 个子区间：$(-\infty, -2.10)$，$(-2.10, 2.10)$，$[2.10, +\infty]$，根据标准正态分布可知随机变量 U 在多数场

合下在(−2.10, 2.10)内取值。

标准正态分布的概率表达：$P(|U| \geqslant 2.576) = 0.01$，$P(|U| \geqslant 1.96) = 0.05$，故 $0.01 < P(|U| \geqslant 2.10) < 0.05$。这说明：如果无限重复这一实验，根据每批实验可以算出一个 U 值，在这许许多多的 U 值中，仅有不足 5% 的 U 值落入 $(-\infty, -2.10)$ 和 $[2.10, +\infty]$ 内。

在统计学上，一般把发生概率如此之小的事件(如 $|U| \geqslant 2.10$)称为小概率事件。

发生小概率时就有较充分的理由怀疑该事件发生的前提条件，即原假设 H_0 是错误的，就可以拒绝 H_0，接受其对立的假设。

设出错的概率为 α(一般 α 取 0.05 或 0.01)。α 就是假设检验里所讲的显著性水平，它是事先人为指定的，而 P 是按检验统计量具体的取值并依据特定的概率推算出来的实际概率。仅当 $P \leqslant \alpha$ 时才拒绝 H_0，接受 H_1。

2.3.6 数理统计在数据分析中的应用

1. 测量结果的表示

测量结果最常用的表示方式是均值和标准偏差(标准方差)，前者表征测试量的大小，后者表征测试量的精密度。

与之有关的是有效位的取舍。所谓有效位是指某种测量所达到的精度。如下列测试值：10.09，10.11，10.09，10.10，10.12，其均值 $\bar{x}$ 为 10.102，标准偏差 s 为 0.0130。但测试值仅准确到小数点后面第一位，而第二位为可疑位，故结果的表示为

$$\bar{x} \pm s = 10.10 \pm 0.01 \quad (N = 5)$$

但也有研究者建议表示为

$$\bar{x} \pm s = 10.10_2 + 0.01_3 \quad (N = 5)$$

式中的下标是为避免信息的丢失而加的。

另外，对于小数点后面数字的取舍一般遵循“四舍五入”的规则。但有研究者建议，“5”的入或舍，应使它前一位数字成为与“5”最接近的偶数，如 9.65 应为 9.6，而 9.75 应为 9.8，以次类推。

2. 置信区间在误差分析中的应用

置信区间可以用于系统误差的测试。如采用分光光度计测得一

标准溶液在某一波长处的吸收值为0.470。9次测定的均值 $\bar{x}=0.461$，标准偏差 $s=0.003$，置信度若为95%，查 t 分布表可知置信水平为0.05时，$t=2.26$，则

$$\begin{aligned}\mu &= \bar{x} \pm t(s/\sqrt{n}) \\ &= 0.461 \pm 2.26 \times 0.003/\sqrt{9} \\ &= 0.461 \pm 0.002\end{aligned}$$

由于0.470并不落在所得置信区间范围内，故可判断仪器有系统误差。

置信区间还可用于试样的测定。如有一大批药物的片剂，欲知片剂的质量，则不可能每片一一称量。另外，若想知道片剂的组分和含量，特别是采用破坏性分析方法(如原子吸收)，则也不可能对每片药物进行分析。在这种情况下，可从中取出试样，测得均值和标准偏差，继而得到测定量的置信区间。

3. t 检验在实验数据分析中的应用

在实际应用中仅估计总体的值还不够，常常需要说明总体的某种性质，如两个样本的均值差异是否显著到不能代替同一总体。这里包括工艺改变后产品质量有无显著变化，两种分析方法测定结果是否一致等问题。该类统计推断都是先提出假设，然后按照某种逻辑在一定概率上判断是否有显著性差异。

运用 t 分布在前边已述及。下面介绍该分布的其他一些应用。

(1) 两套实验平均值的比较

将 t 用于显著性检验可判断两套实验均值是否有显著性差异。设两套实验的均值分别为 $\bar{x}_1$ 和 $\bar{x}_2$，若假设 H_0，即假设两种方法所得均值没有差异，在判断中，首先由单一标准偏差 s_1 和 s_2 计算综合标准偏差

$$s^2 = \frac{(n_1-1)s_1^2 + (n_2-1)s_2^2}{n_1+n_2-2} \qquad (2-15)$$

t 值的计算为

$$t=\frac{\bar{x}_1-\bar{x}_2}{s\sqrt{\frac{1}{n_1}+\frac{1}{n_2}}} \tag{2-16}$$

式中，n_1 和 n_2 分别为两试样的容量。

t 的自由度为 n_1+n_2-2，如果 $t\geqslant t_{(\alpha,f)}$，则否定原假设，即两种方法所得结果有显著性差异。$t_{(\alpha,f)}$ 为显著性水平 $=\alpha$、自由度 $=f$ 的 t 分布表对应的数值。

例 2-10　如用两种方法测定植物中的硼，结果如下。

分光光度法($\mu g\cdot g^{-1}$) 均值 = 28.0；标准偏差 = 0.3

荧光光度法($\mu g\cdot g^{-1}$) 均值 = 26.25；标准偏差 = 0.23

$$n_1=n_2=10$$

为判别两种方法所得结果是否有显著性差异，由式(2-15)首先计算

$$s^2=(9\times0.3^2+9\times0.23^2)/18=0.0715$$
$$s=0.267$$

则由式(2-16)可得

$$t=(28.0-26.25)/(0.267\times\sqrt{1/10+1/10})=14.7$$

自由度为 18，若 $\alpha=0.05$，查表得 $t_{(\alpha,f)}$ 的临界值为 2.1。由于实验的 t 值大于 $t_{(\alpha,f)}$(临界值)，故否定原假设。换言之，两种方法所得结果有显著性差异。另外，该检验还可用于实验条件改变时对结果产生的影响。

例 2-11　食物中锡的测定可在 HCl 介质中进行蒸馏，相对应于不同的蒸馏时间，其结果如下。

蒸馏时间/min	Sn 测定结果/($mg\cdot kg^{-1}$)
30	55，57，59，56，56，59
75	57，55，58，59，59，59

两个蒸馏时间下锡含量的均值和方差分别如下。

30 min：　　$\bar{x}_1=57.0$，$s_1^2=2.80$

75 min：　　$\bar{x}_2 = 57.8$，$s_2^2 = 2.57$

H_0：设蒸馏时间对测定结果无影响，方差总值为

$$s^2 = (5 \times 2.80 + 5 \times 2.57)/10 = 2.685$$
$$s = 1.64$$

以及

$$t = (57.8 - 57.0)/(1.64 \times \sqrt{(1/6 + 1/6)}) = 0.84$$

此例中自由度为 $n_1 + n_2 - 2 = 6 + 6 - 2 = 10$，若 $\alpha = 0.05$，t 的临界值为 2.23。由于实验的 t 小于 t 的临界值，所以接受原假设，即煮沸时间的长短对 Sn 的回收无明显影响。

在前面的计算中，事实上假设两种方法或在不同条件下的方差大体上是相等的。若此假定不合理，t 值的计算可采用下式

$$t = \frac{\bar{x}_1 - \bar{x}_2}{\sqrt{\frac{s_1^2}{n_1} + \frac{s_2^2}{n_2}}} \tag{2-17}$$

自由度的计算为

$$\text{自由度}\ f = \frac{\frac{s_1^2}{n_1} + \frac{s_2^2}{n_2}}{\left(\frac{\frac{s_1^2}{n_1}}{n_1 + 1}\right) + \left(\frac{\frac{s_2^2}{n_2}}{n_2 + 1}\right)} - 2 \tag{2-18}$$

其值取其最临近的整数。

例 2-12　风湿病人和对照组血中硫醇含量(mmol)如下。

对照组　　1.84，1.92，1.94，1.92，1.85，1.91，2.07

风湿病人　2.81，4.06，3.62，3.27，3.27，3.76

由此，可计算得到

$$n_1 = 7,\ \bar{x} = 1.921,\ s_1 = 0.076$$
$$n_2 = 6,\ \bar{x} = 3.465,\ s_2 = 0.440$$
$$t = 8.5$$

依照式(2－18)，计算得到自由度为 5。若取 $\alpha=0.01$，查得 t 的临界值为 4.03。实验 t 值大于 t 的临界值，否定原假设，即风湿病人血中硫醇的含量与对照组(正常人)有显著差异。

(2) 实验均值与已知值的比较

为了判断实验均值 $\bar{x}$ 与真值 μ 是否有显著性差异，与上类同，可将方程

$$\mu=\bar{x}\pm(ts/\sqrt{n}) \tag{2-19}$$

改写为

$$t=(\bar{x}-\mu)\frac{\sqrt{n}}{s} \tag{2-20}$$

然后由实验数据可计算 t 值。若 $|t|>t_{(\alpha,f)}$，则放弃 H_0 假设。同样，$t_{(\alpha,f)}$ 由查 t 分布表得到。

例 2－13　用冷蒸气原子吸收法测定某样品中的汞，已知汞的含量为 38.9%，其测试值为 38.9%，37.4%，37.1%。由此可得平均值为 37.8%，标准偏差为 0.964%。H_0 假设即设定无系统误差，则利用式(2－20)可计算 t

$$|t|=|37.8-38.9|\times\frac{\sqrt{3}}{0.9641}=1.98$$

当自由度为 2 时，查 t 值分布表可得 $t_{(\alpha/2,f)}=4.3(\alpha=0.05)$。由于 $|t|<t_{临界}$，H_0 假设为真，即无明显的系统误差。

(3) 成对结果的 t 检验(Paired t-test)

例 2－14　如两种方法对于 4 个试样 Pb 的测定结果($\mu g\cdot L^{-1}$)如下。

试样	1	2	3	4
湿法氧化	71	61	50	60
直接萃取	76	68	48	57

若沿用前面算法，直接比较两种方法的均值是不适合的，因为测试结果的差异有可能由于试样不同导致。

在此种情况下，可以采用对同一试样两个测试结果进行比较的方法。如上述数据，对应试样的差值分别为-5，-7，2，3，这些差值的均值 $\bar{x}=-1.75$；差值的标准偏差 $s=4.99$。由于差值的期望值 $\mu=0$，所以

$$t=\bar{x}\frac{\sqrt{n}}{s}$$

t 的自由度为 $n-1=3$，取 $\alpha=0.05$，查表得 t 的临界值 $t_{(\alpha,f)}$ 为3.18，t 的实验值为-0.70，$|t|<t_{(\alpha,f)}$，故两种方法测得Pb含量的均值没有显著性差异。

4. *F* 检验在实验数据分析中的应用

F 检验主要用于两套数据方差的比较。有以下两种情况：(1)我们希望知道是否方法 A 比方法 B 更精密(单尾检验)；(2)拟知道方法 A 与方法 B 的精密度上是否有差异(双尾检验)。

在第一种情况下比较的是两种方法的相对精密度，则用单尾检验；假若我们希望比较两种标准偏差是否有显著性差异，则用双尾检验。

F 检验的表达方式为

$$F=\frac{s_1^2}{s_2^2} \tag{2-21}$$

在式(2-21)中，应使 $F\geqslant 1$，即大者为分子，小者为分母。

例 2-15 测定废水中的氧，其结果如下。

	均值/$(\mathrm{mg\cdot L^{-1}})$	标准偏差/$(\mathrm{mg\cdot L^{-1}})$
标准方法	72	3.31
新方法	72	1.51

$$n_1=n_2=8$$

试问，新方法的精密度是否明显高于标准方法？

解：此问题可以采用单尾 F 检验。

$$F=\frac{3.31^2}{1.51^2}=4.8$$

两种情况下均测定 8 次，所以自由度均为 7。若 $\alpha=0.05$，查 F 分布表（单尾）得 F 的临界值为 3.787。由于计算值大于该临界值，故可得新方法比标准法具有更高精密度的结论。

例 2-16　采用 F 检验对例 2-10 中硼的两种测定方法的标准偏差进行有无显著性差异的检验。两种方法的测定次数均为 10，即自由度均为 9，标准偏差分别为 0.30 和 0.23。若采用 F 检验

$$F=\frac{0.3^2}{0.23^2}=1.7$$

显然，在此种情况下为双尾检验。查双尾 F 分布表所得临界值为 4.026（$\alpha=0.05$）。计算值小于临界值，说明两种方法的标准偏差没有显著性差异。

必须指出，在进行双尾检验时，若使用的 F 分布表为单尾，则显著性水平 α 应为双尾 α 的 1/2，如上例，α 应为 0.025 而不是 0.05。

5. χ^2 检验在实验数据分析中的应用

χ^2 检验是关于某事件发生频率的测试。下面用一具体例子来说明这种方法的原理。

例 2-17　实验室中 4 位工作者打破玻璃器皿的件数分布为 24, 17, 11, 9，用 χ^2 检验他们的可信赖度是否有区别。

解：若做 H_0 假设，则认为他们间可信赖度无区别，也就是说在同一段时间内，他们打破玻璃器皿的件数是相同的。由于打破的总件数为 61，所以对于每位工作者打破器皿的期望值为 61/4 = 15.25。现在我们拟得到的答案是，观测值与期望值是否有显著性差异。为此，进行如下计算。

观测频率 O	期待频率 E	$O-E$	$(O-E)^2/E$
24	15.25	8.75	5.020
17	15.25	1.75	0.201
11	15.25	−4.25	1.184
9	15.25	−6.25	2.561
		0.00	$\chi^2=8.966$

其中,$O-E$ 列的加和恒等于 0,故可做计算中的校验。若χ^2 超出一定的临界值,则拒绝 H_0 假设。在此例中,自由度为 $4-1=3$。若$\alpha=0.05$,则由χ^2 的分布表可知χ^2 的临界值为 7.81,计算值大于查表值,说明 4 位工作者的可信赖度确有区别。

作为χ^2 检验的应用,总的观测次数要大于或等于 50,而个体重复次数不应低于 5。

另外,χ^2 检验可用于检验总体方差是否正常,但总体方差 σ 要已知。运用时首先计算出统计量,即

$$\chi^2=\frac{(n-1)s^2}{\sigma^2} \tag{2-22}$$

然后查$\chi^2_{(\alpha,f)}$ 分布表,并将查表值与计算值进行比较,以判断如某批产品正常与否等类似情况。

2.4 MATLAB 平台简介

2.4.1 MATLAB系统

计算机技术的发展为数据处理和分析带来了很大的方便。其中 MATLAB 是一个很好的数据处理、分析平台。相比 SAS 统计软件包,它提供了更多的灵活性。

(1) 使用者可以根据自己的需要设置数据输入、输出方式和选择输出哪些信息。

(2) 可以开发新的方法。

(3) 根据问题的解决步骤与流程组合不同的方法。

MATLAB 是 1984 年由美国 Mathworks 公司推出的一套科学计算软件包，是 MATrix LABoratory（矩阵实验室）的缩写，早期主要用于现代控制中复杂的矩阵、向量的各种运算。由于 MATLAB 提供了强大的矩阵处理和绘图功能，很多专家在其擅长的领域用它编写了许多专门的 MATLAB 工具包（Toolbox），如统计分析工具包（Statistic toolbox）、系统辨识工具包（System identification toolbox）、信号处理工具包（Signal processing toolbox）、最优化工具包（Optimization toolbox）等。由于 MATLAB 功能的不断扩展，所以现在的 MATLAB 是一种包罗众多学科的功能强大的“技术计算语言（The Language of Technical Computation）”，适用于各工程应用领域的复杂数值计算以及分析设计。

MATLAB 使用方便、编程简捷，运算高效且内容丰富，易于用户自行扩展。包含几十个专业领域工具箱。其主要特点有以下几方面。

(1) 提供了一个人机交互的数学系统环境，采用工程技术的计算语言，几乎与数学表达式相同，MATLAB 将很多复杂的数学运算过程作为其内部函数，可以在编程和计算时自由调用。与 C 语言或 Fortran 等数值计算程序语言相比，利用 MATLAB 编程可以节省大量的编程时间。

(2) MATLAB 语言中的基本元素是矩阵且不要求对矩阵的维数进行说明，它提供了各种矩阵的运算和操作，并且具有符号计算、数字和文字统一处理、离线和在线计算等功能。

(3) 具有较强的绘图功能，计算结果和编程可视化。

(4) 有很强的开放性，针对不同的应用学科，MATLAB 平台含有许多专业工具箱。

(5) 是一个高度的集成系统，有良好的用户界面和帮助功能。

运用 MATLAB 开发一些算法，可以完全按照数学的思路进行考虑，而无需考虑计算机具体处理过程，如内存分配等，可以几十倍几百倍地提高效率，可以将我们从繁琐的代码编写中解脱出来，专心考虑具体的数学问题。

有关MATLAB平台及其应用的工具书有很多，读者可自行选择合适的参考书，本节只进行基本介绍。

2.4.2 MATLAB工作环境

启动MATLAB系统后，Windows平台会弹出一个命令窗口，该窗口是用户与MATLAB解释器进行通信的工作环境。提示符“>>”表示MATLAB解释器正等待用户输入命令，所有的MATLAB命令、函数以及程序都要在这个窗口下运行。

用户在命令窗口中，可以发出MATLAB命令。例如，为了生成一个3×3的矩阵，可在提示符下，键入如下命令

```
>> A=[1  2  3;4  5  6;  7  8  9]
```

方括号命令表示矩阵，空格将每个元素分开，而分号将矩阵的各行数值分开。再键入Enter键(回车键)后，MATLAB将显示如下矩阵

```
A=
1  2  3
4  5  6
7  8  9
```

为了求该矩阵的逆，只要键入命令

```
>> B=inv(A);
```

则可得到矩阵A的逆矩阵，其结果将存在矩阵B中。如果不想在命令窗口中显示计算结果，只要如上所述，在命令后输入一个分号即可。此时，MATLAB只完成该命令所要求的计算任务，其计算结果不回显。这一功能在程序设计中非常有用。

2.4.3 MATLAB的矩阵运算

MATLAB以矩阵为基本变量，MATLAB中的主要矩阵(算术)运算符如下。

A':表示矩阵A的转置。

$A+B$:表示矩阵A与B的和，即两个矩阵的对应元素相加，如

果 A 和 B 都是标量,则表示两个数相加。

$A-B$:表示矩阵 A 与 B 的差,表示两个矩阵的对应元素相减,如果 A 和 B 都是标量,则表示两个数相减。

$A*B$:表示矩阵 A 与 B 的乘积,A 与 B 均可以是向量或者标量,只要符合矩阵乘法的定义就可以采用上述命令进行 A 与 B 的乘积运算。

$A.*B$:表示矩阵 A 和 B 的对应元素相乘,A 与 B 为同维数的矩阵,除非其中之一为标量。

A/B:表示方程 $x*A=B$ 的解 x。

$A\backslash B$:表示方程 $A*x=B$ 的解 x。

$A./B$:表示矩阵 A 的元素除以矩阵 B 的对应元素,即等于[$A(i, j)/B(i, j)$],A 和 B 为同维数的矩阵,除非其中之一为标量。

$A.\backslash B$:表示矩阵 B 的元素除以矩阵 A 的对应元素,即等于[$B(i, j)/A(i, j)$],A 和 B 为同维数的矩阵,除非其中之一为标量。

用户可以使用下面任一方法在 MATLAB 环境下创建或导入一个矩阵。

(1) 输入一个元素序列。具体方法如下:将矩阵的元素用方括号框起来,将矩阵元素按行输入,元素与元素之间用空格或逗号分开,用分号将每行的元素分开。例如,在键入下列的 MATLAB 语句

```
>> A=[1  3  5  7;1  2  3  5;3  5  9  1]
```

MATLAB 执行该语句的输出结果是

```
A=
1  3  5  7
1  2  3  5
3  5  9  1
```

(2) MATLAB 的内部函数创建一个矩阵,例如,在键入下列 MATLAB 语句

```
>> A=ones(2,3)
```

MATLAB 执行该语句的输出结果是

A=1　1　1
　　1　1　1

(3) 在M文件中用MATLAB语句创建一个矩阵。

① 首先启动有关编辑程序或MATLAB文本编辑器，并输入待建矩阵：如1　2　3；　4　5　6。

② 把输入的内容存盘，设文件名为A.m。

③ 在MATLAB命令窗口键入A，即运行该M文件，输出结果是

A=1　2　3
　　4　5　6

(4) 从一个外部数据文件中装载并创建一个矩阵。例如，键入命令

```
>> load(A);
```

就可以将数据文件A中的数据导入MATLAB系统，但不显示数据文件A中的具体数值。

如果输入命令

```
>> load(A)
```

就可以将数据文件A中的数据导入MATLAB系统并显示数据文件A中的具体数值。

所以，如果MATLAB命令后面加分号"；"，则不显示该变量或函数的值，没有"；"则会显示这一命令运行后的结果。

在MATLAB中，不需对创建的变量对象给出类型与维数说明，所有的变量都作为双精度的矩阵来分配内存空间和存储空间。MATLAB将自动为每一个变量分配内存。

2.4.4 MATLAB的常用函数

MATLAB提供了大量的函数，按照函数的使用方法可以分为标量函数、向量函数和矩阵函数三种类型。由于本课程中需要用到较多的统计知识和计算，本节主要介绍MATLAB中的常用统计函数。

详细的 MATLAB 核心程序包中的函数功能与使用可以通过 MATLAB 系统帮助进行学习。

1. 标量函数

标量函数的变量在 MATLAB 中被规定为矩阵变量，运算法则是将函数逐项作用于矩阵的元素上，因而运算的结果是一个与自变量同维数的矩阵。标量函数主要包含基本的数学函数，如三角函数(sin、cos、tan 等)与初等函数，如 exp(自然指数函数)、log(自然对数函数)、log 10(以 10 为底的对数函数)、abs(绝对值)、real(复数的实部)、imag(复数的虚部)、sqrt(平方根)、round(四舍五入)、fix(向零方向截断取整数)、floor(不大于自变量的最大整数)、sign(符号函数)、rem(求余数或模运算)、gcd(最大公因子)等，此外还提供一些特殊的数学函数，主要包括有 bessel(贝塞尔函数)、rat(有理逼近)、erf(误差函数)、erfinv(逆误差函数)等。

统计数据处理中常用的标量函数有

函数	功能描述
abs()	求绝对值
sqrt()	求平方根
exp(),pow2()	求以 e,2 为底的指数
log10(),log(),log()	求以 10,e,2 为底的对数
sign()	符号函数
gamma()	Γ 函数
round()	四舍五入取整
ceil()	向＋∞取整
floor()	向－∞取整
fix()	向 0 取整

对于各种函数的具体调用格式，除注意后面内容中的介绍之外，更细致的学习请运行指令

doc 〈函数名〉

查询 MATLAB 系统帮助，利用 MATLAB 系统的 help，可以获得更多的帮助。

例如，在 MATLAB 命令窗口键入如下命令(%后面是注释语句)

```
>> x=[-1:0.25:0;0:0.25:1]   %创建一个自变量矩阵 x
>> xabs=abs(x)   %求矩阵 x 中元素的绝对值
>> xround=round(x)   %对矩阵 x 中元素进行四舍五入取整
>> xceil=ceil(x)   %对矩阵 x 中元素向+∞取整
>> xexp=exp(x)   %计算 e^x 并把结果赋值给 xexp
```

上述指令的运行结果是

```
x=
   -1.0000   -0.7500   -0.5000   -0.2500         0
         0    0.2500    0.5000    0.7500    1.0000


xabs=
    1.0000    0.7500    0.5000    0.2500         0
         0    0.2500    0.5000    0.7500    1.0000


xround=
    -1    -1    -1     0     0
     0     0     1     1     1


xceil=
    -1     0     0     0     0
     0     1     1     1     1


xexp=
    0.3679    0.4724    0.6065    0.7788    1.0000
    1.0000    1.2840    1.6487    2.1170    2.7183
```

除了这些基本函数外，在 MATLAB 的各工具箱中包含有各类专用函数，如统计工具箱中含有进行均值、方差、相关系数等统计量计算的函数与各种统计分布函数，用户可以通过调用这些统计分布函数来获取一些统计检验的临界值而无需查表。

例如,我们想知道 $F_{193,200}(0.05)$ 的临界值却又在表中查不到准确的值,可以在 MATLAB 键入如下命令

```
>> 1/finv(0.05,200,193)  %finv(P,n1,n2)为自由度为 n1 和 n2 的 F 分布函数在概率 P 下的倒数
```

或输入如下命令

```
>> finv(0.95,200,193)
```

即可获得 $F_{193,200}(0.05) = 1.2656$。

2. 向量函数

设 f 是 MATLAB 的向量函数,只有当其作用于向量 x 时才有意义(即函数的自变量是向量)。统计数据处理中常用的向量函数有

函数	功能描述
sum()	求向量元素的和
cumsum()	求向量元素的累积和
prod()	求向量元素的积
cumprod()	求向量元素的累积积
max()	求向量元素的最大值
min()	求向量元素的最小值
sort()	对向量元素的排序操作
length()	查询向量的维数

向量函数也可以作用于矩阵,此时其作用对象是矩阵的列向量,运算的结果是一个行向量。此外,各种统计量的计算函数也都是向量函数。

例如,在 MATLAB 下键入如下命令

```
>> A=[2,4,8,3;2,4,8,7;1,1,2,3;2,4,7,5;2,2,8,6]
>> xlength=length(A)  %求 A 的列向量的长度
>> xsort=sort(A)  %分别将 A 的各列元素从小到大排序
>> xsum=sum(A)  %分别求 A 的各列元素的和
```

上述指令的运行结果是

```
A=
     2    4    8    3
     2    4    8    7
     1    1    2    3
     2    4    7    5
     2    2    8    6

xlength=
     5

xsort=
     1    1    2    3
     2    2    7    3
     2    4    8    5
     2    4    8    6
     2    4    8    7

xsum=
     9    15    33    24
```

3. 矩阵函数

设 f 是 MATLAB 的矩阵函数,即当 f 作用于矩阵 A(即函数的自变量是矩阵)时,遵循线性代数中有关矩阵运算的规则。MATLAB 的矩阵函数按其作用可分为:(1)矩阵生成与处理函数;(2)矩阵计算与线性方程组解算函数。

矩阵生成与处理函数在统计数据处理中比较常用。常用的矩阵生成函数如 ones(n, m)函数生成元素为 1 的 $n*m$ 矩阵;rand(n, m)生成一个 n 行 m 列的随机矩阵;zero(n, m)生成一个 n 行 m 列的元素为零的矩阵。下面介绍几个矩阵处理函数。

函数	功能描述
reshape()	改变矩阵的型(将矩阵拉直为向量,或相反)
fliplr()	左右翻转矩阵

flipud() 上下翻转矩阵
rot90() 90°旋转矩阵
tril() 取矩阵的下三角部分
triu() 取矩阵的上三角部分

在矩阵计算与线性方程组解算函数中,统计数据处理常用的有

函数	功能描述
size()	求矩阵的行与列的维数
det()	求矩阵的行列式
rank()	求矩阵的秩
norm()	求矩阵的范数
inv()	求矩阵的逆矩阵
pinv()	求矩阵的广义逆矩阵
eig()	求矩阵的特征值与特征向量
eigs()	求矩阵某些特定的(如最大)特征值及相应的特征向量

例如,在 MATLAB 下键入如下命令

```
>> A=[2,4,8;2,8,7;1,2,3]
>> mn=size(A)  %求矩阵 A 的行与列的维数
>> ss=reshape(A,1,9)  %将矩阵 A 的各列首尾连接(拉直)成行向量 ss(1×9 矩阵)
>> AA=reshape(ss,3,3)  %用向量 ss 构造一个 3×3 矩阵 AA,注意与 A 比较
>> [V,D]=eigs(A)  %求矩阵 A 的特征值(D)及相应的单位正交特征向量(V)
```

上述指令的运行结果是

```
A=
    2    4    8
    2    8    7
    1    2    3
```

```
mn=
    3    3

ss=
    2    2    1    4    8    2    8    7    3

AA=
    2    4    8
    2    8    7
    1    2    3

V=
    -0.5449    0.7955   -0.9561
    -0.8002   -0.5488   -0.0161
    -0.2507    0.2569    0.2924

D=
    11.5555    0          0
     0         1.8241     0
     0         0         -0.3795
```

2.4.5 数据图形化的常用指令与图形的简单修饰

在数据分析、处理中将数据图形化，能够使数据所承载的信息生动、直观地展示出来。MATLAB 具有强大的绘图功能，利用其绘图指令可以简捷、自如地实现统计数据及分析结果的图形化。这里仅介绍几个数据图形化最基本的指令。

1. pie 指令

【调用格式】 pie(y, explode)

【功能】 绘制由数据向量 y(表示各个因素所占的百分比)所定义的圆饼图。

【参数说明】 参数 explode 是一个与 y 的维数相同的由数字 0

和1构成的向量，其作用是当其某个元素为1时，将对应的扇形从圆饼图形中分离出来。

参数 explode 可以缺省。

【扩展】 指令 pie3 绘制三维立体圆饼图，调用格式与 pie 相同。

2. bar 指令

【调用格式】 绘制以向量 x 的各个元素为横坐标，以向量 y 的各个对应元素为纵坐标所定义的条形图。

【参数说明】 向量 x 可以缺省，此时 $x=1, 2, 3, \cdots$。

当 x 缺省时，参数 option 取值为 stacked 时绘制累加式条形图，以矩阵 y 的各个列向量的累加值为各矩形条的纵坐标；取值为 grouped 是绘制分组式条形图，以矩阵 y 的第 k 行数据为第 k 组中各矩形条的纵坐标。

参数 option 也可引用颜色参数，具体取值可参见"图形的简单修饰"。指定向量 x 时，option 只能引用颜色参数。

【扩展】 指令 barh 绘制水平放置的条形图，指令 bar3 绘制三维立体的垂直放置的条形图，指令 barh3 绘制三维立体的水平放置的条形图。调用格式均与 bar 类似。

3. plot 指令

【调用格式】 plot(x,y,'option')

【功能】 在二维直角坐标平面上绘制由向量 x 和 y 的对应元素为坐标的数据点或连接各数据点的折线。

【参数说明】 向量 x 可以缺省，此时 $x=1, 2, 3, \cdots$。

参数 option 的取值是表示线型、数据点标记、颜色的1个或几个符号，具体取值可参见"图形的简单修饰"。参数 option 可以缺省。

【扩展】 指令 plot3 绘制三维点线图，调用格式与 plot 类似。经常与 plot 指令配合使用的还有指令 line，其最简单的调用格式是 line(x, y)，功能是绘制出由向量 x 和 y 的对应坐标标记出的数据点 (xi, yi)之间的折线，通常用 line 指令为 plot 图形中补充、添加辅助线。

指令 plot 和 line 还有其他更为细腻的调用格式，感兴趣的读者请查阅 MATLAB 系统帮助。

此外，MATLAB 语言还提供了很多更为专业的统计绘图指令，更进一步指令可见相关参考书籍。

2.4.6 指令集的函数化(M文件)

在前面的例子中，无论是计算还是绘图，都是根据问题的需要按照一定的顺序使用有关指令，这些指令构成了解决某一特定问题的指令集。可以将这些指令集保存为MATLAB语言的可执行文件，成为M-脚本文件。这时，文件名就变成了一条可执行的(用户自定义)指令，以后若再次执行这一指令集，只需在指令窗口或Notebook环境中键入这个文件名并运行即可。M-脚本文件运行中所处理的数据及返回数据均在MATLAB的工作内存(Workspace)中。这种做法适宜小规模计算或编写大规模计算程序的主程序。

如果问题的规模较大、结构化程度高，相关算法在同类问题中可重复使用时，则应当对相应的MATLAB指令集由function指令进行函数化处理，规划和确定输入/输出参数，此类可执行文件称为M-函数文件，通常用于子程序的编写。用户自定义的M-函数同MATLAB系统函数一样，可以在需要时重复调用。与M-脚本不同，M-函数运行中所处理的数据及返回数据，除预先定义的全局(输入/输出)变量在MATLAB的工作内存(Workspace)中，其余均在调用该函数时系统自动开辟的临时局部变量空间中，该函数运行结束时系统自动删除这一临时的局部变量空间。

M-脚本文件与M-函数文件是MATLAB语言程序设计的两种源程序文件格式，统称M-文件，文件的扩展名均为m。

M-文件的编写通常在MATLAB程序编辑器(Editor)中进行。单击"New M-File"图标(或菜单选项)，即可开启程序编辑器。若是在Notebook环境中已经编写出M-文件，则可将文件中的全部指令复制/粘贴到程序编辑器，调试无错误即可保存。

下面简要介绍M-文件和M-函数文件的编写规范。

函数申明行　function[返回变量列表]=function(输入变量列表)

(关键词)行　%FUNNAME(大写体函数名)，关键词描述的函数功能

在线帮助文本区　%输入、输出变量的意义，调用格式说明，

算法说明等

隔离行 无任何标记的空行

编写与修改记录 %编写者姓名,编写日期,修改日期等

隔离行 无任何标记的空行

函数体 MATLAB 命令集(为增强程序的可读性,在函数体中可配置适当的空行和%引导的注释)

在后面的章节中将结合具体例子介绍 M 文件的编写与调用。

2.4.7 数据特征的度量及其 MATLAB 函数

统计量最基本的应用就是对数据特征的度量。MATLAB 制定了样本数据的一些常用度量性的统计描述函数,下面就最常用的部分分别予以介绍。

1. 数据集中性的度量

数据集中性的度量见表 2-3。

表 2-3 数据集中性的度量

统计量名称	统计量的数学定义	MATLAB 函数
样本均值	$\bar{x}=\frac{1}{n}\sum_{i=1}^{n}x_i$	mean
样本中值	$m_{0.5}$(参见样本的经验分位数)	median

2. 数据变异性的度量

数据变异性的度量见表 2-4。

表 2-4 数据变异性的度量

统计量名称	统计量的数学定义	MATLAB 函数
样本方差	$s^2=\frac{1}{n-1}\sum_{i=1}^{n}(x_i-\bar{x})^2$	var
样本标准差	$s=\sqrt{\frac{1}{n-1}\sum_{i-1}^{n}(x_i-\bar{x})^2}$	std
样本极差	$R=x(n)-x(1)$	range

3. 两组数据线性相依程度的度量

两组数据线性相依程度的度量见表2-5。协方差和相关系数的概念将在第3章详细介绍。

表2-5 两组数据线性相依程度的度量

统计量名称	统计量的数学定义	MATLAB函数
样本协方差	$c=\sum_{i=1}^{n}\sum_{j=1}^{n}(x_i-\bar{x})(y_j-\bar{y})$	cov
样本相关系数	$r=\frac{c}{s_x s_y}$	corrcoef

2.5 化学数据的预处理方法

2.5.1 数据预处理的目的

由于种种人为或客观原因,无论是来自生产实践、科学实验还是社会调查的各种数据都会存在缺失(不完整)、含有噪声以及不一致的现象。而低质量的数据将导致信息抽提和解析结果的不科学、不可靠。因此,在进行化学信息解析和抽提之前,必须对数据进行预处理,目的主要有如下两点。

(1) 进行数据清理:根据一定的规律和原则填写空缺值,采用数学方法平滑噪声,识别和删除孤立点及奇异的数据,解决数据的不一致性。

(2) 进行数据变换:消除不同性质(变量)间因为量级、数据分布范围不同而造成各变量对研究对象所造成的影响权重的不同,将分布在不同空间尺度的数据变换到尺度相同的空间中,以便于后续的分析和比较。

2.5.2 离散数据的常用预处理方法

假设下面的 n 行 p 列数据矩阵代表 n 个样本的 p 个变量测试

数据

$$X = \begin{bmatrix} X_{11} & X_{12} & \cdots & X_{1p} \\ X_{21} & X_{22} & \cdots & X_{2p} \\ \vdots & \vdots & \ddots & \vdots \\ X_{n1} & X_{n2} & \cdots & X_{np} \end{bmatrix} \tag{2-23}$$

该数据矩阵的质量将直接影响到信息解析和抽提的效果，由于 p 个变量的量纲和变化幅度可能不同，其绝对值大小可能差很多倍。例如，有的变量为谱图数据，有的变量为化合物的物理化学性质或结构方面的信息，变量间不仅量纲不一样，其绝对值大小也可能会有几个数量级的差别。如果不对原始数据进行预处理，一些数量级较小变量的作用就无法在后面的分析过程中体现，而通过对原始数据的预处理，可以消除量纲和变化幅度不同带来的影响。下面介绍几种常见的数据预处理方法。

1. 中心变换(Data centralization)

中心变换也称均值中心化，就是将原数据矩阵的每一个元素减去该元素所在列的均值

$$x'_{ij} = x_{ij} - \bar{x}_j \quad (i = 1, 2, \cdots, n;\ j = 1, 2, \cdots, p) \tag{2-24}$$

其中 x_{ij} 为原始测量值，x'_{ij} 是均值中心化处理后的第 i 行第 j 列元素，$\bar{x}_j$ 是矩阵 X 中第 j 列 n 个样本的均值。在样本数据集中，当变量类型基本相同、大小范围基本一致时(如 X 全部由光谱数据组成)，常用此法。中心变换后的数据矩阵 X' 具有每一列均值均为零的特点。

2. 对数变换(Natural logarithm transformation)

当 $x_{ij} > 0$ 时，对矩阵 X 中的每一个元素做对数变换(可以是常用对数或自然对数，也可以是以其他整数为底的对数)

$$x'_{ij} = \ln(x_{ij}) \quad (x_{ij} > 0) \tag{2-25}$$

当变量的动态范围较大，如相差几个数量级时，常用此法。

3. 正规化变换(Normalization transformation)

将原始数据矩阵的各元素减去该元素所在列的最小值后再除以

该列元素的极差(极差为该列元素的最大值与最小值之差)称为数据正规化变换

$$x'_{ij}=\frac{x_{ij}-\min(x_j)}{\max(x_j)-\min(x_j)} \tag{2-26}$$

其中 $\min(x_j)$ 和 $\max(x_j)$ 分别为矩阵 X 中第 j 列元素的最小值和最大值。这种方法可将量纲不一、范围不同的各种变量或特征数据表达为 0～1 内的数据。该法不仅适用于同类型、同范围大小的原始数据的预处理,也适用于不同数据类型和范围大小的数据处理。

4. 自标度化处理(Autoscaling)

自标度化变换即将各变量化为均值为 0,方差为 1 的变量,也称均值方差化或方差归一化。即将原始数据矩阵中的各列元素减去该列元素的均值后再除以所在列的标准方差

$$x'_{ij}=(x_{ij}-\bar{x}_j)/S_j,\ (i=1,\ 2,\ \cdots,\ n;\ j=1,\ 2,\ \cdots,\ p) \tag{2-27(a)}$$

$$\left.\begin{aligned}\bar{x}_j&=\frac{1}{n}\sum_{i=1}^{n}x_{ij}\\ S_j&=\sqrt{\frac{1}{n-1}\sum_{i=1}^{n}(x_{ij}-\bar{x}_j)^2}\end{aligned}\right\} \tag{2-27(b)}$$

$\bar{x}_j$ 与 S_j 分别为矩阵 X 的第 j 列元素的平均值和标准方差。经过标准化处理的变量(一列元素)权重相同,均值都为 0,方差或标准方差均为 1。这是一种运用比正规化处理更广泛的数据预处理技术。

5. 标准化处理

标准化预处理的方法很多,对不同的仪器有不同的方法,如在色谱数据中常采用面积归一化的方法,以减小进样误差的影响,即

$$x'_{ij}=x_{ij}\Big/\sum_{i=1}^{n}x_{ij}\ (j=1,\ 2,\ \cdots,\ m;\ m\ \text{为色谱峰个数}) \tag{2-28}$$

对于质谱数据则常采用最大归一化预处理的方法,即

$$x'_{ij} = x_{ij} / \max(x_{ij}) \ (j = 1, 2, \cdots, m; m \text{ 为质子峰个数}) \tag{2-29}$$

值得注意的是，数据经处理后失去了原来的量纲，只是保持其相对大小而已。

例 2-18　有 10 个样本，每个样本由 2 个变量构成的原始数据矩阵见表 2-6 的第 2 列，对这些数据分别进行中心化、对数化、正规化和标准化预处理的结果见第 4～11 列。

表 2-6　10 个样本的两个特征变量的原始数据及其预处理结果

No	原始数据		中心化		对数化		正规化		自标度化	
1	4.03	75.00	−3.15	24.10	1.39	4.32	0.01	1.00	−1.48	1.53
2	8.30	57.50	1.12	6.60	2.12	4.05	0.80	0.66	0.53	0.42
3	8.36	63.00	1.18	12.10	2.12	4.14	0.81	0.76	0.56	0.77
4	8.91	37.50	1.73	−13.40	2.19	3.62	0.91	0.26	0.81	−0.85
5	6.70	47.00	−0.48	−3.90	1.90	3.85	0.50	0.45	−0.22	−0.25
6	4.88	54.00	−2.30	3.10	1.59	3.99	0.17	0.59	−1.08	0.20
7	8.32	32.00	1.14	−18.90	2.12	3.47	0.80	0.16	0.54	−1.20
8	3.95	24.00	−3.23	−26.90	1.37	3.18	0	0	−1.52	−1.71
9	9.42	56.50	2.24	5.60	2.24	4.03	1.00	0.64	1.05	0.36
10	8.90	62.50	1.72	11.60	2.19	4.14	0.90	0.75	0.81	0.74
均值	7.18	50.90	0.00	0.00	1.92	3.88	0.59	0.53	0	0
标准差	2.13	15.71	2.13	15.71	0.34	0.35	0.39	0.31	1	1
最大值	9.42	75.00	2.24	24.10	2.24	4.32	1.00	1.00	1.05	1.53
最小值	3.95	24.00	−3.23	−26.90	1.37	3.18	0	0	−1.52	−1.71

在 MATLAB 下对表 2-6 中数据进行预处理的命令如下。

(1) 数据导入

将表 2-6 中的原始数据用 excel 存储在 MATLAB/work 目录

下一个名为 A. xls 文件中，在 MATLAB 的界面选择“open file”图标双击，在“文件类型”框中选择“All Files(＊.＊)”，然后选择 work 子目录下的 A. xls 文件，会出现如下界面

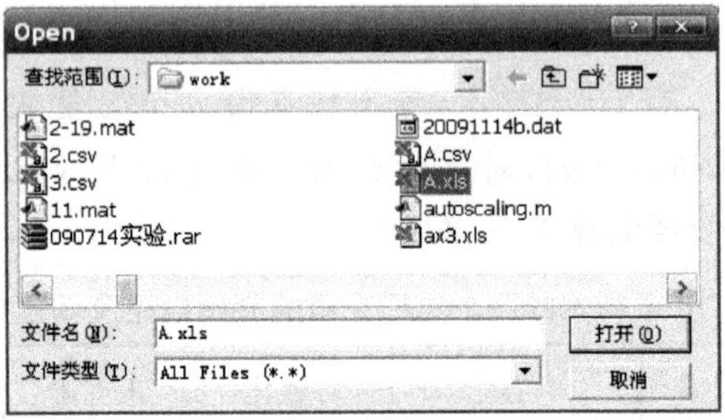

双击该界面“打开”按钮，会出现如下界面

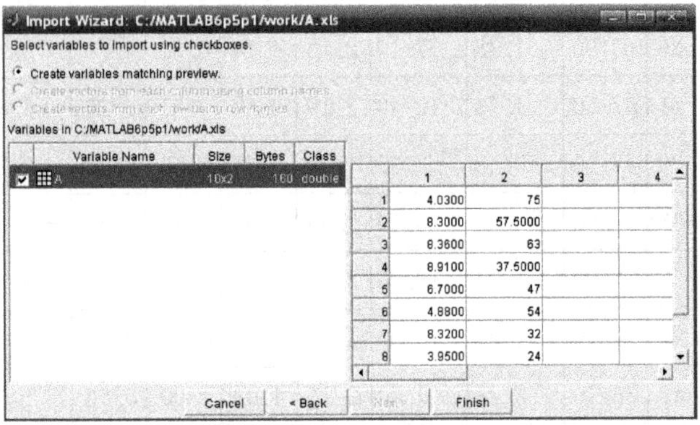

双击上图中的“Finish”按钮，会出现如下文字

Import Wizard created variables in the current workspace.

表示数据文件 A. xls 已经导入 MATLAB 的 workspace 工作目录中(所有 MATLAB 计算的输入和输出数据均保存在此目录下)。

我们将导入的 A 变量存为.mat 格式的文件，需输入如下命令

```
>> save A.mat
```

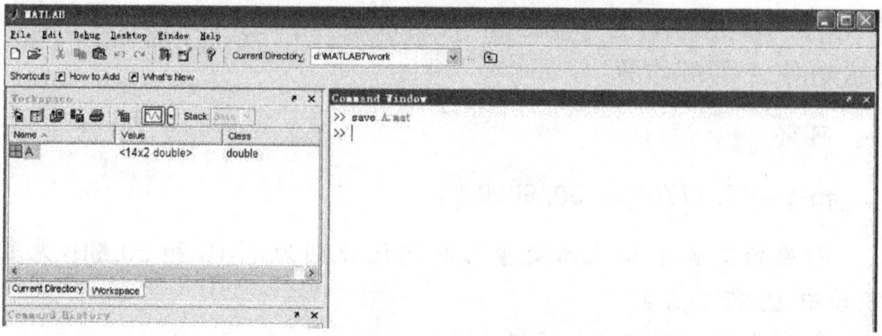

然后输入 clear 命令，即清除 workspace 目录中的变量 A，可以看到输入该命令后，workspace 中没有任何变量了。

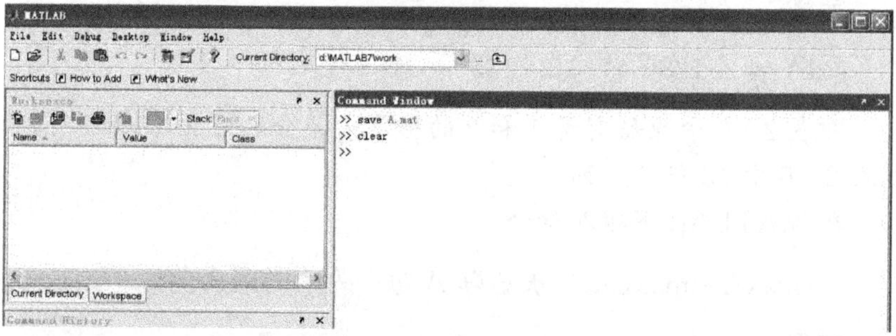

利用 load 命令来导入已经存入 matlab 中的变量 A，键入如下命令

```
>> load A
```

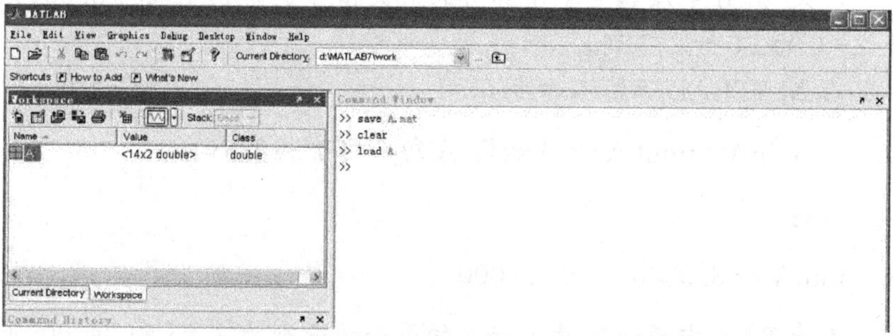

此时可以看到 A 变量又重新导入 workspace 目录中了。

(2) 求原始变量的均值、标准方差、最大值与最小值

在 MATLAB 下输入

```
>> mA=mean(A,1)  %mean(A,1)求矩阵 A 的列均值;mean(A,2)求矩阵 A 的行均值
```

可得

mA = 7.1770　　50.9000

即原始变量 1 和原始变量 2 的均值分别为 7.18 和 50.90，见表 2-6 中 12 行 2、3 列。

在 MATLAB 下输入命令

```
>> stdA=std(A)  %求矩阵 A 的列向量的样本标准方差
```

可得

stdA = 2.1289　　15.7123

即表 2-6 中原始变量 1 和 2 的标准方差分别为 2.13 和 15.71，见表 2-6 中 13 行 2,3 列。

在 MATLAB 下输入命令

```
>> maxA=max(A)%求矩阵 A 每一列中的最大值
```

可得

maxA = 9.4200　　75.0000

即表 2-6 中原始变量 1 和 2 的最大值分别为 9.42 和 75.00，见表 2-6 的 14 行 2、3 列。

在 MATLAB 下输入命令

```
>> minA=min(A)%求矩阵 A 每一列中的最小值
```

可得

minA = 3.9500　　24.0000

即表 2-6 中原始变量 1 和 2 的最小值分别为 3.95 和 24.00，见表 2-6 中 15 行 2、3 列。

(3) 进行中心化预处理

在 MATLAB 下输入命令

```
>> cenA=A-repmat(mA,10,1);  %矩阵 A 的第一列每个元素减去第一列的均值 mA(1),第二列减去第二列的均值 mA(2)
```

打开矩阵 cenA 可得表 2-6 中 2～11 行第 4～5 列所示的结果。

采用(2)中演示的 mean、std 及 max、min 函数,可求得表 2-6 中 12～15 行第 4～5 列所示的中心化处理后变量 1 与 2 的均值、标准方差、最大值和最小值。

(4) 进行对数化预处理

在 MATLAB 下输入命令

```
>> logA=log(A);%对矩阵 A 的每个元素求以 e 为底的对数
```

打开矩阵 log A 可得表 2-6 中 2～11 行第 6～7 列所示的结果。

采用(2)中演示的 mean、std 及 max、min 函数,可求得表 2-6 中 12～15 行第 6～7 列所示的对数化处理后变量 1 与 2 的均值、标准方差、最大值和最小值。

(5) 进行正规化预处理

在 MATLAB 下输入命令

```
>> nmA=(A-repmat(minA,10,1))./repmat((maxA-minA),10,1);
%对矩阵 A 的每列元素减去列均值并除以该列最大值和最小值之差
```

打开矩阵 nmA 可得表 2-6 中 1～11 行第 8～9 列所示的结果。

采用(2)中演示的 mean、std 及 max、min 函数,可求得表 2-6 中 12～15 行第 8～9 列所示的正规化处理后变量 1 与 2 的均值、标准方差、最大值和最小值。

(6) 进行自标度化预处理

在 MATLAB 下输入命令

```
>> autA=(A-repmat(mA,10,1))./repmat(stdA,10,1);
```

打开矩阵 autA 可得表 2-6 中 2～11 行第 10～11 列所示的结果。

采用(2)中演示的 mean、std 及 max、min 函数,可求得表 2-6

中 12～15 行第 10～11 列所示的自标度化处理后变量 1 与变量 2 的均值、标准方差、最大值和最小值。

若将原始数据矩阵及其预处理后每一列数据的分布情况(即每个变量的分布情况)作成示意图 2-10,则可看出经过预处理后,数据的分布与原来有本质的不同,不论哪种处理方法得到的数据,其分布范围基本上都统一在同一水平上。

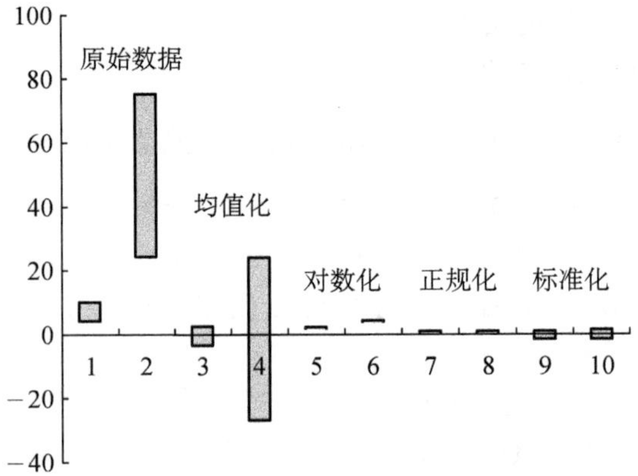

图 2-10　原始数据及其预处理后的数据范围分布示意

2.5.3　光谱数据的常用预处理方法

采用光谱(如红外、近红外、拉曼光谱等)作为化学信息来源时,在进行信息解析和抽提之前,常常需要根据样品、研究背景的特点和性质对光谱数据进行预处理,以消除基线漂移和噪声等对光谱带来的干扰。图 2-11 为 500 多个牛奶样品的近红外光谱。

常用的光谱预处理方法有以下三种。

1. 导数(Derivation)

对光谱数据求导可以消除背景漂移造成的影响,一阶导数可以消除背景的常数平移、二阶导数可以消除线性背景平移。在计算机中每一根光谱都是以二维数组的形式存储的(一维存储光谱横坐标即波长的信息,另一维存储吸光度或光谱响应值的信息),对于光谱点数为 p 且间隔相同的 n 个样本,其光谱信息可以合并存储在一个 $n \times p$ 的数据矩阵中。对光谱的求导可以采用多点数值微分公式

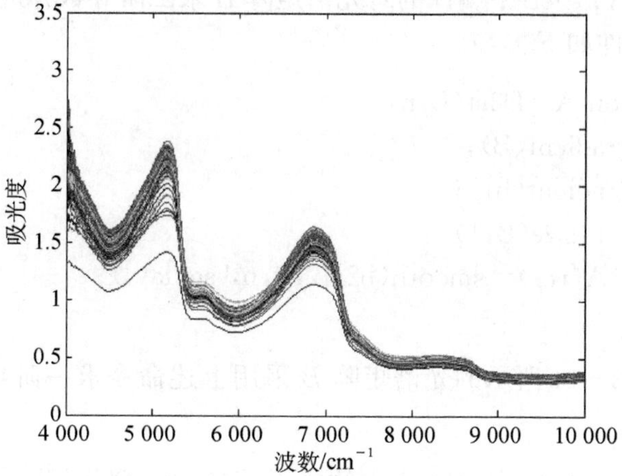

图 2－11　牛奶的原始近红外光谱

$$\frac{dy}{d\lambda}=\frac{1}{10\lambda}(-2y_{i-2}-y_{i-1}+y_{i+1}+y_{i+2}) \qquad (2-30)$$

$$\frac{d^2y}{d\lambda^2}=\frac{1}{7\lambda^2}(-2y_{i-2}-y_{i-1}+2y_i+y_{i+1}+2y_{i+2}) \qquad (2-31)$$

上述公式以 5 点二次平滑方法得到，其中 y 为吸光度，利用多个波长点处的信息，可改善拟合效果。

在 MATLAB 下编译的对光谱矩阵 B 求一阶导数并进行光滑处理的 m 文件如下

```
function A=D1st(B,n)
%n 为光滑点个数，例如取 n=5 即进行 5 点光滑
b1=gradient(B);%求矩阵 B 每一行(一行对应一根光谱)的一阶导数
for i=1:size(B,1)
    A(i,:)=smooth(b1(i,:)',n,'sgolay')';
end
%用 Savitzky-Golay 方法对 b1 中每一行进行光滑处理(光滑点数为 n)
```

在 MATLAB 下编译的对光谱矩阵 *B* 求二阶导数并进行光滑处理的 m 文件如下

```
function A=D2st(B,n)
b1=gradient(B);
b2=gradient(b1);
for i=1:size(B,1)
        A(i,:)=smooth(b2(i,:)',n,'sgolay')';
end
```

对图 2-11 所示的光谱矩阵 *B* 采用上述命令求一阶导数，键入下述命令

>> Bd=dist1(B,31);*%对矩阵 B 中的每一根光谱进行 31 点光滑的 Savitzky-Golay 求导*

则会出现下述界面

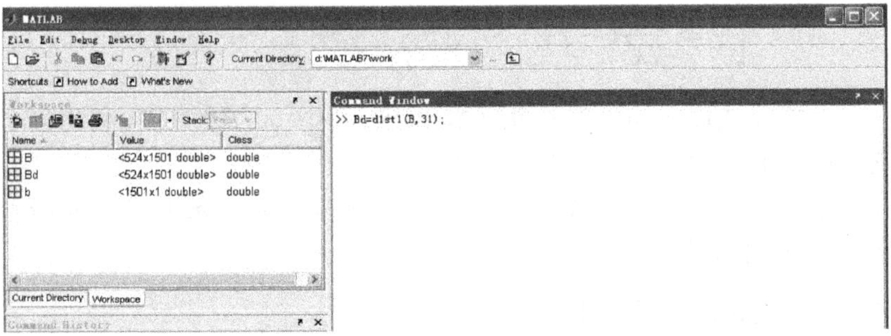

Bd 即为经一阶导数处理过后的光谱数据矩阵，再键入下述命令

>> b=[4000,4,10000]; *%生成一个波数间隔为 4，起始点为 4000，终点为 10000 的光谱波长数组*

>> plot(b,Bd); *%以 b 数组为横坐标，Bd 为纵坐标作出牛奶样本的一阶导数光谱*

可得如图 2-12 所示的一阶导数光谱

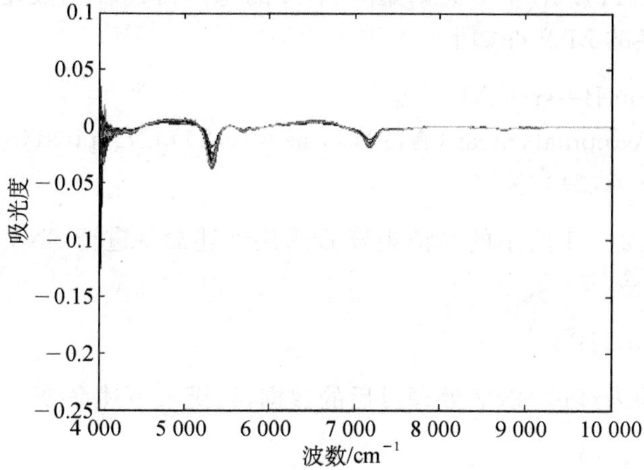

图 2-12　一阶导数处理后的牛奶近红外光谱

2. 标准正态变换(Standard Normal Variation, SNV)

无论是固体还是液体样品,大多很难达到理想的均匀状态。样品的不均匀性会造成光通过、透过或从样品反射回来时的散射,光的散射会对样品光谱带来误差。SNV 可以用来校正因散射而引起的光谱的误差。该法认为每一个光谱中,各波长点的吸光度值应满足一定的分布(如正态分布),通过这一假设对每一条光谱进行预处理,使其尽可能接近"理想"光谱(即没有散射误差效应的光谱)。SNV 是原光谱减去该光谱所有光谱点吸光度的平均值后,再除以该光谱数据的标准偏差 S,实质是使原光谱数据标准正态化,即

$$Z_{ij} = \frac{x_{ij} - \bar{x}_i}{S_i} \qquad [2-32(a)]$$

$$\left.\begin{aligned} \bar{x}_i &= \frac{1}{p}\sum_{j=1}^{p} x_{ij} \\ S_i &= \sqrt{\frac{1}{p-1}\sum_{j=1}^{p}(x_{ij} - \bar{x}_i)^2} \end{aligned}\right\} \qquad [2-32(b)]$$

式中, $i = 1, 2, \cdots, n$; $j = 1, 2, \cdots, p$; n 为样本个数, p 为光谱点数。

在 MATLAB 下对光谱矩阵 *A*(*A* 的每一行代表一根光谱)进行 SNV 变换的 M 文件如下

```
>> function B=snv(A)
>> B=(A-repmat(mean(A,2),1,size(A,2)))./repmat(std(A,0,2),1,size(A,2));
```

对图 2-11 所示的光谱矩阵 *B* 采用上述命令进行 SNV 变换,键入如下命令

```
>> Bs=snv(B);
```

Bs 即为经过 SNV 处理过后的数据,再键入下述命令

```
>> plot(b,Bs)
```

可得如图 2-13 所示的经 SNV 变换处理的牛奶近红外光谱。

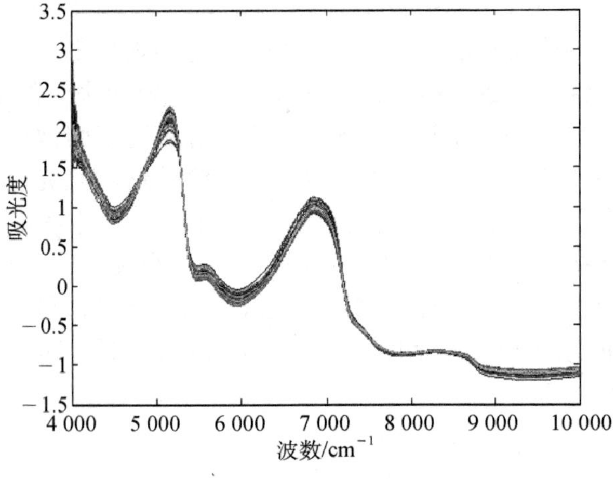

图 2-13 SNV 处理后的牛奶近红外光谱

3. 多元散射校正(Multi-scatter Calibration, MSC)

MSC 方法认为每一条光谱都应该与"理想"光谱成线性关系,而真正的"理想"光谱无法得到,可以用样本集的平均光谱来近似。因此,每个样品的任意波长点下反射吸光度值与其平均光谱的相应吸光度的光谱是近似线性关系,直线的截距和斜率可由光谱集线性回

归获得，并且用于校正每条光谱，截距反映样品独特反射作用而斜率大小则反映样品的均匀性。具体计算公式如下

平均光谱： $$\overline{A_j} = \sum_{i=1}^{n} A_{ij}/n \qquad [2-33(a)]$$

线性回归： $$A_j = m_j \overline{A_j} + b_j \qquad [2-33(b)]$$

MSC 校正： $$A_{j(\mathrm{MSC})} = \frac{(A_j - b_j)}{m_j} \qquad (2-33)$$

上述公式中，n 为样本个数；j 为波长序号；A_{ij} 为第 i 个样品在波长 j 下的光谱值，m_j 和 b_j 是波长 j 下的光谱值 A_j 与平均光谱 $\overline{A_j}$ 进行线性回归的斜率与截距，都是列向量。通过调整 m_j 和 b_j，使得在减少光谱差异的同时尽量保留原有的与化学成分有关的信息。

在 MATLAB 下对光谱矩阵 spectrum 进行 MSC 变换的 M 文件如下

```
function sp=msc(spectrum)
msp=mean(spectrum); %求平均光谱并存储在向量 msp 中
[N,M]=size(spectrum);
b=[];
m=[];
for i =1:N
    [B,BINT,R,RINT,STATS]=regress(spectrum(i,:)',[msp;
    ones(1,M)]',0.01);
    %用多元线性回归函数求解(2—33b)中的 mi 和 bi
    sp(i,:)=(spectrum(i,:)-repmat(B(2,1),1,M))./B(1,1);%
    用(2 -33)对光谱点进行 MSC 校正
end
```

对图 2-11 所示的光谱矩阵 B 采用上述命令进行 MSC 变换，键入如下命令

```
>> Bm=msc(B);
```

Bm 即为经过 MSC 处理过后的数据，再键入下述命令

```
>> plot(b,Bm)
```

得到如图 2－14 所示 MSC 处理后的牛奶近红外光谱。

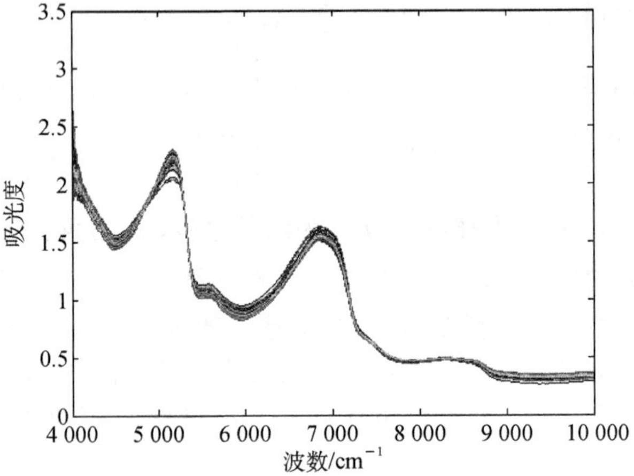

图 2－14　MSC 处理后的牛奶近红外光谱

思 考 题

1. 你所知道的化学信息中,哪些可以用向量表示?哪些可以用矩阵表示?

2. 教科书上的比尔定律与本章中推导的 Lambert-Beer 定律有哪些异同?

3. 写出描述随机变量的集中程度的统计指标均值的计算公式,并举例说明其应用。

4. 写出描述随机变量的离散程度的统计指标方差和标准方差的计算公式,并举例说明其应用。

5. 写出正态分布函数并解释其中参数的意义。

6. 什么是总体、个体、样本和样本容量?

7. 什么是置信区间?什么是置信度?说明两者的区别与联系。

练习题

1. 从某批产品中随机抽取 20 个试样测定 Pb 的含量，得 $\bar{x}=0.11\%$，标准偏差 $s=0.01\%$。若以95%的把握估准至少99%，试计算 Pb 在该产品中含量的范围。

2. 某缓冲溶液的 pH 的 6 次测定值为 5.12，5.20，5.15，5.17，5.19，5.15，试分别计算置信度为 95%和 99%的置信区间。

3. 某指标的两组测试数据如下

组1　777，790，759，790，770，758，764

组2　782，773，778，765，789，797，782

(1) 两组数据中的均值有无显著性差异？

(2) 两组数据的方差有无显著性差异？

4. 下表为 6 个矿石样品中元素含量的测试结果，请用 2.5.2 中介绍的 5 种方法对表中数据进行预处理并比较原始变量和处理后各变量的均值与方差。

6 个矿石样品中 6 种元素含量的测试结果

样品号	元素含量/($\mu g\cdot g^{-1}$)					
	Ni	Co	Cu	Cr	S	As
1	1 903	273	160	1 178	8 163	4
2	2 328	79	6	3 175	586	14
3	744	26	1	841	425	3
4	2 782	273	150	2 400	8 231	37
5	1 775	94	13	3 140	54	1
6	1 046	44	6	2 093	104	1

参考文献

[1] 维恩堡 GH，等. 数理统计初级教程. 常学将，等译. 太原：山西人民出版

社,1986.

[2] 陈希孺.概率论与数理统计.合肥:中国科学技术大学出版社,2004.

[3] 许禄,邵学广.化学计量学方法.北京:科学出版社,2004.

[4] 宋兆基,徐流美,等.MATLAB 6.5 在科学计算中的应用.北京:清华大学出版社,2005.

[5] 包研科,李娜.数理统计与 MATLAB 数据处理.沈阳:东北大学出版社,2008.

[6] 倪力军,张立国,盖群.通过案例教学帮助学生理解化学计量学的本质.化工高等教育,2010,6:68—72,78.

第3章 相关分析及其应用

在日常生活和自然科学领域，我们常常需要分析、判断某一变量（因素）是否对其他变量（因素）有影响或某两个随机变量间是否有关联。例如，化学反应温度是否影响产物的收率，吸烟与肺癌是否有关，头发中的微量元素含量是否影响健康指标等。对于相互间有关联或关系的变量进行统计分析，才有可能根据某些变量去预测未知变量的数值。例如，气象预报部门根据当天和历史采集的大气湿度、环境温度和气压等数据进行统计分析后进行未来天气（温度、阴晴、风力等）预报，是因为气压、湿度等数据与未来天气指标有关系，才可以根据这些数据来预报天气。

相关分析（Correlation analysis）是研究随机变量之间的相关关系的一种统计方法，它研究随机变量之间是否存在某种依存关系，并探讨有依存关系的随机变量的相关方向以及相关程度，根据这些信息可以判断某些自变量对因变量的影响方式和大小。在采用统计回归分析等方法建立自变量与因变量间数学模型之前，对变量间进行相关分析可达到以下目的。

（1）帮助判断是否可以建立有意义的数学模型。

（2）进行变量筛选，使模型中只包含独立的变量，提高模型的性能。

相关分析有简单线性相关、复相关、偏相关及典型相关分析等多种方法。其中简单线性相关分析是针对两个随机变量，分析二者之间线性关联程度的强弱；复相关分析是针对一组随机变量，分析其中一个变量与其他变量间线性相关程度的强弱；偏相关分析是针对一组随机变量，固定其中一些变量的值，分析某个变量与其他变量间的关联强弱；而典型相关分析则是针对两组变量，进行两组变量整体线性关联程度强弱的分析。在实际应用中，根据不同的目的可选择不同的相关分析方法。

3.1 简单线性相关分析

线性相关是指两个相关变量之间，当变量 X 的数值发生变动时，另一变量 Y 随之发生近似于固定比例的变动，在相关图上的散点近似地表现为直线形式，因此称其为线性相关关系。线性相关分析用于研究两个变量间线性相关的程度。任意两个随机变量 X 和 Y 间线性相互依存(关联)的程度可以用简单线性相关系数 r(通常简称为相关系数)来描述。

例 3-1 表 3-1 为某地区雨水中 Na、Cl、Pb 和 Sb 元素含量的测试数据。为考察雨水中 Na 与 Cl，Pb 与 Sb 含量间的关联度，分别以 Na、Pb 为横坐标、Cl 与 Sb 为纵坐标，可得图 3-1 和图 3-2 的相关图。显然，雨水中 Na 和 Cl 的浓度具有较强的相关性，即 Na 含量上升时 Cl 含量也上升，但 Pb 与 Sb 的浓度不具备明显的规律和相关性。

表 3-1 雨水中元素含量数据 单位：$ng \cdot g^{-1}$

测试点	Cl	Na	Sb	Pb
1	2 680	2 000	0.93	58
2	180	280	0.08	20
3	1 680	1 800	0.46	10
4	230	230	0.08	3
5	4 090	2 300	0.12	15
6	2 820	2 600	1.04	67
7	820	800	0.14	5
8	770	1 100	0.13	8
9	680	550	0.8	12

续表

测试点	Cl	Na	Sb	Pb
10	550	540	0.15	7
11	1 270	1 300	0.2	9
12	1 590	1 800	0.73	7
13	1 590	1 800	0.73	7
14	2 850	2 600	3.08	21
15	590	450	0.46	5
16	770	850	0.28	6
17	2 640	2 400	0.4	56
18	2 180	2 100	0.38	10
19	500	900	0.08	11
20	820	1 100	0.03	3
21	1 360	1 700	0.3	23
22	360	360	0.12	3

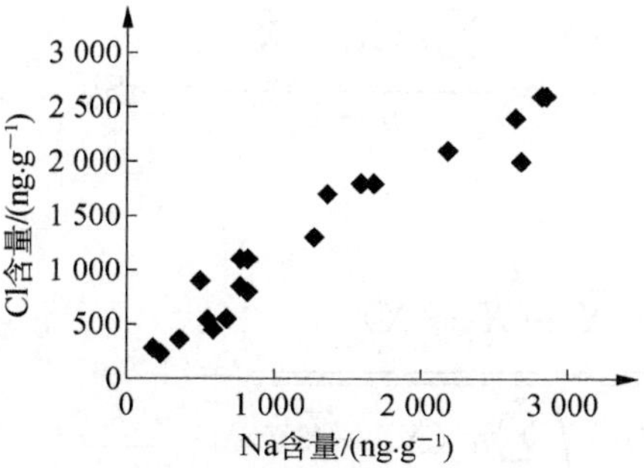

图 3-1　雨水中 Na 与 Cl 浓度的相关图

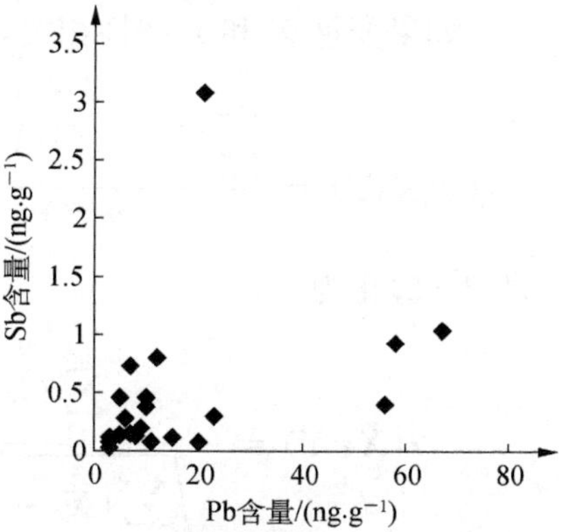

图 3-2　雨水中 Pb 与 Sb 浓度的相关图

变量间的相关性可以用协方差和相关系数来描述。

设 X 与 Y 的 n 次测量数据为 X_i，Y_i($i=1, 2, \cdots, n$)，其均值分别为 $\overline{X}$ 与 $\overline{Y}$，则变量 X 与 Y 的协方差可定义为

$$\text{cov}(X, Y) = \frac{\sum_{i=1}^{n}(X_i - \overline{X})(Y_i - \overline{Y})}{n-1} \tag{3-1}$$

式中，$n-1$ 为独立观察次数，即自由度。

当变量 X 与 Y 之间的相关性较强时，协方差的绝对值将比较大；若变量 X 与 Y 的相关性较差时，协方差的绝对值将会比较小。此外协方差的大小还依赖于变量 X 和 Y 的量级，例如，上例中当 Na 与 Cl 的浓度单位为 $\text{ng} \cdot \text{g}^{-1}$ 时，$\text{cov}(\text{Na}, \text{Cl}) = 742\,650$，若 Na 与 Cl 的浓度单位为分别以 $\mu\text{g} \cdot \text{g}^{-1}$ 表示时，则 $\text{cov}(\text{Na}, \text{Cl}) = 0.743$。为了使相关性度量参数不依赖于变量所选用的量级(即单位)时，将协方差除以 X 和 Y 的标准方差的乘积，由此可得相关系数

$$r(X, Y) = \frac{\sum_{i=1}^{n}(X_i - \overline{X})(Y_i - \overline{Y})}{\sqrt{\sum_{i=1}^{n}(X_i - \overline{X})^2}\sqrt{\sum_{i=1}^{n}(Y_i - \overline{Y})^2}} \tag{3-2}$$

如果变量 X 和 Y 线性相关，如 $Y = aX$，此时式(3-1)可化为

$$\text{cov}(X,Y) = \frac{\sum_{i=1}^{n}(X_i - \overline{X})(Y_i - \overline{Y})}{n-1} = \frac{\sum_{i=1}^{n}a(X_i - \overline{X})^2}{n-1} = aS_X^2$$

式(3-2)化为

$$r(X, Y) = \frac{\sum_{i=1}^{n}(X_i - \overline{X})a(X_i - \overline{X})}{\sqrt{\sum_{i=1}^{n}(X_i - \overline{X})^2}\sqrt{\sum_{i=1}^{n}a^2(X_i - \overline{X})^2}} = 1$$

因此，对于线性相关的两个变量，其相关系数 $r = 1$。

将表 3-1 中的第 2～5 列导入数据文件 X，在 MATLAB 的 command window 下输入命令

```
>> R=corrcoef(X)
```

% R=corrcoef(X) 计算数组 X 的相关系数矩阵 R,X 的每一列代表一个变量,每一行代表一个观察样本.

可以得到如下结果

R=

1.0000	0.9172	0.4618	0.5878
0.9172	1.0000	0.5366	0.6028
0.4618	0.5366	1.0000	0.3154
0.5878	0.6028	0.3154	1.0000

R 为表 3-1 中四个元素含量间相关系数构成的矩阵,如 $r(1, 2)=0.9172$ 表示雨水中 Na 与 Cl 含量间的相关系数为 0.917 2;$r(3, 4)=0.3154$ 表示雨水中 Pb 与 Sb 的含量间相关系数为 0.315 4,这个值非常低,表现在图 3-2 中的点很分散,不像图 3-1 中的点比较集中地分布在一条直线附近,具有较强的线性相关性。

由式(3-2)可看出,在相关系数的概念里,用到了数理统计中均值、协方差、标准方差的概念:$\overline{X}$ 与 $\overline{Y}$ 分别是变量 X 和 Y 的 n 次测试值的均值;分子 $\sum_{i=1}^{n}(X_i-\overline{X})(Y_i-\overline{Y})$ 若除以 $n-1$ 即为变量 X 与 Y 之间的协方差;分母中的 $\sqrt{\sum_{i=1}^{n}(Y_i-\overline{Y})^2}$ 与 $\sqrt{\sum_{i=1}^{n}(X_i-\overline{X})^2}$ 若除以 $\sqrt{n-1}$ 则分别为变量 X 与 Y 的标准方差。因此可以说,X 与 Y 的相关系数 r 等于其协方差与其标准方差之比。

当相关系数 $r>0$ 时,表明两个相关变量变化的方向是一致的,称这两个变量为正相关。如例 3-1 中 Na 与 Cl 的含量呈正相关关系。

若相关系数 $r<0$,则意味着两相关变量变化的方向是相反的,称这两个变量为负相关。

若 $|r|=1$,表明两个变量间完全线性相关,即二者之间存在完全确定的线性函数关系。

$|r|>0.95$ 表明两个变量间显著线性相关。

$|r|\geqslant 0.8$ 表明两变量高度线性相关。

$0.5 \leqslant |r| < 0.8$ 表明两变量中度线性相关。

$0.3 \leqslant |r| < 0.5$ 表明两个变量的线性相关程度低。

$|r| < 0.3$ 表明两个变量的相关关系极弱，可认为无线性相关关系。

相对于线性相关变量，曲线相关是指变量 X 的数值发生变动时，另一变量 Y 也随之发生变动，但这种变动在数值上不成固定比例，在相关图上的散点可表现为抛物线、指数曲线、双曲线等形式，因此称其为曲线相关关系。

当两变量之间在数量的变化上各自独立、互不影响时，则称这两个变量不相关。注意，$|r|=0$ 只意味着两个变量间没有线性相关关系，但并不一定意味着变量 X 与 Y 完全不相关。

图 3-3 给出了各种相关关系的示意图。

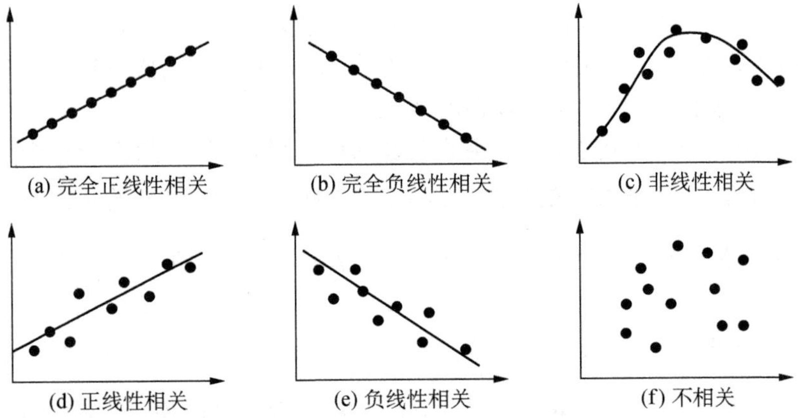

图 3-3 各种相关关系示意

例 3-2 表 3-2 给出了对某产品标明腐蚀刻线获得的腐蚀时间(x)与腐蚀深度(y)间的一组数据。试研究两变量(x, y)之间的线性相关程度。

表 3-2 腐蚀时间与腐蚀深度的实验数据

腐蚀时间 x/秒	5	5	10	20	30	40	50	60	65	90	120
腐蚀深度 y/μm	4	6	8	13	16	17	19	25	25	29	46

解：在 MATLAB 命令窗口下输入

```
>> x=[5   5   10   20   30   40   50   60   65   90   120]';
>> y=[4   6   8    13   16   17   19   25   25   29   46]';
>> [R]=corrcoef(x,y)   %求向量X和Y的相关系数矩阵R
```

可以得到如下结果

```
R=1.0000      0.9847
  0.9847      1.0000
```

由此可知腐蚀时间 x 与腐蚀深度 y 之间的线性相关系数为 0.984 7，说明这两个变量间的线性相关性很强，且呈正相关，即随着腐蚀时间的增加，刻蚀深度也增大。

在 MATLAB 命令窗口输入

```
>> plot(x,y,'s')
```

可得到如图 3－4 所示的腐蚀时间(x)与腐蚀深度(y)之间的相关图，由此图可看出图中的点可以用一条直线（见图中的虚线）近似拟合，因此从两个变量数据点的直观分布也可以看出二者之间有显著的线性相关。

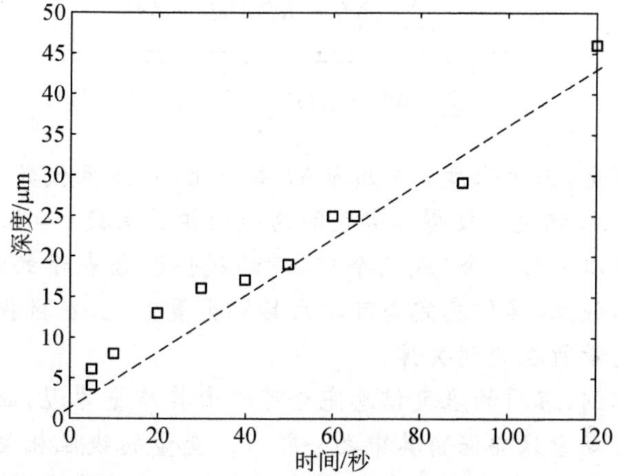

图 3－4　腐蚀时间与腐蚀深度间的相关性

例 3-3 一个混合溶液中有 n 个溶质，设每个溶质的质量为 M_i、密度为 ρ_i、浓度为 c_i，用变量 M、ρ、c 来描述溶液中的溶质，会得到一个 $n\times3$ 的矩阵 X，矩阵 X 的每一行代表一个溶质的 3 个性质，每一列代表 n 个溶质对应的性质。

下面我们来求变量 x_1（质量 M）与变量 x_3（浓度 c）之间的相关系数。

由于 $c_i=M_i/V$（V 为溶液的体积），故 n 个溶质的平均浓度

$$\bar{c}=\frac{1}{n}\sum_{k=1}^{n}M_k/V=\frac{1}{nV}\sum_{k=1}^{n}M_k=\frac{\overline{M}}{V}$$

由式(3-2)可知

$$r(M,\ c)=\frac{\sum_{i=1}^{n}(M_i-\overline{M})(c_i-\bar{c})}{\sqrt{\sum_{i=1}^{n}(M_i-\overline{M})^2}\sqrt{\sum_{i=1}^{n}(c_i-\bar{c})^2}}$$

$$=\frac{\sum_{i=1}^{n}(M_i-\overline{M})(M_i/V-\overline{M}/V)}{\sqrt{\sum_{i=1}^{n}(M_i-\overline{M})^2}\sqrt{\sum_{i=1}^{n}(M_i/V-\overline{M}/V)^2}}$$

$$=\frac{\sum_{i=1}^{n}(M_i-\overline{M})(M_i-\overline{M})}{\sqrt{\sum_{i=1}^{n}(M_i-\overline{M})^2}\sqrt{\sum_{i=1}^{n}(M_i-\overline{M})^2}}=1$$

由此可见，由于浓度 c 与质量 M 成正比（在线性代数中称浓度 c 与质量 M 线性相关），使得二者之间的线性相关系数 $r=1$。在这种某一个变量可以由另一个（或几个）变量的线性组合表示的情况，意味着该变量不独立，其信息完全可以由其他变量体现，在数据矩阵中可以将这个变量所在的列去掉。

对于本例，溶质的浓度信息完全可以由其质量体现，故在描述溶质性质的变量中只要保留其中之一即可。变量的线性相关分析在后续的回归分析、模式识别中都非常有用，可以起到精简模型、提高模型性能的作用。

3.2 相关关系与函数关系

相关关系是一种非确定的依存关系，它反映变量间关联程度的强弱。例如，以 X 和 Y 分别记一个人的身高和体重，或分别记每公顷施肥量与每公顷小麦产量，则 X 与 Y 显然有关系，而又没有确切到可由其中的一个去精确地决定另一个的程度，这就是相关关系。相关关系具有如下特点。

(1) 变量之间确实存在数量上的依存关系，即某一变量的变化要引起另一变量的变化。

(2) 变量之间的这种依存关系是不严格的，即无法用数学公式准确表示。

若变量间的这种不严格的依存关系近似于一种直线关系，则其相关关系如图 3-3(d)、图 3-3(e)所示。在具有相互依存关系的两个变量中，作为根据的变量称自变量(用 x 表示)，随 x 发生对应变化的变量称为因变量(用 y 表示)。

下面例子中的变量间就存在相关关系。

产率(y)与反应温度(x)；商品销售额(y)与广告费支出(x)；粮食亩产量(y)与施肥量(x_1)、降雨量(x_2)、温度(x_3)；收入水平(y)与受教育程度(x)；子女身高(y)与父亲身高(x)等。

而函数关系反映着变量之间存在着严格的依存关系，也就是具有确定性的对应关系，这种关系可用一个数学表达式准确反映出来。例如，若两个变量 x、y 有严格的直线依存关系，则其函数关系可用图 3-3(a)、图 3-3(b)表示。例如，某一波长下物质浓度为 c 时的吸光度 $A=\varepsilon lc$(l 为光程，ε 为比例系数)；圆的面积(S)与半径之间的关系可表示为 $S=\pi R^2$；企业的原材料消耗额(y)与产量(x_1)、单位产量消耗(x_2)、原材料价格(x_3)之间的关系可表示为 $y=x_1\times x_2\times x_3$。

3.3 复相关分析

3.1 节介绍的是两个变量间的简单线性相关分析，当研究一个变量 x_0 与另一组变量(x_1, x_2, …, x_n)之间的相关程度时，需要用到复相关分析。例如，化学反应产物的收率同时受到一系列反应条件(温度、压力、配比、反应时间等)的影响，那么这一系列因素与产物收率之间的相关关系，就是复相关(又称多重相关)。复相关系数 R 的测定和计算需要借助于多元回归分析，有关步骤和公式将在后续章节介绍。复相关系数的取值范围为 $0 \leqslant R \leqslant 1$。复相关系数值愈大，变量间的相关程度愈密切。

偏相关：在多变量的情况下，当控制其他变量影响后，仅研究两个变量间的线性相关程度称为偏相关，又称净相关或部分相关。例如，偏相关系数 $r_{13.2}$ 表示控制变量 x_2 的影响之后，变量 x_1 和变量 x_3 之间的线性相关程度。偏相关系数较简单线性相关系数更能真实反映两变量间的联系。例如，控制反应温度和压力的影响，估计反应时间与产物收率之间的相关关系就是偏相关分析。

3.4 典型相关分析

简单相关分析研究两个随机变量 X 与 Y 之间的相关程度；复相关分析是研究一个因变量与一组自变量间的相关程度。在许多实际问题中，常常需要研究两组变量之间的相关性。例如，研究原料的主要质量指标(X_1, …, X_p)与其相应产品的主要质量指标(Y_1, …, Y_q)之间的相关性；研究居民的营养状况的一组指标(X_1, …, X_p)与其健康状况的另一组指标(Y_1, …, Y_q)之间的相关性等。当需要回答两组变量间的整体相关程度如何时，就会用到**典型相关分析(Canonical Correlation Analysis，CCA)**。CCA 是研究两组随机变量之间相关性的一种统计分析方法，它可以将两组随机变量压缩成两组个数更少的新变量，也是一种变量降维技术（即减少变量个数的方法）。

当 $p=q=1$ 时，就是两个变量之间的简单相关分析问题；当 $p>1$，$q=1$ 时，就是一个因变量与多个自变量之间的多重相关分析（复相关分析）问题；当 p，q 均大于 1 时，就是研究两组多变量之间的整体相关性，如果采用简单相关分析，只能孤立地逐一考虑 X 中的某个变量与 Y 中某个变量间的相关性，没有考虑 X、Y 变量组内部各变量间的相关；其次，两组间有许多简单相关系数，使问题显得复杂，难以从整体描述两组变量间的相关程度。典型相关分析与简单相关分析和复相关分析不同，它验证一组变量与另一组变量之间的整体相关性，即一个变量组的综合结果与另一个变量组的综合结果之间是否存在相关。

3.4.1　典型相关分析原理及应用简介

典型相关分析的原理是把两组原始变量 X、Y 当作一个整体进行分析。CCA 将 X 与 Y 分别进行线性组合，构成两组新的变量（称为典型变量），并使两组新变量之间有最大程度的相关。即将 X、Y 之间的相关分析化为两组新变量（典型变量）U、V 之间的相关分析，寻找一组系数（向量）α 和 β，使新变量 $U=\alpha'X$ 和 $V=\beta'Y$ 有最大的相关。α 和 β 称为典型变量系数或典型权重。

Hotelling 在 1935—1936 年最早将 CCA 应用于社会科学研究，提供了关于等差速度、等差动能与阅读速度、阅读能力之间关系的例子；1968 年，Glahn 首次将 CCA 应用于地球物理学方面的数据分析。19 世纪 80 年代，CCA 广泛应用于地球物理学，特别是气象学和海洋学。1987 年 Barnett 和 Preisendorfer 起了主导作用，他们应用 CCA，利用海水表面温度和海平面压力来预测美国的气温。其后，不断有 CCA 在这方面的研究和报道。现在，CCA 广泛应用于各种领域。分析典型权重系数绝对值的大小和正负号可以揭示各项自变量因子与预报场因变量因子的物理、化学意义，从而将两组指标间的相关信息更加充分地挖掘出来。因此 CCA 可用来分析变量间的相互作用、影响方式及变量的作用大小，也可以用来建立两类变量间的线性定量关系,具有其他统计预报方法所没有的优点。

3.4.2 典型相关分析的数学实现

通过各种手段量测到的样品信息在数学上通常可以用矩阵的形式记录、表达。设对 p 个自变量 X_1, …, X_p 和 q 个因变量 Y_1, …, Y_q 进行 n 次观测, $p \leqslant q$, 得到观测数据矩阵可表示为

$$X=\begin{bmatrix} x_{11} & x_{12} & \cdots & x_{1p} \\ x_{21} & x_{22} & \cdots & x_{2p} \\ \vdots & \vdots & \ddots & \vdots \\ x_{n1} & x_{n2} & \cdots & x_{np} \end{bmatrix},\ Y=\begin{bmatrix} y_{11} & y_{12} & \cdots & y_{1q} \\ y_{21} & y_{22} & \cdots & y_{2q} \\ \vdots & \vdots & \ddots & \vdots \\ y_{n1} & y_{n2} & \cdots & y_{nq} \end{bmatrix}$$

X, Y 内部数据矩阵的各变量通常是不完全独立的,即有一些变量是相互依赖或相关的,从数学上来说就是这些测试数据矩阵 $X(Y)$ 中存在相关的行或列。因而这两个数据矩阵可以由一些数量少于原来变量的、完全独立的新变量 $U_{n\times p}$, $V_{n\times p}$ 重新表示(即进行降维),以消除原始变量间存在的相关性。更重要的是,新独立变量 U, V 能达到最大相关性,以充分反映两组指标间的相关信息。共 p 对典型变量,第 k ($1 \leqslant k \leqslant p$)对典型变量之间的相关系数称为第 k 个典型相关系数。

图 3-5 给出了典型相关分析的示意图:两类变量 X 与 Y 分别用新的一组典型变量 U、V 表示,U、V 中的各元素分别为 X、Y 中变量的线性组合。CCA 的目的就是求出这些线性组合中的系数,使得每一对典型变量 U、V 之间的相关系数 $\mathrm{Can}R_i$ 达到最大。

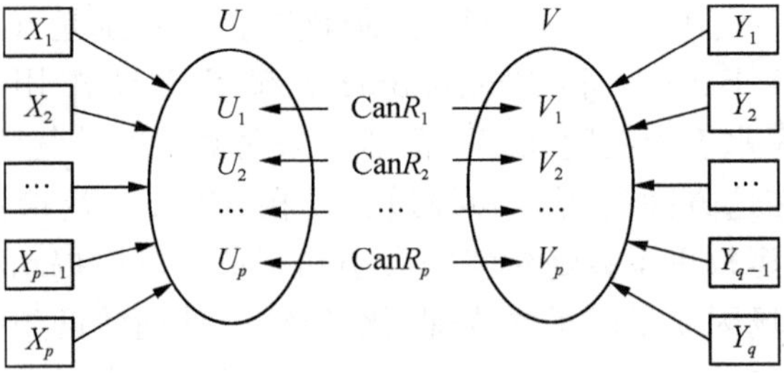

图 3-5 典型相关分析示意图

典型相关分析的主要步骤如下。

1. 求新变量(典型变量)的方差、协方差矩阵

典型变量 U 的方差 $\mathrm{Var}(U)=\mathrm{Var}(\alpha' X)=\alpha' R_{11}\alpha$ (R_{11} 为 X 的相关系数矩阵,维数为 $p\times p$)。

典型变量 V 的方差 $\mathrm{Var}(V)=\mathrm{Var}(\beta' Y)=\beta' R_{22}\beta$ (R_{22} 为 Y 的相关系数矩阵,维数为 $q\times q$)。

典型变量 U 和 V 之间的协方差 $\mathrm{Cov}(U,V)=\alpha' R_{12}\beta$ (R_{12} 为 X 与 Y 的变量间的相关系数矩阵,维数为 $p\times q$)。

典型变量 U 和 V 之间的相关系数 $r_{UV}=\alpha' R_{12}\beta/\sqrt{(\alpha' R_{11}\alpha)(\beta' R_{22}\beta)}$

令 $M=(X',Y')'$,则

$$\mathrm{Cov}(M)=\mathrm{Cov}\begin{pmatrix}X\\Y\end{pmatrix}=\begin{pmatrix}R_{11} & R_{12}\\R'_{12} & R_{22}\end{pmatrix}$$

2. 求矩阵 A, B (即 U、V 变量表达式中的系数)

$$A=R_{11}^{-1}R_{12}R_{22}^{-1}R'_{12}$$
$$B=R_{22}^{-1}R'_{12}R_{11}^{-1}R_{12}$$

可以证明 A, B 具有相同的非零特征根,设为 $\mathrm{Can}R_1^2\geqslant \mathrm{Can}R_2^2\geqslant\cdots\geqslant \mathrm{Can}R_p^2$, $\mathrm{Can}R$ 是这两组随机变量相关关系的反映,即典型相关系数。

3. 特征分解

$$A=\alpha\Lambda\alpha';\ B=\beta\Lambda\beta'$$

式中, Λ 为 A, B 的特征值 $r_1^2\geqslant r_2^2\geqslant\cdots\geqslant r_p^2$ 组成的对角阵; α, β 分别为 A, B 的特征向量按列组成的正交阵,它构成了新的矢量空间,作为新变量的坐标轴。

4. 求典型变量 U, V

$$U=X\alpha';\ V=Y\beta'$$

最大特征值(第一典型相关系数)所对应的典型变量称为第一典型变量(U_1, V_1)。一般只取前几个影响大的典型变量和典型相关系数来分析。

5. 典型变量回归

采用典型变量 U, V 代替原始变量 X, Y 进行多元线性回归分

析则称为典型变量回归(Canonical Correlation Regression，CCR)。

3.4.3 典型相关分析中各变量的特点及其相互关系

1. 典型相关变量具有的特点

(1) $\mathrm{Corr}(U_i, U_j)=\begin{cases}1, & i=j\\ 0, & i\neq j\end{cases}$ $\mathrm{Corr}(V_i, V_j)=\begin{cases}1, & i=j\\ 0, & i\neq j\end{cases}$

(2) $\mathrm{Corr}(U_i, V_j)=\begin{cases}\mathrm{Can}R_i, & i=j\\ 0, & i\neq j\end{cases}$

为除前面 $i-1$ 个 Can$R$ 之外最大者。

(3) U_i, V_i 的均值为 0,方差为 1。

(4) $1\geqslant \mathrm{Can}R_1\geqslant \mathrm{Can}R_2\geqslant\cdots\geqslant \mathrm{Can}R_p\geqslant 0$。

2. CCA 中的几组变量间存在的关系

(1) X 与 U, Y 与 V 之间是原始变量与典型变量间的关系

$U_i=X\alpha_i{}'$, $V_i=Y\beta_i{}'$,由 α 和 β 可以判断原始变量和某典型变量间的亲疏关系。

(2) U 与 V 之间是典型变量间的关系

$\mathrm{Can}R_i=\mathrm{Corr}(U_i, V_i)$ 可以提供两个典型变量间的相关程度。

(3) 原始变量与对方典型变量之间的关系可用相关系数 $\mathrm{Corr}(V, X)$、$\mathrm{Corr}(U, Y)$ 来描述。

3.4.4 典型相关分析中的统计检验

假设估计的两组变量间的“相关性”成立,就可利用计算所得的相关系数和相关变量来推断两组变量间的相关程度。当然,在估计的变量系数和相关性能确定表达两组变量间的相关程度前,必须对典型相关系数进行检验。

使 $m\sim N_{p+q}(\mu, \Sigma)$,$S$ 是样本数 $n>p+q$, $p\leqslant q$ 的样本的协方差。假设:在两组变量服从方差为 1 的正态分布,相关系数依次为 $\mathrm{Can}R_1$, …, $\mathrm{Can}R_p$ 的情况下,p 对典型变量($\alpha_i X$, $\beta_i Y$), $i=1$, …, p 独立分布。

(1) 首先检验两组变量是否独立分布,也就是检验假设

$$H_0:\mathrm{Can}R_1=\cdots=\mathrm{Can}R_p=0$$

vs.　H_1:至少有一个 $\mathrm{Can}R_i \neq 0$, $i=1, 2, \cdots, p$

$$\Lambda = \frac{|S|}{|S_{11}||S_{22}|} = \prod_{i=1}^{p}(1-\mathrm{Can}R_i^2)$$

$-m\lg\Lambda$ 服从自由度为 $g=pq$ 的渐进χ_g^2 分布(卡方分布)。

其中 $$m = n-2\alpha,\ \alpha = \frac{1}{4}(p+q+6)。$$

(2) 检验是否后 $(p-k)$ 对典型变量相关系数为零,在这种情况下,则后 $(p-k)$ 对典型变量 $(\alpha_i X, \beta_i Y)$, $i=k+1, \cdots, p$ 没有预测价值,同时,X 和 Y 间的关系能由前 k 对典型变量来体现。当两组变量中的变量数都较多,这时就能起到一个降维作用。

形式上,我们希望检验假设

$$H_0: \mathrm{Can}R_{k+1} = \cdots = \mathrm{Can}R_p = 0,\ \mathrm{Can}R_k > 0$$

vs.　H_1:至少有一个 $\mathrm{Can}R_i \neq 0$, $i=k+1, \cdots, p$

$$Q_{p-k} = \prod_{i=k+1}^{p}(1-\mathrm{Can}R_i^2)$$

可以证明,当 $n\to\infty$ 时

$-\left[n-k-\frac{1}{2}(p+q+3)-\sum_{i=1}^{k}\mathrm{Can}R_i^2\right]\lg Q_{p-k}$ 渐进地服从自由度为 g 的χ^2 分布,其中 $g=(p-k)(q-k)$。

3.4.5 典型相关分析的应用

典型相关分析在 MATLAB 下很容易实现,只要输入下面命令,就可得到典型相关系数、典型变量的权重系数以及相关的统计检验量

```
>> [a,b,CanR,U,V,status]=canoncorr(X,Y)
% U,V 为典型变量组成的矩阵;
% a 为典型变量 U 的权重系数组成的矩阵,b 为典型变量 V 的权重系数组成的矩阵;
% CanR 为典型相关系数组成的向量;
% status 为返回的统计检验量
```

例 3-4 卷烟日常质量检测时主要测试 7 个主流烟气指标：总粒相物、烟气水分、含水率、焦油、烟碱、CO、抽吸口数；6 个物理指标：单支重、卷烟圆周、开式吸阻、闭式吸阻、稀释率、硬度；5 个化学成分指标：总氮、总糖、还原糖、总植物碱、总氯。主流烟气的测试非常耗时和繁琐，而理化指标的检测则便捷迅速很多。如果能够根据理化指标预测主流烟气指标，会大大提高卷烟质量的检测速度。因此，有必要先对卷烟理化指标与主流烟气指标间的整体相关性进行评价，如果二者之间存在强相关性，通过建立卷烟理化指标与主流烟气指标间的关系，根据理化指标预测主流烟气才有可能。

本例收集了某卷烟企业 595 组卷烟日常质量检测数据，以 7 个卷烟主流烟气指标作为 Y 变量、11 个理化指标作为 X 变量，进行典型相关分析后得到图 3-6 所示的卷烟主流烟气与物理化学性质、主流烟气与物理性质、主流烟气与化学性质间的前 3 个典型相关变量的相关系数柱状图。图中横坐标 1、2、3 分别表示第一、第二、第三对典型相关变量。由此图可知，卷烟主流烟气指标与卷烟的物理化学性质间存在非常显著的典型相关关系，其第一典型相关系数可达 0.965 5，主流烟气与物理指标的第一典型相关系数为 0.956 7，与化学指标的第一典型相关系数为 0.809 1。其他典型变量间的相关系数亦呈现出相同的规律。

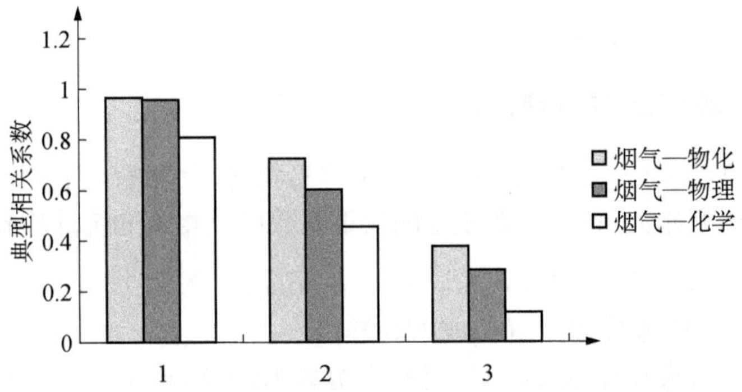

图 3-6 卷烟主流烟气与卷烟物理化学性质、卷烟物理性质及卷烟化学性质间的典型相关系数

由表3-3可知，在7对典型变量中，有4对变量达到5%的显著性水平，且第一对典型变量间的相关系数为0.965 5，前4个典型变量U、V均可通过$P=0.01$的显著性检验，并分别体现卷烟物理化学指标55.9%、主流烟气85.8%的信息量。由表3-4可知，卷烟主流烟气与物理化学指标间的第一对典型变量的显著相关是由物理指标中的单支重、闭式吸阻、稀释率，化学指标中的氯、总糖与主流烟气中的总粒相物、烟气水分、含水率、焦油、烟气烟碱及抽吸口数的极显著相关引起的。CO在各典型V变量中的构成系数与其他主流烟气指标的系数相比均很小，表明CO对卷烟主流烟气与理化指标间的整体相关性贡献很小。硬度及圆周在第三对典型变量V变量中的权值高于其他变量中的权值，说明这两个指标的作用在第三对典型变量中有一定体现、对两类信息间整体相关性的贡献不大。

表3-3 卷烟主流烟气指标与卷烟物理化学性质间的典型相关系数

典型相关系数	V变量累计信息百分比	U变量累计信息百分比	卡方统计量	自由度	显著水平
0.965 5	**0.710 3**	**0.332 7**	**2 164.3**	**77**	**0**
0.724 0	**0.780 1**	**0.419 1**	**592.42**	**60**	**0**
0.377 1	**0.815 5**	**0.496 1**	**157.9**	**45**	**0**
0.269 9	**0.857 8**	**0.559 3**	**68.062**	**32**	**0.000 21**
0.169 3	0.906 7	0.635 0	23.67	21	0.309 34
0.081 6	0.993 7	0.734 9	6.574 6	12	0.884 4
0.066 8	1.000 0	0.789 6	2.638 3	5	0.755 54

表3-4 卷烟主流烟气性质与卷烟物理化学性质两组变量间的典型变量构成

项目	X变量的典型U变量的组成系数a						
	U_1	U_2	U_3	U_4	U_5	U_6	U_7
单支重	**0.217 7**	**−0.770 2**	0.954 5	−0.495 4	−0.119 8	1.015 7	0.150 3
圆周	−0.013 1	0.061 4	−0.293 6	−0.114 4	−0.123 7	−0.080 2	0.578 9
开式吸阻	0.038 6	−0.029 7	0.782 6	0.185 2	−1.462 5	−0.584 0	−0.115 2

续表

项目	X 变量的典型 U 变量的组成系数 a						
	U_1	U_2	U_3	U_4	U_5	U_6	U_7
闭式吸阻	**−0.151 2**	**−0.302 0**	−0.107 9	0.884 8	1.021 8	1.278 3	0.075 5
稀释率	**−0.727 2**	**−0.794 2**	1.006 1	−0.173 6	−1.199 5	−1.312 1	−0.076 6
硬度	0.013 0	0.143 1	−0.353 5	−0.050 3	0.237 2	−0.168 1	0.279 9
总氮	0.069 0	**−0.269 9**	0.121 6	0.638 3	0.368 2	0.281 2	0.784 3
总糖	**−0.116 2**	0.184 1	0.995 1	−0.184 3	0.275 4	−0.576 3	1.418 6
还原糖	0.009 5	−0.134 6	−0.623 5	0.997 9	0.254 2	−0.365 3	−0.338 2
总植物碱	0.088 8	**−0.428 8**	−0.525 0	0.058 9	−0.440 8	−0.170 6	−0.024 5
氯	**−0.128 6**	**0.487 6**	0.447 7	−0.634 5	−0.250 3	0.277 6	0.556 7
项目	Y 变量的典型 V 变量的组成系数 b						
	V_1	V_2	V_3	V_4	V_5	V_6	V_7
总粒相物	**0.645 5**	**−0.432 2**	2.540 6	−7.986 2	−1.412 6	−9.915 0	48.182 0
烟气水分	**−0.570 7**	**1.154 7**	−1.337 9	7.902 1	−1.796 6	−0.348 2	−12.011 0
含水率	**0.409 5**	−0.154 6	0.469 7	−3.155 3	2.645 9	1.863 9	0.520 0
焦油	**0.562 4**	**2.117 2**	0.349 4	2.323 2	−0.236 4	7.810 7	−34.863 0
烟气烟碱	**0.210 1**	**−2.533 0**	−3.168 3	0.164 9	1.099 9	0.416 9	−2.918 9
CO	−0.012 9	0.080 3	−0.267 2	0.244 6	−0.335 4	0.995 8	0.255 7
抽吸口数	**−0.270 3**	**−0.409 0**	1.625 1	0.833 1	0.378 8	0.149 3	0.033 4

通过上述分析，可以得出如下结论。

(1) 由于第一、二典型 U 变量中圆周、开式吸阻的系数很小，说明烟支圆周和开式吸阻对主流烟气的影响可以忽略不计。

(2) 卷烟的主流烟气与物理指标的相关性大于与卷烟主要化学成分的相关性，第一典型 U 变量中，稀释率的贡献最大、单支重与闭式吸阻次之，且三者均对 U 变量呈现出负贡献。这就提示我们在控制卷烟主流烟气指标及建立主流烟气预测模型时，应重点考虑这三个物理指标的作用。

(3) 卷烟的主要化学成分均与主流烟气有一定相关性,其作用主要体现在第二、三、四典型U变量中。其中总糖和总氯在第一典型U变量中呈现出较大的负贡献,但在第二典型U变量中又呈现出较大的正贡献。表明化学指标对主流烟气的影响较为复杂,不易做出趋势性判断,而不同文献报道的化学指标对主流烟气的影响趋势相反的实验现象亦说明了这一点。

(4) 卷烟主流烟气与卷烟的物理化学性质间存在极显著的典型相关关系,表明采用合适的方法可以根据卷烟物理化学性质定量预测卷烟主流烟气。

(5) 由于主流烟气中的CO在各典型V变量中的权值很小,表明CO与所考察的11个卷烟物理、化学指标间的相关性很弱,提示我们根据这11个指标可能较难良好地预测卷烟主流烟气的CO值。结论[4]、[5]在文献[4]的实践中得到了验证。

例3-5 中药中含有多种物质,其质量分析和描述比化学药复杂,这给中药新药的样品筛选带来了很大困难。目前国际上通常采用色谱或光谱指纹图谱描述中药质量状态。在进行中药新药研发时,对于以谱图表征和描述的中药样品,如何根据其图谱评价和筛选样品,找到药效最显著的样品,是非常重要和关键的问题。

本例选取金银花、连翘、柴胡、板蓝根4味具有清热解热功效中药材的提取物、挥发油、提取物+挥发油构成12个样品,又采用双黄连口服液,双黄连口服液+连翘与金银花挥发油构成2个样品,取布洛芬作为对照品,共计15个样品。

将上述15个样品按照一定给药剂量喂食给经造模发热的大鼠,记录不同时间下的体温作为评价解热药效的指标(Y变量),结果见表3-5。

将各样品稀释一定倍数后进行紫外测试(200～900 nm),获取其UV光谱作为样品质量描述变量,图3-7为金银花挥发油(a)、金银花提取物(b)、金银花提取物和挥发油混合物(c)与布洛芬(d)的紫外光谱。

表 3-5　15 个样品对酵母致热大鼠的作用($\bar{x}\pm s$, $n=8$)

组别	正常肛温/℃	给药前肛温/℃	给药后肛温变化/℃						
			0.5 h	1.0 h	1.5 h	2.0 h	2.5 h	3 h	4 h
正常组	38.16±0.35	38.02±0.42	−0.09±0.49	−0.18±0.45	−0.09±0.43	−0.11±0.57	−0.13±0.37	0.09±0.56	−0.30±0.36
模型组	37.97±0.19	39.05±0.18	1.40±0.32	1.58±0.43	1.65±0.40	1.48±0.22	1.47±0.37	1.29±0.35	1.12±0.55
布洛芬组	37.86±0.35	39.08±0.36	1.01±0.32	0.56±0.39**	0.28±0.37**	0.12±0.43**	0.17±0.45**	0.17±0.40**	0.03±0.37**
柴胡挥发油组	37.94±0.23	38.93±0.27	1.44±0.42	1.23±0.39*	0.95±0.44*	0.71±0.54*	0.51±0.42**	0.46±0.40**	0.26±0.45**
柴胡皂苷组	37.88±0.52	38.93±0.43	1.48±0.49	1.42±0.68	1.05±0.66*	1.03±0.56*	0.66±0.51*	0.60±0.54*	0.29±0.48**
柴胡混合物组	37.98±0.51	38.99±0.21	1.28±0.95	1.28±0.95*	0.94±0.84**	0.68±0.73*	0.62±0.77*	0.62±0.64*	0.25±0.67**
金银花挥发油组	38.18±0.53	38.18±0.53	1.43±0.38	1.23±0.35	1.22±0.43	1.04±0.50*	0.87±0.54*	0.63±0.68*	0.53±0.44*
金银花干膏组	38.12±0.46	39.04±0.47	1.25±0.51	1.13±0.47*	1.00±0.43*	0.78±0.38*	0.73±0.38*	0.63±0.32*	0.40±0.38*

续表

组别	正常肛温/℃	给药前肛温/℃	给药后肛温变化/℃						
			0.5 h	1.0 h	1.5 h	2.0 h	2.5 h	3 h	4 h
金银花混合物组	38.19±0.42	39.07±0.50	1.21±0.44	1.02±0.33	0.88±0.30*	0.74±0.40*	0.64±0.32**	0.50±0.30**	0.33±0.34**
连翘挥发油组	37.99±0.50	38.88±0.47	1.34±0.33	1.28±0.15	1.28±0.30	1.12±0.36	0.91±0.32*	0.59±0.39*	0.95±0.61
连翘干膏组	37.96±0.28	38.94±0.60	1.43±0.40	1.10±0.33*	1.10±0.29*	0.96±0.35*	0.90±0.39*	0.73±0.39*	0.71±0.43
连翘混合物组	38.25±0.39	39.16±0.50	1.35±0.42	1.06±0.44*	1.07±0.46*	0.87±0.41*	0.68±0.40*	0.57±0.40*	0.22±0.30**
板蓝根挥发油组	37.86±0.39	39.06±0.30	1.39±0.49	1.35±0.49	1.38±0.58	1.25±0.64	1.15±0.61	1.07±0.64	0.95±0.61
板蓝根干膏组	37.86±0.45	38.91±0.42	1.49±0.60	1.38±0.35	1.34±0.41	1.34±0.41	0.92±0.50*	0.82±0.60*	0.73±0.58
板蓝根混合物组	38.05±0.30	39.06±0.23	1.38±0.59	1.31±0.49	1.07±0.50*	0.96±0.41*	0.81±0.36*	0.63±0.36*	0.50±0.42*

与对照组比较：* $P<0.05$，** $P<0.01$。

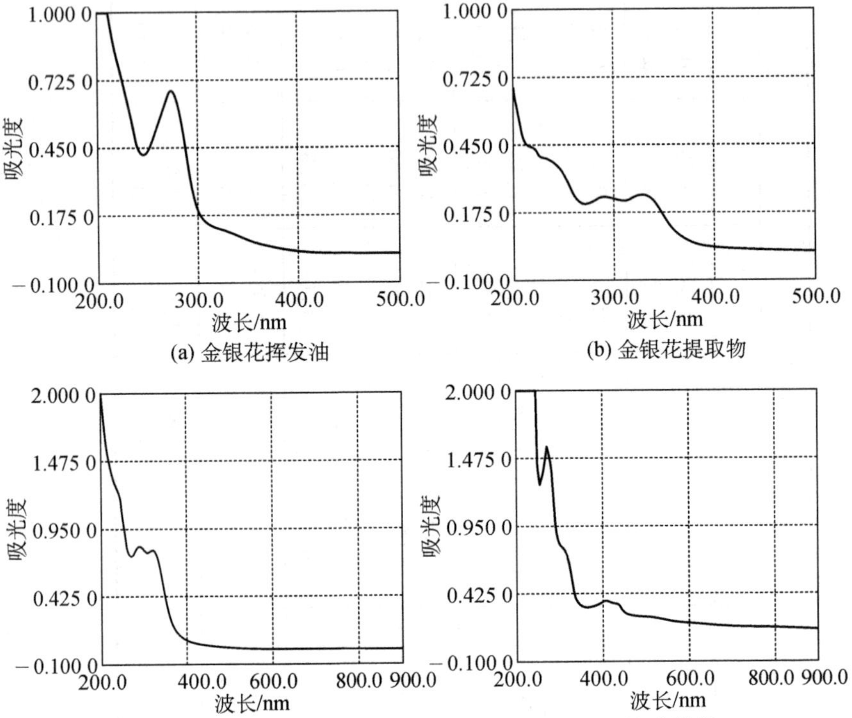

(a) 金银花挥发油
(b) 金银花提取物
(c) 金银花提取物和挥发油混合物
(d) 布洛芬

图 3－7　部分样品的紫外光谱

将 15 个样本的紫外图谱剔除 200～250 nm 的过度饱和区间，取波长范围为 250～900 nm 的光谱，经一阶导数、光滑处理后，对 15 个样本的吸光度矩阵(X)与表 3－5 所示的对应 15 个样本的解热药效数据矩阵(Y)进行典型相关分析，得到第一对典型变量间的相关系数为 $\mathrm{Can}R_1 = 0.9998$，可见 15 个样品的紫外光谱与药效数据有很好的整体相关性。

图 3－8 为 15 个样本的第一对典型变量的投影图，其中横坐标 U 代表紫外光谱的第一典型变量，纵坐标 V 代表解热药效数据的第一典型变量。

图 3－8 各点的数据表明第一典型变量 U_1 与 V_1 呈非常好的正

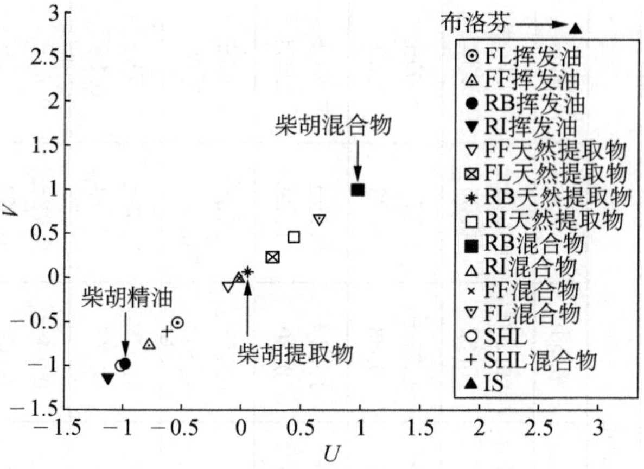

FL—金银花；FF—连翘；RB—柴胡；RI—板蓝根

图 3－8　15 个样品紫外光谱的第一典型变量(*U*)与药效数据第一典型变量(*V*)的关系

线性相关性，每个样品的光谱第一典型变量 U_1 的大小与其药效强度成正相关，U_1 的排序与表 3－5 中样品的解热药效强度排序一致。因此，样品紫外光谱与药效数据间的第一典型相关变量 U_1 可以体现样品的解热药效强度。

为了验证 U_1 能否预测样品药效的强弱，以上述四种药材的提取物及挥发油为基础，构造了四个混合样品并进行其紫外测试，根据典型相关分析输出的数组 a 求得各样品对应的第一典型变量 U_1。根据各复方样品的 U_1 值，从中挑选三个 U_1 差异较大的样品(B、C、D)与对照品 A(柴胡提取物＋挥发油)一起进行大鼠解热实验，药理实验数据见表 3－6。根据表 3－6 中的药效学数据和典型相关分析输出的数组 b 得到的各样品药效指标的第一典型变量 V_1(见表 3－7 第 4 列)，表 3－7 中第 3 列数据为根据 4 个样品的紫外光谱计算得到的第一典型变量 U_1 所得到的 V_1 值。虽然表 3－7 中第 3、4 两列数据的具体数值差异很大，但其反映的药效顺序(B＞A＞D＞C)是一样的。

由此可见，采用 CCA 可建立反映解热药效强度的光谱指标 U_1，借助于该指标，可以实现对中药样品的快速药效筛选。

表 3-6 四个检验样品的解热药效数据($\bar{x}\pm s$, $n=10$)

组别	正常肛温/℃	给药前肛温/℃	给药后肛温变化/℃						
			0.5 h	1 h	1.5 h	2 h	2.5 h	3 h	4 h
正常组	38.16±0.39	37.97±0.30	−0.25±0.27	−0.28±0.28	−0.29±0.31	−0.32±0.25	−0.20±0.32	−0.21±0.36	−0.26±0.33
模型组	38.13±0.47	39.48±0.36	1.79±0.50	1.74±0.45	1.71±0.40	1.55±0.39	1.38±0.33	1.27±0.33	1.09±0.39
Subject A	38.06±0.46	39.48±0.32	1.26±0.25*	1.30±0.53	1.17±0.31*	1.12±0.30	1.02±0.30	0.99±0.39	0.84±0.47
Subject B	37.92±0.34	39.48±0.50	1.48±0.42	1.38±0.65	1.14±0.76*	1.03±0.83*	0.78±0.81*	0.73±0.74*	0.66±0.70
Subject C	37.98±0.50	39.48±0.46	1.72±0.55	1.53±0.65	1.41±0.66	1.21±0.66	1.03±0.67	0.90±0.73	0.73±0.86
Subject D	38.18±0.35	39.48±0.40	1.73±0.36	1.56±0.47	1.29±0.34	1.14±0.39	0.84±0.35*	0.72±0.37*	0.66±0.39

* $P<0.05$ *vs* control

表 3-7　四个检验样品的第一典型 U、V 变量的值

组别	U_1	根据 U_1 预测的 V_1	由药效数据计算得到的 V_1
Subject A	1.212	1.212	−4.170
Subject B	3.087	3.087	−4.063
Subject C	−0.999	−0.999	−5.026
Subject D	−0.983	−0.983	−4.598

练习题

一、填空题

1. 两个相关变量之间，当一个变量的数值由小变大，另一个变量的数值________，这种相关称为正相关；当一个变量的数值由小变大，另一个变量的数值________，这种相关称为负相关。
2. 相关系数的取值范围是________。
3. 直线相关系数等于零，说明两变量之间________；直线相关系数等于 1 或 −1，说明两变量之间________。
4. 简单相关分析是对________ 随机变量间的线性相关性进行分析，而典型相关分析是对________ 随机变量间的线性相关性进行分析。
5. 典型变量 U、V 分别是原始变量 X、Y 的 ________，典型相关分析的目的就是求出这些线性组合中的系数，使得每一对典型变量 U、V 之间的相关系数 $\mathrm{Can}R_i$ ________。
6. 在所有典型相关系数中，第一对典型变量(U_1，V_1)间的相关系数 $\mathrm{Can}R_1$ ________。
7. 设原始变量 X，Y 的个数分别为 p，q，则典型变量 U，V 的个数最多不会超过________。
8. 当________时，$\mathrm{Corr}(U_i, U_j) = 1$；当________ 时，$\mathrm{Corr}(U_i, U_j) = 0$。
9. 典型相关系数 1 ________ $\mathrm{Can}R_1$ ________ $\mathrm{Can}R_2$ ________ … ________ $\mathrm{Can}R_m$ ________ 0，$m = \min(p, q)$。
10. 根据 $U_i = \alpha_{i1} X_1 + \alpha_{i2} X_2 + \cdots + \alpha_{i,p} X_p$ 中 X 变量前的系数的

________可以判断对应的原始变量 X 对典型变量的贡献是正还是负。

11. 根据 $U_i = \alpha_{i1}X_1 + \alpha_{i2}X_2 + \cdots + \alpha_{i,p}X_p$ 中 X 变量前的系数的________可以判断对应的原始变量 X 对典型变量贡献的大小。

二、选择题

1. 下面的函数关系是 ( )

A．销售人员销售成绩与销售额大小的关系

B．圆周的长度决定于它的半径

C．家庭的收入和消费的关系

D．数学成绩与语文成绩的关系

2. 某物质的色谱标准工作曲线为 Y(物质浓度)$=13.102X+0.124$(X 为相对内标物的峰面积)，这意味着相对峰面积 X 每提高 1 个单位时，样品中该物质的浓度 ( )

A．增加 13.102　　B．减少 13.102

C．增加 0.124　　D．减少 0.124

3. 若要证明两变量之间线性相关程度是高的，则计算出的相关系数应接近于 ( )

A．$+1$　　B．0　　C．0.5　　D．$|1|$

4. 相关分析是研究 ( )

A．变量之间的数量关系

B．变量之间的变动关系

C．变量之间的相互关系的密切程度

D．变量之间的因果关系

5. 当相关系数 $r=0$ 时，表明 ( )

A．变量之间完全无关　　B．变量相关程度较小

C．变量之间完全相关　　D．变量间无线性相关关系

6. 相关系数 r 的数值 ( )

A．可为正值　　B．可为负值　　C．可大于 1

D．可等于 -1　　E．可等于 1

7. 从变量之间相互关系的表现形式看，相关关系可分为 ( )

A．正相关　　B．负相关　　C．直线相关

D. 曲线相关　　E. 不相关和完全相关

8. 当两个变量完全相关时，下列统计指标值可能为　(　)

A. $r=1$　　B. $r=0$　　C. $r=-1$

D. $\mathrm{cov}(x, y)=0$　　E. $\mathrm{cov}(x, y)=1$

三、判断题

1. 相关关系和函数关系都属于完全确定性的依存关系。　(　)

2. 如果两个变量的变动方向一致，同时呈上升或下降趋势，则二者是正相关关系。　(　)

3. 假定变量 x 与 y 的相关系数是 0.8，变量 m 与 n 的相关系数为 -0.9，则 x 与 y 的相关程度高于 m 与 n 之间的相关程度。　(　)

4. 当线性相关系数 $r=0$ 时，说明变量之间不存在任何相关关系。　(　)

5. 正相关指的就是两个变量之间的变动方向都是上升的。　(　)

6. 相关的两个变量，只能算出一个相关系数。　(　)

四、简答题

1. 什么是相关关系？它和函数关系有什么不同？

2. 什么是正相关和负相关？举例说明。

五、计算题

用荧光分光光度法测定荧光素，得到下列数据。

荧光素浓度(pg・mL^{-1})	0	2	4	6	8	10	12
荧光强度	2.1	5.0	9.0	12.6	17.3	21.0	24.7

求荧光素浓度和荧光强度间的简单线性相关系数 r，并根据 r 的大小和符号分析两者之间线性相关性的强弱。

参考文献

[1] Richard A Johnson, Dean W Wichern. 实用多元统计分析. 陆璇，葛余博，赵衡秀，等译. 北京：清华大学出版社，2003.

[2] 倪永年. 化学计量学在分析化学中的应用. 北京：科学出版社，2004.

[3] 倪力军，郭佳，张鑫，等. 卷烟主流烟气及其物理化学检测数据的挖掘与信

息抽提. 华东理工大学学报，2007，33(2)：79－83.
[4] 倪力军，曾晓虹，张立国. KNN 保形映射建模方法及其在卷烟主流烟气预测中的应用. 华东理工大学学报：自然科学版，2008，34(4)：547－552.
[5] Ni L J，Zhang L G，Hou J，et al. A strategy for evaluating antipyretic efficacy of Chinese herbal medicines based on UV spectra fingerprints. Journal of Ethnopharmacology，2009，124：79－86.

第4章 回归分析及其应用

4.1 回归分析的概念与原理

在各行各业的科研、生产实践活动中经常需要对某些未能直接观测(或尚未直接观测)的性质进行估计或预报。如化学家需要估计一个未知样品的分子结构或化学组成;材料学家需要估计一批尚未制备的新材料的物理、化学性质;药物学家需要估计某一类化合物的药效等。如果我们对被估计或预报的事物的理论知之甚详,就可以对未知事物进行严格的理论预测。但在大多数情况下,由于研究对象过于复杂或详细机理不清楚、理论工作量太大使得严格的理论预测难以实现等原因,这就需要从大量的已知实验数据中总结经验规律,进而估计或预报未知性质。

回归分析是一种古典而又充满生机的数学方法,是数理统计中最成熟、最常用的方法。其目的就是通过多次测量数据建立自变量与因变量之间的统计关系,这一过程通常被称为建模。例如,色谱、光谱的标准工作曲线就是通过对仪器响应值与物质浓度的一元线性回归建立的。有了自变量与因变量之间的数学关系模型,我们就可以根据自变量(往往是易于获得的数据或信息)来预测因变量(往往是难以直接获得的数据或信息)。

在回归分析中,关于自变量、因变量各自的分布及联合分布通常无需做任何假定,也没有限制它们的变量类型,因此回归分析可广泛应用于社会、经济、科技各领域的数据分析、经验公式的建立,作为经验规律进行预测预报等。如气象预报、地震预报、病虫预报、股市行情分析、经济预测等。在化学、化工及药物研发领域,回归分析被广泛用于化学校正模型的建立、定量结构-活性关系(Quantitative

Structure－Activity Relationship，QSAR)研究和参数估值等。

简单地说，回归分析就是一种建立变量与变量之间定量统计关系的数学方法，这种关系是近似的、不严格确定的经验规律，而且仅在测试数据所覆盖的范围内成立。与确定的函数关系不同，利用回归分析建立的变量间的经验关系是否能够反映数据间的内在规律，仅根据建立的经验公式是难以判断的，需要利用统计理论进行验证，这一过程称为模型的检验。即使是通过统计检验的回归模型，它是否具有外推性也是不能肯定的。

例如，自由落体运动中，物体下落的距离 s 与所需时间 t 之间有如下关系

$$s = \frac{1}{2}gt^2$$

变量 s 的值随 t 而定，如果 t 取了固定值，那么 s 的值就完全确定了。这种关系就是所谓的函数关系或确定性关系。

但回归分析所建立的自变量与因变量间的关系会随所选取的样本数据的变化而变动，自变量与因变量间的回归关系不是唯一确定的。

回归分析的名称有一个有趣的起源：法国生物学家和统计学家F. 高尔顿 1986 年分析了 1 704 例父母平均身高 X 和儿子身高 Y 的数据，发现 1 704 例的 $\overline{X} = 68$ 英寸[①]、$\overline{Y} = 69$ 英寸，由此推测若父母平均身高为 a，则子代平均身高应为 $a + 1$。但分析具体个例时，发现对于身高较高的某一对夫妇，其平均身高 $X = 72$ 英寸，对应儿子的身高 $Y = 71$ 英寸 $<(72+1)$ 英寸；而对于身高较矮的某一对夫妇，其平均身高 $X = 64$ 英寸，对应儿子身高 $Y = 67$ 英寸 $>(64+1)$ 英寸。由此发现一个规律：若父母身高高于 X 的统计平均值(68)，其儿子身高会倾向于“回归”Y 的平均值(69)，小于父母平均身高 $+1$；若父母身高低于 X 的统计均值，儿子的身高为了“回归”Y 的均值 69，会大于父母平均身高 $+1$。他把这种现象称为“回归”均值，后来这种统计建模方法就被命名为回归分析(Regression Analysis)。

---

① 1英寸 = 0.025 4 米

建立各影响因素与目标值之间的关系，最常用的方法就是多元线性回归。常用的回归模型有线性回归模型、二次模型、非线性模型。在回归建模的过程中还要考虑引入的自变量(称为回归变量)的选择，不是所有的变量在模型中都有用或起着重要作用，因此需要进行变量的评估和选择。在回归建模之前需要先假设模型种类(即预先假定自变量与因变量之间的数学关系)，但假设的关系是否能如实反映有关数据间的关系，需要采用统计分析的方法对回归模型的可靠性进行检验，有关数据、信息处理结果的误差分析也要用到数理统计的相关知识。

回归分析主要用来解决如下几类问题。

第一，描述样本的分布趋势。

第二，确定变量之间是否存在相关关系，如果存在的话，找出它们之间合适的数学表达式。

第三，用统计方法检验建立的经验关系是否可靠。

第四，根据一个或几个变量的值，预报或控制另一个变量的取值，并且可判断这种预报或控制的精确度。

回归分析的原理——最小二乘原理：回归分析建立自变量 x_1，x_2，…，x_p 与因变量 y 之间经验数学关系的基本原理是最小二乘方法，即先假设因变量 $\hat{y}_i=f(\alpha_1, \alpha_2, \cdots, \alpha_m, x_1, x_2, \cdots, x_p)$ ($m>p$, α_1, α_2, …, α_m 为待定回归参数，也称为回归模型参数)，若有 n 个数据点(x_{i1}, x_{i2}, …, x_{ip}, y_i)，$i=1, 2, \cdots, n$，通过求回归模型给出的因变量预测值与其实际值之间的残差平方和 $Q=\sum_{i=1}^{n}(y_i-\hat{y}_i)^2$ 的极小值，可确定回归参数，通常称这样确定的回归参数 α_1, α_2, …, α_m 为回归方程 $\hat{y}_i=f(\alpha_1, \alpha_2, \cdots, \alpha_m, x_1, x_2, \cdots, x_p)$的最小二乘解。

4.2 一元线性回归分析

当自变量 x 只有1个，并假设 x 与因变量 y 之间的关系为线性关系，采用最小二乘原理确定该线性关系中的参数的过程称为一元线性回归分析。对建立的一元线性回归方程(关系)进行统计检验，确定该关系是否具有统计学意义、可否反映自变量与因变量之间的实际关系的过程称为对回归方程的检验。

4.2.1 一元线性回归方程的建立

当观察数据点 (x_i, y_i) $(i=1, 2, \cdots, n)$，在 xy 平面上作图大致在一条直线附近时(图 4－1)，我们可将 x、y 之间的关系大致看作是线性关系

$$y = \alpha + \beta x + \varepsilon \quad (4-1)$$

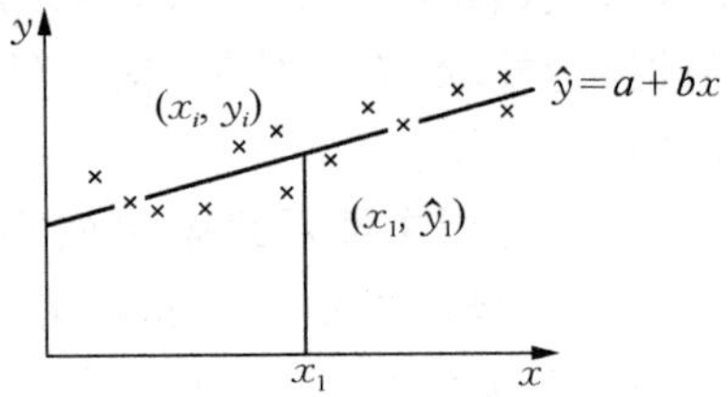

图 4－1 呈线性分布的数据点及其回归方程示意

式中，α, β 为**一元线性回归系数**，ε 为**随机误差**。回归系数的求解过程就称为回归分析，式(4－1)中的系数 α, β 一旦确定，则变量 x 与 y 间的一一对应关系就确定了。

通常假设 ε 服从正态分布 $N(0, \sigma^2)$，表示误差正、负机会相等，σ^2 为误差大小。

α、β、σ^2 需要通过数值分析估计，用 $\hat{y}_i$ 表示回归得到的 y 值，则

$$\hat{y}_i = \alpha + \beta x_i (i = 1, 2, \cdots, n) \quad (4-2)$$

采用最小二乘法原理

$$Q = \sum_{i=1}^{n}(y_i - \hat{y}_i)^2 = \sum_{i=1}^{n}(y_i - \alpha - \beta x_i)^2 \rightarrow \min, \text{即} \frac{\partial Q}{\partial \alpha} = 0, \frac{\partial Q}{\partial \beta} = 0$$

可求得模型参数 α、β 如下

$$\left.\begin{aligned} \alpha &= \frac{1}{n}\left(\sum_{i=1}^{n} y_i - \beta \sum_{i=1}^{n} x_i\right) \\ \beta &= L_{xy}/L_{xx} \end{aligned}\right\} \quad (4-3)$$

$$L_{xx} = \sum_{i=1}^{n}(x_i - \bar{x})^2, \ L_{xy} = \sum_{i=1}^{n}(x_i - \bar{x})(y_i - \bar{y}) \quad (4-4)$$

$$\bar{x} = \frac{1}{n}\sum_{i=1}^{n} x_i, \ \bar{y} = \frac{1}{n}\sum_{i=1}^{n} y_i \quad (4-5)$$

4.2.2 一元线性回归模型的检验

在上述回归过程中并不能确定因变量 y 与 x 之间是否实际存在线性相关关系，因为即使对一组杂乱无章的数据点，也可以用式(4-3)~式(4-5)求得如式(4-2)所示的一元线性回归方程。但这样得到的回归方程是毫无意义的，因为实际上 y 与 x 之间可能并不存在规律性的关系。为检验得到的回归方程是否有实际意义，可用相关系数、方差分析与残差分析等方法进行检验，以考核其是否准确反映了实际规律。

1. 相关系数检验法

根据式(3-2)可求得描述 x 与 y 线性相关程度的线性相关系数 r，根据线性相关系数 r 接近1的程度可判断线性回归方程(4-2)是否具有统计学意义。由于回归模型(4-2)的线性程度与样本的组数 n 是有关的，所以当 n 较小时，r 的绝对值容易接近1；n 较大时，r 的绝对值容易偏小。尤其是 $n=2$ 时，r 的绝对值总和为1。所以对于一元线性回归模型，通常都要求 $n \geqslant 5$。

采用相关系数检验 y 与 x 是否相关的步骤如下。

第一，按照式(3-2)计算相关系数 r。

第二，给定显著性水平 α，按自由度 $f=n-2$，由相关系数临界表(表4-1)查临界值 $r_{\alpha,f}$。

第三，比较 r 与 $r_{\alpha,f}$ 的大小。若 $|r| \geqslant r_{\alpha,f}$，则认为 x 与 y 之间存在线性相关关系；若 $|r| < r_{\alpha,f}$，则认为 x 与 y 之间不存在线性相关关系。

表4-1 相关系数临界值

$n-2$	α		$n-2$	α		$n-2$	α	
	0.05	0.01		0.05	0.01		0.05	0.01
1	0.997	1.000	5	0.754	0.874	9	0.602	0.735
2	0.950	0.990	6	0.707	0.834	10	0.576	0.708
3	0.878	0.959	7	0.666	0.798	11	0.553	0.684
4	0.811	0.917	8	0.632	0.765	12	0.532	0.661

续表

$n-2$	α		$n-2$	α		$n-2$	α	
	0.05	0.01		0.05	0.01		0.05	0.01
13	0.514	0.641	19	0.433	0.549	25	0.381	0.487
14	0.479	0.623	20	0.413	0.537	26	0.374	0.478
15	0.482	0.606	21	0.413	0.526	27	0.367	0.470
16	0.468	0.590	22	0.404	0.515	28	0.364	0.463
17	0.456	0.575	23	0.396	0.505	29	0.355	0.456
18	0.444	0.561	24	0.388	0.496	30	0.349	0.449

2. *方差分析和 F 检验*

方差分析把所给数据的总波动分解为两部分，一部分反映自变量取值变化引起的波动，另一部分反映由于实验误差而引起的波动。然后把自变量变化引起的波动与实验误差引起的波动大小进行比较，从而达到检验回归方程显著性的目的。在回归问题中，观测数据总的波动情况用各观测值 y_i 与总均值 $\bar{y}$ 之间的平方和(即总波动的平方和)表示

$$
\begin{aligned}
L_{yy} &= \sum_{i=1}^{n}(y_i-\bar{y})^2 = \sum_{i=1}^{n}[(y_i-\hat{y}_i)+(\hat{y}_i-\bar{y})]^2 \\
&= \sum_{i=1}^{n}[(y_i-\hat{y}_i)^2+(\hat{y}_i-\bar{y})^2+2(\hat{y}_i-\bar{y})(y_i-\hat{y}_i)]
\end{aligned}
$$

第一项 $Q=\sum\limits_{i=1}^{n}(y_i-\hat{y}_i)^2$ 反映了实测值与回归模型值之间误差的平方和(称为残差平方和)；第二项 $U=\sum\limits_{i=1}^{n}(\hat{y}_i-\bar{y})^2$ 反映了因 x 与 y 线性关系而引起 y 变化的一部分，称为回归平方和；第三项为 0，所以 $L_{yy}=Q+U$。

每一个变动的平方和(即 L_{yy}，U，Q)都有一个“自由度”和它们对应，L_{yy}的自由度称为总自由度，记作 $f_{总}$。

$$f_{总} = 观测值个数 - 1 = n - 1$$

$$f_U = 1$$

$$f_Q = n - 2$$

$$f_{总} = f_U + f_Q$$

$$记\ S_{残} = Q = \sum_{i=1}^{n} (y_i - \hat{y}_i)^2 \qquad (4-6)$$

$$S_{回} = U = \sum_{i=1}^{n} (\hat{y}_i - \bar{y})^2 \qquad (4-7)$$

利用统计量

$$F = \frac{S_{回}\ / f_U}{S_{残}\ / f_Q} = (n-2) S_{回}\ /\ S_{残} \qquad (4-8)$$

可以来检验回归方程(4-2)是否可信。这里 $F_{1,\,n-2}(\alpha)$ 为 F 表中的临界值，F 分布表是用以衡量 F 比式(4-8)的标准，根据统计原理编制而成。如 $F > F_{1,\,n-2}(\alpha)$，则表明对显著性水平 α（一般取 1%或 5%），回归系数为 0 的原假设被拒绝，则由式(4-3)～式(4-5)所得的回归方程可信，如 $F < F_{1,\,n-2}(\alpha)$，则接受回归系数为 0 的原假设，一元线性回归方程(4-2)在水平 α 下不可信。

3. 残差分析

$e_i = y_i - \hat{y}_i$ 称为残差（y_i 为实测值，$\hat{y}_i$ 为模型预测值），利用残差可以提供如下信息

$$\hat{\sigma} = \sqrt{\frac{1}{n-2} S_{残}} \qquad (4-9)$$

$\hat{\sigma}$ 给出了回归方程的精度，称为残差标准差。若随机误差遵从正态分布 $N(0,\ \sigma^2)$，则 y 的预测落在 $\hat{y} \pm 2\hat{\sigma}$ 之内的概率大约为 95%。$\hat{\sigma}$ 越小，表明回归精度越高。

数据和模型的诊断：由残差的大小可以发现异常（或离群）数据，以确定模型式(4-2)是否能反映实际数据间的内在关系，是否需用非线性回归模型等，这些已形成一整套理论，称为回归诊断。

例 4-1 对于表 4-2 中第一列中的 6 个数据点，可以采用式(4-3)～式(4-5)求得变量 x、y 之间的一元线性回归方程为 $y =$

4.238 1＋0.171 4x，相关系数 r = 0.196 4。

表 4－2　原始数据、回归模型值及其检验值

x	实际 y 值	模型 y 值	相关系数 r	F 统计量	标准残差
0	6	4.238 1			
1	3	4.409 5			
2	4	4.581 0	0.196 4	0.160 5	1.399
3	5	4.752 4			
4	3	4.923 8			
5	7	5.095 2			

由表 4－1 可知，变量 x、y 之间的相关系数仅为 0.196 4，查 F 表知，$F_{1,4}(0.05) = 7.71$，$F = 0.160\,5 < F_{1,4}(0.05)$。表明回归方程 $y = 4.2381 + 0.1714x$ 并不能反映 x、y 之间的实际关系。将这些数据点的分布与回归直线作图见图 4－2。

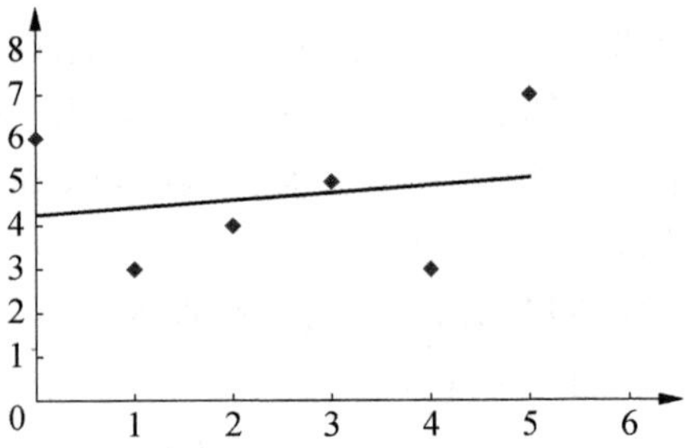

图 4－2　表 4－2 的数据点及其回归直线

由图 4－2 可知，这些数据点的分布并不呈直线规律，虽然用最小二乘原理可以回归出一个 x、y 之间的线性关系，但该线性方程并不能正确反映 x 与 y 间的实际关系。因此在求得回归关系后对模型进行检验是十分必要的。

4.2.3　一元线性回归分析的应用与 MATLAB 实现

例 4－2　已知柴胡皂苷 a 为柴胡皂苷中有效的活性成分之一。

(1) 请采用高效液相色谱建立柴胡皂苷 a 的标准工作曲线。

(2) 将某柴胡皂苷样品溶液 10 μL 进入高效液相色谱，得到峰面积为 2 000，试确定该样品溶液中柴胡皂苷的含量。

解：(1) 精密吸取柴胡皂苷 a 对照品溶液（0.518 mg·mL^{-1}）1 μL，5 μL，10 μL，15 μL，20 μL，注入高效液相色谱仪，在建立的色谱条件下得到的对应柴胡皂苷 a 的峰面积与进样量见表 4-3。

表 4-3　柴胡皂苷 a 色谱积分数据与进样量

进样量/μg	峰面积	进样量/μg	峰面积
10.36	3 291.8	2.59	939.3
7.77	2 549.7	0.518	156.97
5.18	1 662.4		

以峰面积积分值为纵坐标、进样量（μg）为横坐标进行线性回归，在 MATLAB 平台下进行一元线性回归的命令如下

>> **x=[10.36;7.77;5.18;2.59;0.518]**；*% 将 5 次柴胡皂苷 a 样品的进样量赋给向量 X*

>> **Y=[3291.8;2549.7;1662.4;939.3;156.97]**；

% 将 5 次进样所对应的柴胡皂苷 a 的色谱峰面积赋给向量 Y

>> **X=[ones(5,1) x]**；*%产生一个包含常数列的自变量矩阵 X*

>> **[b,bint,s,rint,stats]=regress(Y,X,0.01)**；

%调用 regress 函数进行 Y 与 X 的线性回归

% regress 的返回向量 b 为回归系数，即(4-3)中的α与β，b 中第一个数为斜率β，第二个数为常数项(截距)α；s 为因变量的回归值与实际值的残差列向量；status 为返回的统计量，其中第一个值为相关系数 r 的平方，第二个数为 F 值，第三个值为零假设(即所有回归系数=0)发生的概率。

% 需要注意的是 regress 函数要求 X 变量中包含常数项，否则不能运行。

对于返回的信息，我们只要关心 b，status 即可知道回归方程及得到的方程是否能通过统计检验。

打开数组 b 可得

b=

47.851

316.49

因此柴胡皂苷 a 的色谱工作曲线为

$$Y(\text{峰面积}) = 316.49X(\text{进样量}) + 47.851 \qquad (4-10)$$

打开 stats 可得

```
stats=
    0.9981   1575.3   3.5191e-005   3937.6
```

即回归方程(4－10)的相关系数平方为 0.998 1($r = 0.999$)，$F = 1\,575.6$，零假设(2 个回归系数均为 0) 发生的概率为 0。

查相关系数临界表可知 $r_{0.01,f} = 0.959$，回归方程的 $r > r_{0.01,f}$，表明柴胡皂苷 a 在 0.518～10.316 μg 内线性关系可信度为 99%。

在 MATLAB 下输入命令

```
>> finv(0.99, 1,3) %求统计参数 F 比的临界值
```

可得 ans = 34.12，即统计参数 F 比的临界值 $F_{1,3}(0.01) = 34.12$。

由于 $F = 1\,575.6 \gg F_{1,3}(0.01) = 34.12$，表明 Y 与 X 有显著的线性关系。式(4－10) 的线性范围为 0.518 μg < X < 10.36 μg，即样品中柴胡皂苷 a 在此范围时式(4－10)可以应用。

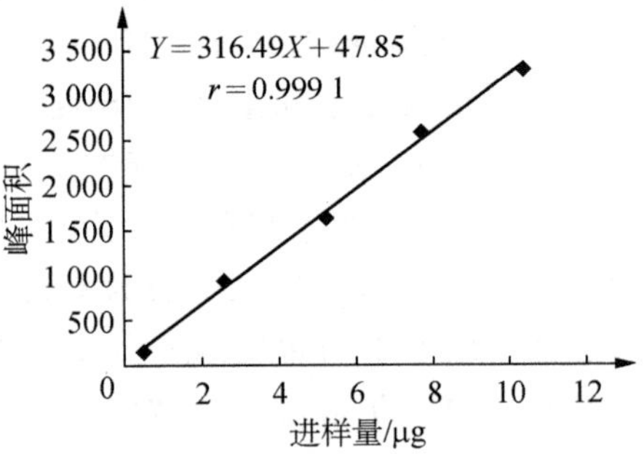

图 4－3 柴胡皂苷 a 对照品的标准工作曲线

图 4－3 为柴胡皂苷 a 的 HPLC 标准工作曲线。

(2) 由式(4－10)可得

$$X(\text{进样量}) = [Y(\text{峰面积}) - 47.85]/316.49$$

令式中的峰面积 $Y = 2\,000$，可换算得到 10 μL 样品溶液中柴胡

皂苷 a 的质量 = 6.168 μg。

则该样品溶液中柴胡皂苷 a 的含量 = 6.17 μg/10 μL = 0.617 μg·μL^{-1}。

4.3 多元线性回归分析

当自变量 X 有 m 个,并假设 m 个自变量与因变量 Y 之间的关系为线性关系,采用最小二乘原理确定该线性关系中的参数的过程称为多元线性回归分析。本节将介绍多元线性回归方程的建立方法、回归方程的常用统计检验方法及其应用。

4.3.1 多元线性回归方程的建立

如有 m 个自变量 X_1, X_2, X_3, …, X_m, X 与 Y 之间的线性回归方程为

$$Y = \beta_0 + \beta_1 X_1 + \cdots + \beta_m X_m + \varepsilon$$

设观察值为 $\{(Y_i,\ X_{i1},\ \cdots,\ X_{im}),\ i = 1,\ 2,\ \cdots,\ n\}$,则这 n 组数据可以表示成如下方程

$$\left.\begin{aligned} Y_1 &= \beta_0 + \beta_1 X_{11} + \beta_2 X_{12} + \cdots + \beta_m X_{1m} + \varepsilon_1 \\ Y_2 &= \beta_0 + \beta_1 X_{21} + \beta_2 X_{22} + \cdots + \beta_m X_{2m} + \varepsilon_2 \\ &\cdots \\ Y_n &= \beta_0 + \beta_1 X_{n1} + \beta_2 X_{n2} + \cdots + \beta_m X_{nm} + \varepsilon_n \end{aligned}\right\} \qquad (4-11)$$

β_0, β_1, β_2, …, β_m 是 $m+1$ 个待定参数,X_{ij} 表示第 i 次实验第 j 个自变量的值;ε_1, ε_2, ε_3, …, ε_m 是 n 个独立且服从同一正态分布的随机误差变量。式(4 - 11)就是多元线性回归(Multi Linear Regression, MLR)数学模型。

$$令\ Y_{n\times 1} = \begin{Bmatrix} Y_1 \\ Y_2 \\ \vdots \\ Y_n \end{Bmatrix},\ X_{n\times(m+1)} = \begin{bmatrix} 1 & X_{11} & X_{12} & \cdots & X_{1m} \\ 1 & X_{21} & X_{22} & \cdots & X_{2m} \\ \vdots & \vdots & \vdots & \ddots & \vdots \\ 1 & X_{n1} & X_{n2} & \cdots & X_{nm} \end{bmatrix}$$

和
$$B_{(m+1)\times 1}=\begin{Bmatrix}\beta_0\\ \beta_1\\ \vdots\\ \beta_m\end{Bmatrix},\ E_{n\times 1}=\begin{Bmatrix}\varepsilon_0\\ \varepsilon_1\\ \vdots\\ \varepsilon_n\end{Bmatrix}$$

式(4-11)可表达为矩阵形式

$$\begin{Bmatrix}Y_1\\ Y_2\\ \vdots\\ Y_n\end{Bmatrix}=\begin{bmatrix}1 & X_{11} & X_{12} & \cdots & X_{1m}\\ 1 & X_{21} & X_{22} & \cdots & X_{2m}\\ \vdots & \vdots & \vdots & \ddots & \vdots\\ 1 & X_{n1} & X_{n2} & \cdots & X_{nm}\end{bmatrix}\begin{Bmatrix}\beta_0\\ \beta_1\\ \vdots\\ \beta_m\end{Bmatrix}+\begin{Bmatrix}\varepsilon_0\\ \varepsilon_1\\ \vdots\\ \varepsilon_n\end{Bmatrix} \quad (4-12)$$

或

$$Y_{n\times 1}=X_{n\times(m+1)}B_{(m+1)\times 1}+E_{n\times 1} \quad (4-13)$$

在模型 $Y=XB$ 中,要求解系数矩阵 B,必须在等式两边左乘矩阵 X 的逆矩阵。但因 $X_{n\times(m+1)}$ 一般不是方阵($m+1\neq n$),不能直接求逆,需先将其转化为方阵。因而左乘 X 的转置矩阵 X^{T},使得新矩阵 $(X^{\mathrm{T}}X)_{(m+1)\times(m+1)}$ 为方阵,然后再左乘这个方阵的逆矩阵就可求得 B。变换过程如下

$$Y=XB\rightarrow X^{\mathrm{T}}Y=(X^{\mathrm{T}}X)B\rightarrow(X^{\mathrm{T}}X)^{-1}X^{\mathrm{T}}Y=(X^{\mathrm{T}}X)^{-1}(X^{\mathrm{T}}X)B$$
$$\rightarrow(X^{\mathrm{T}}X)^{-1}X^{\mathrm{T}}Y=IB\Rightarrow B=(X^{\mathrm{T}}X)^{-1}X^{\mathrm{T}}Y$$

即待定参数矩阵 B 可表达为

$$B_{(m+1)}=[X^{\mathrm{T}}_{(m+1)\times n}X_{n\times(m+1)}]^{-1}X^{\mathrm{T}}_{n\times(m+1)}Y_{n\times 1} \quad (4-14)$$

根据式(4-14)可得线性回归方程(4-13)的系数。需要注意的是,求逆矩阵 $[X^{\mathrm{T}}_{(m+1)\times n}X_{n\times(m+1)}]^{-1}$ 时要求两乘积矩阵的维数满足 $n\geqslant m+1$,即回归模型(4-13)中方程的个数必须大于或等于参数个数,才能求得各回归系数的唯一解。否则 $X^{\mathrm{T}}_{(m+1)\times n}X_{n\times(m+1)}$ 为奇异矩阵,无法求逆。

这种数学推导虽不甚严格,但对于方便记忆和快速推导最小二乘解是很有帮助的。

4.3.2　多元线性回归模型的检验

1. *复相关系数检验*

类似于一元回归相关系数 r，可以定义多元线性回归的多重相关系数 R（又称为复相关系数），R 是决定系数（又称为确定系数）R^2 的平方根。

决定系数 R^2 是指在因变量 Y 的总平方和中，由自变量 X 引起的平方和所占的比例，其计算公式如下

$$R^2 = 1 - \frac{S_{残}}{L_{YY}} = \frac{S_{回}}{L_{YY}} \tag{4-15}$$

$S_{残}$ 和 $S_{回}$ 的计算公式见式(4－6)、式(4－7)。

显然，$S_{残} \to 0$ 时，$R^2 \to 1$，即实测值 $\hat{Y}_i$ 与模型预测值的差别十分小时，相关系数接近于 1，即模型(4－13)非常准确。复相关系数可反映模型对实测数据的拟合程度。**在实际应用时，不可片面追求过高的 R^2，否则会造成虽然模型对建模数据拟合很好，但预测效果不佳的现象。**

2. *方差分析和 F 检验*

多元变量的方差分析见表 4－4。

表 4－4　方差分析表（n 为实验数据数，m 为自变量个数）

方差来源	平方和	自由度	均方差	F	显著性
回归	$S_{回}$	m	$S_{回}/m$		
残差	$S_{残}$	$n-m-1$	$S_{残}/(n-m-1)$		
总和	L_{YY}	$n-1$			

其中

$$F = \frac{S_{回}/m}{S_{残}/(n-m-1)} = \frac{n-m-1}{m} \times \frac{S_{回}}{S_{残}} \tag{4-16}$$

将 F 与 F 的临界值 $F_{m,\,n-m-1}(\alpha)$ 来比较，当 $F > F_{m,\,n-m-1}(\alpha)$ 时，即所有回归系数 $=0$ 原假设不成立，故可认为回归式(4－12) 在 α 水平下

有意义，即认为该回归方程具有 $1-\alpha$ 的置信度。

3. 残差分析

反映多元线性回归精度的估计公式为

$$\hat{\sigma}=\sqrt{\frac{1}{n-m-1}S_{残}} \tag{4-17}$$

需要强调的是，在回归分析时，不可为了追求大的 R^2（或 r）和小的 $\hat{\sigma}$，在回归方程中引入过多的项数，使误差的自由度 $(n-m-1)$ 为 1 甚至为 0，这会使回归方程的预测功能大大降低。因此，回归分析的原始数据个数 n 必须足够大，使得误差的自由度 $(n-m-1)\geqslant 5$，才能保证所得结论可靠。

例 4-3 某种水泥在凝固时所释放的热量 $Y(\text{cal}\cdot\text{g}^{-1})$ 与水泥中下列四种化学成分的含量有关

x_1——$3CaO\cdot Al_2O_3$ 的含量(%)

x_2——$3CaO\cdot SiO_2$ 的含量(%)

x_3——$4CaO\cdot Al_2O_3\cdot Fe_2O_3$ 的含量(%)

x_4——$2CaO\cdot SiO_2$ 的含量(%)

共观测了 13 组数据，见表 4-5。

表 4-5 水泥中的化学成分含量与水泥凝固时的放热量数据

序号	x_1	x_2	x_3	x_4	Y
1	7	26	6	60	78.5
2	1	29	15	52	74.3
3	11	56	8	20	104.3
4	11	31	8	47	87.6
5	7	52	6	33	95.9
6	11	55	9	22	109.2
7	3	71	17	6	102.7
8	1	31	22	44	72.5

续表

序号	x_1	x_2	x_3	x_4	Y
9	2	54	18	22	94.1
10	21	47	4	26	115.9
11	1	40	23	34	84.8
12	11	66	9	12	114.3
13	10	68	8	12	109.4

在 MATLAB 下输入

```
>> x=[
7   26  6   60
1   29  15  52
11  56  8   20
11  31  8   47
7   52  6   33
11  55  9   22
3   71  17  6
1   31  22  44
2   54  18  22
21  47  4   26
1   40  23  34
11  66  9   12
10  68  8   12];
Y=[78.5; 74.3; 104.3; 87.6; 95.9; 109.2; 102.7; 72.5;
94.1; 115.9; 84.8; 114.3; 109.4];
>> X=[ones(13,1),x];%生成含常数列的自变量矩阵
>> [B,BINT,R,RINT,STATS]=regress(y,X,0.05)
```

可得

```
B=
    57.51
```

1.6082
0.56008
0.1886
−0.10151

STATUS=
0.97864 91.639 0.0000 7.2777

根据 B 数组可确定此种水泥凝固时所释放的热量 Y 与其所含的四种物质含量间的多元线性回归关系为

$$Y = 57.51 + 1.6082x_1 + 0.56008x_2 + 0.1886x_3 - 0.10151x_4 \tag{4-18}$$

根据 STATUS 数组的第一个元素值可知，多元线性回归方程(4-18)的决定系数 $R^2 = 0.97864$，统计参数 $F = 91.639$。

由于本例中用于回归分析的数据点个数 $n = 13$，自变量个数 $m = 4$，故 $n - m - 1 = 13 - 4 - 1 = 8$，在 MATLAB 下输入命令

```
>> finv(0.95, 4, 8)
```

可得统计参数 F 的临界值 $F_{4,8}(0.05) = 3.84$，则 $F = 91.639 >> F_{4,8}(0.05) = 3.84$，说明回归方程(4-18)可以通过统计检验。

但是，观察表 4-5 中的数据分布规律，变量 x_3 与 Y 是呈负相关关系的(其相关系数 $r = -0.52$)，从图 4-4 可以直观地看出这点。

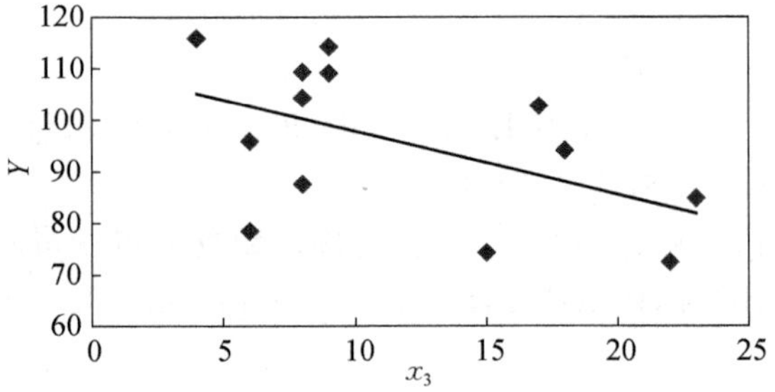

图 4-4 自变量 x_3 与因变量 Y 的关系

因此，回归方程(4－18)虽然能通过统计检验，但其反映的自变量 x_3 与因变量 Y 之间的关系与实际数据间的规律不符。

4.3.3 多元线性回归模型的模型参数检验及 MATLAB 实现

4.2.2 节与 4.3.2 节介绍了对回归模型是否具有统计意义进行检验的各种方法。为了观察各个自变量 x 对因变量 Y 是否有显著相关性，有时需要对各个回归系数进行显著性检验。即假设 $H_0: \beta_i = 0$，若该假设成立，说明第 i 个变量 x_i 与 Y 之间并没有显著的线性关系。根据统计理论，在假设 H_0 下，统计量

$$t_i = \frac{b_i}{\sqrt{c_{ii}}\ \sqrt{S_{残}/(n-m-1)}} \tag{4-19}$$

服从自由度为 $(n-m-1)$ 的 t 分布。其中 c_{ii} 为矩阵 $(X^{\mathrm{T}}X)^{-1}$ 的第 i 个对角元素。因此对于给定的显著性水平 α(0.05 或 0.01)，由一组 y 和自变量的观测值可计算对应回归模型参数 β_i 的统计量 t_i，若 t_i 的绝对值大于 t 分布的 $1-\alpha/2$ 分位点 $t_{\alpha/2}(n-m-1)$，则拒绝 H_0，说明第 i 个变量 x_i 的回归系数不为 0，即 x_i 与 y 之间有线性关系。若计算的 t_i 的绝对值小于 $t_{\alpha/2}(n-m-1)$，则说明变量 x_i 与 Y 之间无显著的线性关系，因而可将该变量在回归方程中删去后重新建立回归模型。对回归系数的显著性检验可帮助我们了解回归方程中各变量的重要程度。

为此，我们编译了实现多元线性回归模型参数显著性检验的 m 文件如下。

```
function[t, Tcrit,b, R, F,Fcrit]=btest_reg(x,y,alpha)
% x为行数为n列数为p的自变量矩阵；y为因变量列向量，t为根据(4-19)计算的进行模型参数检验的统计量ti所组成的列向量，R为多元线性回归方程的复相关系数，F为MLR回归方程的统计检验参数F比，Fcrit为F分布函数在自由度n-p-1下的临界值
% alpha为置信水平，取0.05或0.01
[n,p]=size(x); % 将x的行数赋给n；x的列数赋给p
[b,bint,Re,rint,status]=regress(y,[ones(n,1) x],0.05);
% 调用regress函数进行多元线性回归，b为回归系数向量，Re
```

为残差向量

R＝sqrt(status(1))；*% 计算回归模型相关系数 R*

F＝status(2)；*% 获取统计量 F 值*

Fcrit＝finv(1－alpha,p,n－p－1)；*%求 F 分布的临界值*

P＝status(3)；*%获取回归模型的显著性概率 P 值*

cc＝inv(x'*x)；

B＝b(2:p＋1,:)；

t＝B./(sqrt(diag(cc)*sqrt(sum(Re.^2)/(n－p－1))))；

%根据(4－19)计算实际计算不含常数项的统计量 t_i 所组成的列向量

T＝tinv(1－alpha/2,n－p－1)；*%获取 $t_{\alpha/2}(n-m-1)$ 临界值*

% 程序结束

例 4－4 在例 4－3 中，由于多元线性回归模型(4－18)中的 x_3 前的回归系数与实际数据间的规律不符，本例采用式(4－19)对式(4－18)中的回归系数进行显著性检验。

在 MATLAB 下输入如下命令

>> [**t**，**Tcrit**，**b**，**R**，**F**，**Fcrit**]＝**btest_reg**(**x**，**y**，0.05)

可得如下结果

```
t=
     12.7775
     17.1965
      1.7404
     -3.6085

Tcrit=
      2.3060

b=
     57.5096
      1.6082
      0.5601
```

0.1886
−0.1015

R=
0.9893

F=
91.6393

Fcrit=3.8379

将 t 中的每个元素的绝对值与临界值 $T\ [t_{\alpha/2}(n-m-1)]$ 进行比较，显然第三个 t 值的绝对值 $=1.7404<2.306$，这说明回归模型中 x_3 前的回归系数不能通过显著性检验。这与根据图 4-4 所分析的结论一致。

4.4　可化成多元线性回归的问题

在现实中，Y 关于 x 的关系多数都不是简单的线性关系，而是各种各样的非线性关系，有些非线性回归模型可以通过变量变换化为线性模型。例如，多项式函数、幂函数、指数函数、多元对数函数均可通过数学变换转化为线性函数后，利用多元线性回归确定其中的参数。

4.4.1　多项式函数的线性回归

对于多项式函数 $Y=\beta_0+\beta_1 x^1+\beta_2 x^2+\cdots+\beta_p x^p$，如欲采用多元线性回归分析确定函数中的系数 $\beta_0, \beta_1, \cdots, \beta_p$，可设 $\tau_i=x^i$。

则上述多项式函数可化为如下线性函数

$$Y=\beta_0+\beta_1\tau_1+\beta_2\tau_2+\cdots+\beta_p\tau_p$$

以 $\tau_1, \tau_2, \cdots, \tau_p$ 为自变量，Y 为因变量进行多元线性回归可以

确定 β_0，β_1，…，β_p。

4.4.2 多元幂函数的线性回归

对于多元幂函数 $Y = x_1^{\beta_1} x_1^{\beta_2} \cdots x_p^{\beta_p}$，对其两边求对数，可得

$$\ln y = \ln \alpha + \beta_1 \ln x_1 + \cdots + \beta_p \ln x_p$$

令 $z = \ln y$，$\beta_0 = \ln \alpha$，$\tau_i = \ln x_i$，则有

$$z = \beta_0 + \beta_1 \tau_1 + \beta_2 \tau_2 + \cdots + \beta_p \tau_p$$

以 τ_1，τ_2，…，τ_p 为自变量，z 为因变量进行多元线性回归，可以确定 β_0，β_1，…，β_p。

4.4.3 指数函数的线性回归

对于指数函数 $y = a \prod e^{\beta_i x_i}$，对其两边求对数，可得

$$\ln y = \ln a + \beta_1 x_1 + \beta_2 x_2 + \cdots + \beta_p x_p$$

令 $z = \ln y$，$\beta_0 = \ln a$，则有

$$z = \beta_0 + \beta_1 x_1 + \beta_2 x_2 + \cdots + \beta_p x_p$$

以 x_1，x_2，…，x_p 为自变量，z 为因变量进行多元线性回归，可以确定 β_0，β_1，…，β_p。

4.4.4 多元对数函数的线性回归

对于多元对数函数 $y = a + \beta_1 \ln x_1 + \beta_2 \ln x_2 + \cdots + \beta_p \ln x_p$

设 $\tau_i = \ln x_i$，则有

$$y = a + \beta_1 \tau_1 + \beta_2 \tau_2 + \cdots + \beta_p \tau_p$$

以 τ_1，τ_2，…，τ_p 为自变量，y 为因变量进行多元线性回归，可以确定 a，β_1，…，β_p。

4.5 二次回归模型及最优回归模型

有时多元线性回归模型(4-12)不能反映实际情况，即在对回归

分析得到的回归方程进行显著性检验时不能通过统计检验。这时意味着原来的假设(即因变量与各自变量呈线性关系的假设不成立),需要在回归模型中引入其他的项目,二次回归模型可弥补此不足。若有 m 个因素 X_1, …, X_m,则二次回归模型为

$$Y = \beta_0 + \sum_{i=1}^{m} \beta_i X_i + \sum_{i=1}^{m} \beta_{ii} X_i^2 + \sum_{i<j} \beta_{ij} X_i X_j + \varepsilon \quad (4-20)$$

其中 β_0, $\{\beta_i\}$, $\{\beta_{ii}\}$, $\{\beta_{ij}\}$ 为回归系数($i, j = 1, 2, \cdots, m$),其个数为$1+m(m+3)/2$,ε为随机误差。回归系数的求解无法直接写出计算公式,需要根据残差平方和最小的原则采用最优化方法或求解非线性方程(组)的方法求得。若使回归系数的估计值有可能,必要条件为$n > 1 + m(m+3)/2$。当 m 较大时通常不能满足这个必要条件。于是有必要从式(4-20)中选择贡献显著的项,删除不重要的项。遇到实际问题时需要考虑高阶项,如 $X_i X_j X_k$, $X_i^2 X_j$, $X_i X_j^2$ 等,这时如何通过自变量的筛选来提高回归方程的显著性以至找到最优回归方程是人们关心的问题。

何谓最优回归方程,在理论上尚无明确的标准。但是,在进行变量筛选以获得最优回归方程时,以下几个原则是必须考虑的。

第一,变量完备,回归方程中尽可能包含对因变量有实际影响的自变量。

第二,模型从简,回归方程中所包含的自变量的个数尽可能少。

第三,充分拟合,回归方程的剩余方差尽可能小。

但这几点在实践中可能很难同时满足,因此,根据统计分析和问题的实际背景求得某种平衡才是最优回归方程概念的实质。在回归分析中,有许多有效的筛选变量的技术,如前进法、后退法、逐步回归法、最优子集法等。单从统计分析的角度,人们常用的选择最优回归方程的方法是逐步回归法,该方法的操作要点如下。

第一,根据问题所属专业领域的理论和经验提出对因变量可能有影响的所有自变量。

第二,计算每一个自变量对因变量的相关系数,按其绝对值从大到小排列。

第三,取相关系数绝对值最大的那个自变量来建立一元线性回

归模型，检验所得回归方程的显著性，若检验表明回归效果显著则转入第四步，若检验表明回归效果不显著则停止建模。

第四，进行变量的追加、剔除和回归方程的更新操作。

若检验表明回归效果显著，则按相关系数绝对值由大到小的顺序逐一将相应的自变量引入回归方程；每引入一个新的自变量，对新回归方程中每一个自变量都要进行显著性检验。

若检验表明回归效果不显著，则剔除对因变量影响最小的自变量，更新回归方程；对更新后的回归方程中的每一个自变量仍要进行显著性检验、剔除、更新，直到回归方程中的每一个自变量都显著为止，再引入前面未曾引入的自变量。

以次类推，直到无法剔除已经引入的自变量也无法引入新的自变量为止。

需要指出的是，逐步回归法不能保证得到真正的最优回归方程，但此法是计算量较小、预测效果较好、有工具软件支持、应用最多的一种方法。另外，逐步回归法受检验的显著性水平 α 影响较大，α 较大将会有较多的自变量引入回归方程，α 较小将会导致一些重要的自变量被剔除。

设回归模型中已经引入 L 个自变量，其回归方程的残差平方和 $S_{残}=\sum_{i=1}^{n}(Y_i-\hat{Y}_i)^2$，将方程中的某一个自变量 X_j 删除，将删除 X_j 后的残差平方和记为 S_j。

可以证明，若自变量 X_j 与因变量 Y 无关，则

$$F_j=\frac{S_j-S_{残}}{S_{残}}(n-L-1)<F_\alpha(1,n-L-1)$$

若 X_j 与因变量 Y 有关，则

$$F_j=\frac{S_j-S_{残}}{S_{残}}(n-L-1)>F_\alpha(1,\ n-L-1)$$

类似地，对于尚未引进回归方程的自变量 X_j，可以假设它已引进回归方程，然后计算相应统计量 F_j，用 F_j 的大小来判断这个自变量作用的大小。

具体应用逐步回归时，需要事先给定一个引入变量的 F 水平限

Fin 和一个删除变量的水平限 Fout，从一个不含任何自变量的方程出发，首先在所有尚未引进方程的自变量中，找出 F_j 值最大的一个，如果 $F_j >$ Fin 就引入自变量 X_j；然后，在所有已引进的方程的自变量中，找出 F_j 最小的一个，如果 $F_j \leqslant$ Fout，就删除自变量 X_j。这样逐步引入、删除，直到方程外没有一个自变量的 F_j 大于 Fin，方程内没有一个自变量的 F_j 小于 Fout 为止。

为了避免出现一个自变量反复引入、删除的现象，事先给定的水平限应满足 Fin $\geqslant$ Fout $\geqslant 0$。另外，为了避免引入自变量后产生复共线性(即自变量之间线性相关)，使回归分析计算误差增大或溢出，还必须事先给定一个容许值的水平界限 $0 \leqslant$ Tol $\leqslant 0.1$，在逐步回归过程中，如果引进一个自变量时，计算公式中分母的绝对值小于 Tol，就不引进这个变量。

MATLAB 提供了两个用逐步回归法建立多元线性回归模型的函数 stepwisefit 和 stepwise，这两个函数的功能是一样的。前者是逐步回归法建模的集成命令，使用者只需给出必要的输入参数，调用这一函数将自动完成建模工作，返回所谓最优回归方程的相关信息；后者是逐步回归法建模的交互式图形环境创建指令。

下面简要介绍 stepwisefit 函数的使用方法，stepwise 函数的使用方法可调用 MATLAB 中的 help 查询。

stepwisefit 函数完整的调用格式是

[B, SE, PVAL, inmodel, stats, nextstep, history] = stepwisefit(X, y, 'Param1', value1, 'Param2', value2, ...);

其中，输入参数

X 是 p 个自变量的 n 个观测值构成的 $n \times p$ 矩阵。

y 是因变量的 n 个观测值构成的 $n \times 1$ 向量。

'Paramk'是第 k 个引用参数，valuek 是其取值，通常可以缺省。这里只介绍三个可能会用到的引用参数。

'penter' 设置回归方程显著性检验的显著性概率上限(即 Fin)，缺省设为 0.05。

'premove'设置回归方程显著性检验的显著性概率下限(即

Fout)，缺省设置为 0.10。

'display'用来指明是否强制显示建模过程信息，取值为'on'（显示，缺省设置）和'off'（不显示）。

输出参数

B 是不包含常数项的模型系数；常数项在输出参数 intercept 中。

SE 是模型系数的标准误差。

PVAL 是各个自变量的显著性概率。

inmodel 是各个自变量在最终回归方程中地位的说明（1 表示在方程中，0 表示不在方程中）。

stats 是一个构架数组，包括：source，建模方法的说明，'stepwisefit'表示逐步回归法；dfe，最优回归方程的剩余自由度；df0，最优回归方程的回归自由度；SStotal，最优回归方程的总偏差平方和；SSresid，最优回归方程的剩余平方和；fstat，最优回归方程的 F 统计量的值；pval，最优回归方程的显著性概率；rmse，最优回归方程的标准误差估计；TSTAT，每个自变量显著性检验的 T 统计量的值；等。

nextstep 表示对是否还有需要引入回归方程的自变量的说明（0 表示没有）。

history 是一个构架数组，包括：rmse，每一步的模型标准误差估计；df0，每一步引入方程的变量个数；in，记录了按相关系数绝对值大小逐步引入回归方程的变量的次序。

需要指出的是，在调用 stepwisefit 函数时，有一些信息重复输出，有一些信息对于一般使用者并不是很重要的，因此，这里给出关于输出信息显示的一点建议：①引用参数'display'设置为'off'；②选择 stepwisefit 函数的所有输出设置，但用分号"；"禁止显示；③重新规划输出信息，最重要的信息包括：自变量的筛选和模型参数估计信息（inmodel，stats，intercept，b）、回归方程显著性整体检验信息（stats，pval，rmse）。

例 4－5 对例 4－3 中的数据采用逐步回归分析建立水泥凝固时热释放量与四种物质含量的关系。

解：例 4－3 中的数据来自 MATLAB 系统帮助，数据保存在 hald.mat 文件中，ingredients 为自变量，heat 为因变量。

在 MATLAB 下输入命令

```
>> load hald %将原始数据文件导入MATLAB的workspace
>> [B, SE, PVAL, inmodel, stats, nextstep, history] = stepwisefit(ingredients,heat,'penter',0.10,'display','off'); %调用逐步回归函数stepwisefit
>> inmodel, P=PVAL %显示自变量的筛选结果inmodel和最优回归方程中各模型参数的显著性概率P
>> B, B0=stats.intercept %显示各自变量前的模型参数B及常数项B0
>> ALLP=stats.pval %将回归方程整体显著性检验结果赋给ALLP并显示结果
>> rmse=stats.rmse %将模型标准误差赋给rmse并显示结果
```

上述指令的运行结果是

```
inmodel=
    1    1    0    0

P=
    0.0000
    0.0000
    0.1837
    0.1883

B=
     1.4436
     0.6697
     0.2930
    -0.2727
```

```
B0=
    52.6322

ALLP=
    1.2671e-008

rmse=
    2.6794
```

由于 P 中的前两个元素为 0 而后两个元素均大于 0.2，说明变量 x_1 与 x_2 的模型参数为 0 的概率=0，而变量 x_3 与 x_4 的模型参数为 0 的概率为 0.2 以上，因此 inmodel 中前两个元素为 1，说明逐步回归模型中最终只要了变量 x_1 与 x_2。根据 B 与 $B0$ 的数值，最终确定逐步回归分析得到的最优回归方程为

$$\hat{y} = 52.6322 + 1.4436x_1 + 0.6697x_2 \tag{4-21}$$

整体显著性检验的概率 ALLP 几乎为 0，说明回归方程(4-21)整体显著性检验为高度显著，由 rmse 可知模型标准误差估计为2.6794。

根据回归方程(4-18)与方程(4-21)可以得到回归方程对 13 个样本估计的 Y 值。

表 4-6 回归方程(4-18)与方程(4-21)结果比较

实际值	方程(4-18)模型值	方程(4-18)残差	方程(4-21)模型值	方程(4-21)残差
78.5	78.4	0.1	80.2	1.7
74.3	72.9	1.4	73.5	0.8
104.3	106.0	1.7	106.0	1.7
87.6	89.3	1.7	89.3	1.7
95.9	95.7	0.2	97.6	1.7
109.2	105.5	3.7	105.3	3.9
102.7	104.7	2.0	104.5	1.8

续表

实际值	方程(4-18)模型值	方程(4-18)残差	方程(4-21)模型值	方程(4-21)残差
72.5	76.2	3.7	74.8	2.3
94.1	92.1	2.0	91.7	2.4
115.9	115.7	0.2	114.4	1.5
84.8	82.4	2.4	80.9	3.9
114.3	112.6	1.7	112.7	1.6
109.4	112.0	2.6	112.6	3.2
平均残差		1.8		2.2

表4-6中的第1列和第2列的相关系数$r=0.9892$与第1列和第4列的相关系数$r=0.9867$两者相差甚小，说明逐步回归分析中虽然去掉了两个变量，但逐步回归方程(4-21)给出的模型值与实际值的差异并不比四个变量全部考虑的回归方程(4-18)大多少。

在MATLAB下键入命令

```
>> corrcoef(ingredients)
```

可得

```
ans=
      1.0000     0.2286    -0.8241    -0.2454
      0.2286     1.0000    -0.1392    -0.9730
     -0.8241    -0.1392     1.0000     0.0295
     -0.2454    -0.9730     0.0295     1.0000
```

这意味着自变量ingredients中的第1与第3、第2与第4个变量的相关系数分别为−0.8241、−0.9730，即变量1与变量3、变量2与变量4有较强的负相关，也就是说第3、第4个自变量的大部分信息可以由第1、2个自变量体现。因此不难理解最终逐步回归方程中只选取了第1、第2个自变量。

由例4-3中提供的信息可知，变量$x_1 \sim x_4$中的化合物分别为

$3CaO \cdot Al_2O_3$，$3CaO \cdot SiO_2$，$4CaO \cdot Al_2O_3 \cdot Fe_2O_3$ 与 $2CaO \cdot SiO_2$。x_1 与 x_3 在成分上只相差 1 个 CaO 与 1 个 Fe_2O_3，不难理解 x_1 与 x_3 有较强的相关性（$r=-0.824$）；而 x_2 与 x_4 在成分上只相差 1 个 CaO，很自然两者的含量会高度相关（$r=-0.973$）。

因此，在进行回归分析之前，根据专业背景知识也可以对变量间的相关性进行简单和直观的判断，进一步通过相关分析可以判断原始变量间的相关程度，剔除信息重叠的变量后再进行回归分析，可以使模型更为精简并提高模型的预测性能。

只选变量 x_1 和 x_2 进行多元线性回归并进行回归模型参数的检验，在 MATLAB 下输入命令

>> **[t, Tcrit, b, R, F, Fcrit] = btest_reg([ones(13, 1), ingredients(:,1:2)],heat,0.05)**

可得如下结果

```
t=
    17.7697
    44.4082

Tcrit=
    2.2281

b=
    52.6322
    1.4436
    0.6697

R=
    0.9867

F=
    184.8497
```

```
Fcrit=
    4.10
```

由 b 可得到与方程(4-21)相同的回归方程，该回归方程的复相关系数 $R=0.9867$，统计量 $F=229.50>F_{2,10}(0.05)=4.10$，说明方程(4-21)可以通过统计检验。而 t 的两个元素的绝对值均大于临界值 Tcrit $=2.228$，表明回归方程(4-21)中的两个变量 x_1 与 x_2 的回归系数均有显著性。

例 4-6　表 4-7 为三个实验因素 x_1、x_2 与 x_3 在 7 个不同组合条件下获得的阿魏酸收率(y)，试用多元回归分析的方法建立 y 与三个实验因素间的数学关系并进行统计检验，判断回归方程是否可信。

表 4-7　七个实验条件下的阿魏酸收率

原料配比 x_1	吡啶量 x_2/mL	反应时间 x_3/h	产物收率 y
1	13	1.5	0.33
1.4	19	3	0.336
1.8	25	1	0.294
2.2	10	2.5	0.476
2.6	16	0.5	0.209
3	22	2	0.451
3.4	**28**	**3.5**	**0.482**

解：先求 y 与 x_1、x_2、x_3 之间的多元线性回归方程

在 MATLAB 下输入命令

```
>> x=[
1  13  1.5; 1.4  19  3; 1.8  25  1; 2.2  10  2.5;
2.6  16  0.5; 3  22  2; 3.4  28  3.5];
>> y=[0.330; 0.336; 0.294; 0.476; 0.209; 0.451; 0.482];
>> [b,bint,s,rint,stats]=regress(y,[ones(7,1) x],0.05);
>> b, stats
```

可得

```
b=
        0.1969
        0.0455
       -0.0038
        0.0715

stats=
0.7148    2.5064    0.2352    0.0062
```

在 MATLAB 下输入命令

```
>> sgm=sqrt(sum(s.^2)/2) %计算回归模型给出的产物收率与实际收率残差的标准方差,将其赋给 sgm 并显示结果
```

可得

```
sgm=0.0961
```

由 stats 的第 2、3 个元素值可知，$F=2.506<F_{3,3}(0.05)=9.28$，$P=0.2352>>0.05$，说明 y 与 x_1，x_2，x_3 之间的多元线性回归方程的模型参数为 0 的原假设不是小概率事件，即下面的回归方程

$$\hat{y}=0.1969+0.046x_1-0.0038x_2+0.072x_3 \tag{4-22}$$

不能通过统计检验。这说明 y 与三个自变量之间不是简单的线性加和关系，所以有必要在回归方程中引入自变量二次项和交叉项，即假设

$$\begin{aligned}\hat{y}=&\beta_0+\beta_1x_1+\beta_2x_2+\beta_3x_3+\beta_4x_1^2+\beta_5x_2^2\\&+\beta_6x_3^2+\beta_7x_1x_2+\beta_8x_1x_3+\beta_9x_3x_2\end{aligned} \tag{4-23}$$

此时回归方程中模型参数 $m=10$，而实验数据 $n=7$，$n<m$ 时，多元线性回归方程(4-23)是无法求解的，必须采用逐步回归方法。

首先我们对三个自变量的一次项进行逐步回归筛选。

在 MATLAB 下输入命令

```
>> [B, SE, PVAL, inmodel, stats, nextstep, history] = stepwisefit(x, y,'penter',0.10,'display','off');
>> inmodel, P=PVAL
```

%显示自变量的筛选结果 inmodel 和最优回归方程中各模型参数的显著性概率 P

```
>> B, B0=stats.intercept
```

%显示各自变量前的模型参数 B 及常数项 B0

得到如下结果

```
inmodel=
0    0    1
```

表明逐步回归只保留了 x_3 项

```
P=
    0.4142
    0.8642
    0.0390
```

P 的第三个元素值 $=0.039<0.05$，说明线性回归方程中只有 x_3 的系数可以通过显著性检验。

```
B=
     0.0323
    -0.0009
     0.0749


B0=
    0.2184
```

这一结果表明对于回归方程(4-23)，变量的一次项只要有 x_3 项就够了，既然 x_1 和 x_2 的一次项可以不要，则回归方程(4-23)中的 x_1x_2、x_1 与 x_2 的二次项也可以不要，此时方程(4-23)可精简为

$$\hat{y}=\beta_0+\beta_1x_3+\beta_2x_3^2+\beta_3x_1x_3+\beta_4x_2x_3 \qquad (4-24)$$

方程(4-24)中模型参数 $m=5<n=7$，在 MATLAB 下输入命令

```
>> X=[ones(7,1), x(:,3), x(:,3).^2, x(:,1).*x(:,3), x(:,2).*x(:,3)]
```

% 生成一个包含常数列(第一列)的、由 $x_3, x_3^2, x_1x_3, x_2x_3$ 为自变量的 X 矩阵

可得如下结果

```
X=
    1.0000    1.5000    2.2500    1.5000   19.5000
    1.0000    3.0000    9.0000    4.2000   57.0000
    1.0000    1.0000    1.0000    1.8000   25.0000
    1.0000    2.5000    6.2500    5.5000   25.0000
    1.0000    0.5000    0.2500    1.3000    8.0000
    1.0000    2.0000    4.0000    6.0000   44.0000
    1.0000    3.5000   12.2500   11.9000   98.0000
```

然后在 MATLAB 下输入命令

```
>> [b,bint,s,rint,stats]=regress(y,X,0.05);
>> b, stats
```

可得如下结果

```
b=
    0.0843
    0.2295
   -0.0534
    0.0341
   -0.0016

stats=
    0.9932   72.8613    0.0136
```

由 b 数组可得回归方程

$$\hat{y} = 0.0843 + 0.2295x_3 - 0.0534x_3^2 + 0.0341x_1x_3 - 0.0016x_2x_3 \quad (4-25)$$

由 stats 可知 $F = 72.86 > F_{4,2}(0.05) = 19.25$，$P = 0.0136 < 0.05$。

故回归方程(4-25)可以通过统计检验。

由方程(4-17)可以算得方程(4-25)的回归精度估计值

$$\hat{\sigma} = \sqrt{\frac{1}{n-m-1}S_{残}} = 0.0149$$

在 MATLAB 下输入命令

>> sgm=sqrt(sum(s.^2)/2) *%计算(4-25)模型值与实际值残差的标准方差，将其赋给 sgm 并显示结果*

可得

sgm=
0.0149<方程(4-22)的回归精度估计值 $\hat{\sigma}$=0.096

4.6 回归分析中必须注意的问题

前面介绍了一元回归、多元回归及逐步回归等回归分析方法，并且讨论了方差分析和回归模型的置信度等问题。本节就回归分析中常遇到的几个问题进行简要讨论。

4.6.1 回归分析中自变量与因变量的确定

与相关分析不同，在回归分析中，需要确定自变量和因变量。自变量不同，得到的回归方程也不同。

在研究的对象所采用的描述变量中，确定哪些变量可作为自变量、哪些可作为因变量，可遵循如下两个原则。

1. 根据变量可控与否来确定自变量和因变量

通常选择可以控制的变量为自变量，而随可控制的变量波动的变量为因变量。

例如，在分析化学领域，利用分光光度法、色谱建立标准工作曲线时，标准溶液的浓度是人为可控的，通常作为自变量，而仪器的响应值——吸光度（或色谱峰面积）是随样品浓度而变化的，则作为因变量。在化学合成实验中，各实验条件（温度、配比、催化剂用量）是可以人为控制的，通常作为自变量，而产物的收率、纯度是随上述实验因素的大小和组合方式而变化，在回归建模时则作为因变量。

2. 根据回归建模的目的来确定自变量和因变量

在这一原则下，变量自身是否可以人为控制不再重要，重要的是希望通过回归建模预测什么性质，想要根据某个（或某些）变量去预测另一变量的性质时，则作为依据的变量就选择作为自变量，而希望用模型预测的变量则作为因变量。

例如，上面讲的分光光度、色谱工作曲线建立的目的是希望根据吸光度（或峰面积）响应值去预测样品中物质的浓度，那么就应该选择吸光度（或峰面积）作为自变量、样品浓度作为因变量。这样就可以在建立好工作曲线后直接根据仪器的响应值求得样品浓度。但是分析化学传统做法仍旧是按照第一种方法建立好以浓度为自变量的标准工作曲线后，将待定样品的仪器响应值（因变量）代入工作曲线后换算出样品浓度。这样做的前提就是工作曲线必须足够准确，即标准工作曲线（一元线性回归方程）的 r 要尽可能接近 1，一般要求 $r > 0.99$。这时，无论以哪个变量为自变量，所建立的标准工作曲线所得浓度都基本一致。

例 4-7 对表 4-3 中的数据以峰面积为自变量、进样量为因变量，可得如下回归方程

$$Y(\text{进样量}) = -0.1409 + 0.0032X(\text{峰面积})$$

对应的统计检验指标 r^2、F 值及 P 值均与例 4-2 相同。

对例 4-2 中的问题(2)，峰面积相应为 2 000 时的柴胡皂苷样品溶液中的柴胡皂苷 a 的质量 $= -0.1409 + 0.0032 \times 2000 = 6.1666(\mu g)$。

样品中柴胡皂苷 a 的浓度 $= 6.1666\,\mu g/10\,\mu L = 0.617\,\mu g \cdot \mu L^{-1}$。

在有效位数内采用上述两个回归方程得到的样品柴胡皂苷浓度相等。这归结于两个回归方程的精度非常高（$r=0.999$ 非常接近于1）。否则，采用不同自变量回归得到的方程进行预测的结果是不会相等的。

我们来看下一个例子。

例4-8 例3-2中的腐蚀时间是可以控制的，按照规则(1)选择时间为自变量，而刻蚀深度随腐蚀时间而变化，选其为因变量。根据表3-2，可以得到如下回归方程

$$y(\text{深度}) = 0.3232x(\text{时间}) + 4.3668 \qquad (4-26)$$

$r=0.9847$，$F=286.52>F_{1,9}(0.05)=5.12$，方程(4-26)回归的深度值与实测值之间的标准残差 $\hat{\sigma}=2.2$。根据方程(4-26)，可以预测在某一腐蚀时间下的刻蚀深度。

譬如要预测腐蚀时间 $x_0=75$ s 时的刻蚀深度是多少，只要将 $x_0=75$ s 代入方程(4-26)，有

$$\hat{y}_0(\text{深度}) = 4.3668 + 0.3232\times 75 = 28.6\,\mu$$
$$\hat{y}_0(\text{深度}) - \sigma = 28.6 - 2.2 = 26.4\,\mu$$
$$\hat{y}_0(\text{深度}) + \sigma = 28.6 + 2.2 = 30.8\,\mu$$

由此可以预测，当腐蚀时间为75 s时，刻蚀深度大约为26.4～30.8 μ，估计值为28.6 μ。

如果问题是：欲使刻蚀深度为10 μ，腐蚀时间应控制在什么范围合适？这就相当于要求根据刻蚀深度预测时间的合适范围，那么应该以深度为自变量 x，时间为因变量 y，此时根据表3-2，可以得到如下回归方程

$$y(\text{时间}) = 3.0002x(\text{深度}) - 11.731 \qquad (4-27)$$

相关系数 $r=0.9847$，$F=286.52>F_{1,9}(0.05)=5.12$，方程(4-27)回归的时间值与实测值之间的标准残差 $\hat{\sigma}=6.8$。

将 $x_0=10\,\mu$ 代入方程(4-27)，可得

$$y_0(\text{时间}) = 3.0002\times 10 - 11.731 = 18.3(\text{s})$$

考虑到方程(4－27)模型预测时间的一倍标准方差的影响

$$y_0(\text{时间}) - \hat{\sigma} = 18.3 - 6.8 = 11.5(\mathrm{s})$$
$$y_0(\text{时间}) + \hat{\sigma} = 18.3 + 6.8 = 25.1(\mathrm{s})$$

即要使刻蚀深度 $= 10\,\mu$，应该将腐蚀时间控制为 11.5～25.1 s，腐蚀时间的估计值为 18.3 s。

如果采用方程(4－26)(即时间为自变量、深度为因变量得到的回归方程)可以反推出用刻度表示的时间如下

$$\text{时间} = 3.094 \times \text{深度} - 13.511 \tag{4-28}$$

由方程(4－28)计算出的时间标准偏差 $\hat{\sigma} = 6.9$ 大于由(4－26)计算出的时间标准偏差 6.8。

比较方程(4－28)与方程(4－27)可以发现二者的系数是不同的。由于腐蚀时间与刻蚀深度之间的相关系数 $r = 0.9847 \neq 1$，说明回归方程(4－26)与方程(4－27)不是准确的函数关系，因此由方程(4－26)换算求得的时间 $= f$(刻度)的关系式(4－28)与方程(4－27)不等价。

令方程(4－28)中的深度 $= 10\,\mu$，可以求得

$$\text{时间} = 3.0094 \times 10 - 13.511 = 17.4(\mathrm{s})$$

考虑到方程(4－28)模型预测时间的一倍标准方差影响

$$\text{时间} - 6.9 = 17.4 - 6.9 = 10.5(\mathrm{s})$$
$$\text{时间} + 6.9 = 17.4 + 6.9 = 24.3(\mathrm{s})$$

即由方程(4－26)反算得到的方程(4－28)进行预测时，要使刻蚀深度 $= 10\,\mu$，应该将腐蚀时间控制为 10.5～24.3 s，时间的估计值为 17.4 s。

显然，对于本例，由于回归方程的精度不是特别高 ($r = 0.9847 < 0.99$)，由方程(4－27)和方程(4－28)预测腐蚀时间时得到的答案是不同的，所以根据规则 2 来选择自变量和因变量从数学角度而言更方便、可靠些。

4.6.2 自变量的筛选

在实际问题中，经常需要对多个变量同时进行统计分析。变量个数多了，就不易看清变量之间的相互关系，会给统计分析带来困难。因此需要对变量进行分析、评估，目的是：(1)删除那些信息含量比较低或不重要的变量；(2)删除那些彼此间信息相互重叠的变量；(3)提高样本数与变量的比率，这种比率一般应大于或等于 5。

具体评价变量重要程度及其相互间相关程度的方法有以下几种。

1. 变量的零值测试

变量不应过于接近零，否则将使变量的作用偏小。

2. 变量的方差测试

当某一变量的标准方差为零时(即该变量为一常数)，对于不同的样本此变量为同一值(即为常数)，其在回归模型的构建中不起作用。一般来说，标准方差越大的变量，其作用也越大；标准方差越小的变量，其作用也越小。因此，应删除标准方差接近 0 的变量。

3. 自变量的独立性(相关性)测试

若自变量间线性相关，则说明自变量所表征的信息有重复。根据变量间的相关系数可判断变量间的相关程度。只有基于独立性强的自变量才有可能得到好的回归方程。

不妨设一门槛值(如 0.90)作为变量取舍的界限。当两自变量相关系数大于此值时，应剔除其一。原则上应做到：(1)剔除物理意义欠明确者；(2)剔除计算步骤较复杂者；(3)剔除与因变量相关系数较小者。

例如，根据例 4-3 中自变量间的相关系数，就可以去除第四个自变量，因为这个变量与第二个变量强相关 ($r > 0.95$)。去除第三个变量后得到的回归方程(4-21)性能仍旧良好——因为变量 3 与变量 1 也有较强的相关性 ($r > 0.85$)。

自变量间严重的线性相关会致使所建立的回归模型不稳定。通常用条件值(Condition number)来判断自变量的共线性程度：将 P 个变量增广为 $P+1$(被增广的矢量的所有分量均为 1)，由此可得

$(P+1)\times(P+1)$ 的相关矩阵。采用对角化方法可得该相关矩阵的一组特征值。此特征值中的极大值与极小值之比的平方根即为条件值。条件值的范围为 $1\sim\infty$。条件值越大，变量间存在共线性的可能性也越大，一般认为当条件值大于 30 时，则认为变量间存在严重共线性。

在 MATLAB 下输入命令

```
>> cond(X)
```

可以得到矩阵 X 的条件数，以此判断矩阵 X 中的变量是否存在强的共线性。

例如，对于例 4－3 和例 4－4 中的自变量矩阵 x，我们可以用上面的命令算得其条件数＝20.58，说明该例中自变量矩阵 x 存在较强的共线性。

此外，可以计算变量间的相关系数矩阵，对于相关矩阵中相关系数大于某特定值（如 0.90）的变量，可以剔除其中之一，或根据主成分分析结果确定变量间的共线性程度。

4. 对自变量和因变量间的相关性进行评价

当自变量与因变量间有强的相关性时，进行回归分析才有意义。典型相关分析（CCA）最便于分析自变量（组）和因变量间的整体相关性。

4.6.3 多元线性回归的前提

无论是一元线性回归还是多元线性回归，均可将自变量与因变量间的关系表示为矩阵的形式

$$Y_{n\times 1}=X_{n\times(m+1)}B_{(m+1)\times 1} \tag{4-29}$$

对于一元线性回归模型，Y 与 X 分别为各个样本对应的因变量和自变量组成的列向量、行向量，B 为两个元素组成的列向量；对于多元线性回归，自变量不唯一，则上式中的 X 转化为一个 $n\times(m+1)$ 的矩阵，其中 n 为样本数，m 为自变量个数。Y 为元素个数为 n 的列向量，B 为由 $m+1$ 个元素组成的列向量。

其中系数矩阵（向量）B 可由下式求解

$$B=(X^{\mathrm{T}}X)^{-1}X^{\mathrm{T}}Y \tag{4-30}$$

B 的求解隐含着一个前提：矩阵 $X^{\mathrm{T}}X$ 必须可以求逆，B 才有解，若 $X^{\mathrm{T}}X$ 的秩不为 $m+1$ 或者 $X^{\mathrm{T}}X$ 是一个病态矩阵，则 B 无解或者根据方程(4－23)求出的回归系数使得回归模型(4－21)严重失真。因此在回归建模前对自变量进行评估，考察其间是否存在高度线性相关是十分必要的。

考察变量间线性相关关系是否存在，可采用简单线性相关系数法，若某两自变量间线性相关系数大于某阈值(如 0.85)时，可删除其中之一。

4.7 相关分析与回归分析的区别和联系

相关分析研究变量之间关系的密切程度；回归分析研究自变量与因变量之间的变动关系，用一个合适的数学模型近似地表达其相互间的关系。回归分析是相关分析的拓展，相关分析是回归分析的基础——对于没有相关关系的变量，也就没有必要进行其回归分析。

相关分析与回归分析在实际应用中有密切关系。然而在回归分析中，人们所关心的是一个随机变量 Y 对另一个(或一组)随机变量 X 的依赖关系的函数形式。而在相关分析中，所讨论的变量的地位一样，分析侧重于随机变量之间的种种相关特征。例如，以 X、Y 分别记小学生的数学与语文成绩，相关分析感兴趣的是两者的关联度如何，而不在于由 X 去预测 Y。

两者的区别主要在以下几点。

1. 概念上的区别

相关是指一个变量的值与另一个变量的值有连带性。相关关系研究的是变量之间不确定的依存关系的密切程度，其中线性相关分析是研究变量间线性关系强度的分析。

回归分析是把一些变量作为所控制的变量(自变量)，而另一些与自变量有相关关系的随机变量作为因变量，以确定自变量和因变量之间定量关系的统计分析方法。

2. 研究目的上的区别

相关分析的目的是要测量变量间关系的密切程度和变化的方向。

回归分析的目的是要找出使误差最小的回归参数，由所控制的变量（自变量）来估计或预测因变量的数值。

3. 研究手段上的区别

相关分析是通过一个统计量——相关系数来描述变量间关系的密切程度的，它不区分自变量和因变量，变量之间的关系是对等的。

回归分析是通过建立变量间一个数学模型来描述它们间确定的数量依存关系。因此，回归分析必须根据研究目的、对象性质确定哪些变量是控制变量（即自变量或解释变量），哪些变量是因变量，通过控制或给定的自变量的数值来估计或预测因变量的数值。回归方程中的变量是不对等的。

一般情况下只能从自变量去推测因变量，不能从因变量去推断自变量，如果回归方程的精度不够高，从因变量推断自变量会带来较大误差。回归方程中的变量关系是不对等的。见例 4-7 的讨论。

4. 作用上的区别

研究多个变量的相互关系时，相关分析是用复相关系数描述所有自变量与一个因变量的关系密切程度。R 值越大，表示相关程度越高。而 R 的平方值称为决定系数，具有消减误差的意义。比如 $R^2=0.8$ 表示自变量 x_1，x_2，x_3 对因变量 Y 的联合效果较大，能够消减 Y 的误差的 80%，但不能以变量 x_1，x_2，x_3 来估计或预测变量 Y 的数值是多少，也不能知道哪一个 x 对 Y 的影响力较强。

而回归分析既可用 x_1，x_2，x_3 去估计或预测 Y，还能给出每个 x 对 Y 的影响能力的大小。

5. 相关系数与回归系数的区别

相关系数可提供如下信息。

(1) 变量间的协变关系——根据相关系数的正负号可以判断两变量变化的趋势是相同还是相反。

(2) 消减的误差大小。

(3) 变量间向量方向——当相关系数 >0 时，变量间的向量夹角 $<90°$；相关系数 <0 时，变量间的向量夹角 $>90°$。

(4) 变量间的关联强度——相关系数的大小反映两变量间关联强度的强弱。

回归分析的回归系数 b(假定是一元线性回归 $y=a+bx$)表示 x 对 y 的影响能力,对于互为因果的 x 和 y,如果选择的因变量不同,则可能存在不同的回归系数(方程),比较例 4-7 与例 4-2 的回归方程可以证实这点。

相关系数的取值范围在 -1 至 1 之间,当 r 取正值时为正相关,当 r 取负值时为负相关。相关系数具有对称性。

回归系数 b 的取值范围不限于 -1 至 1 之间。当 b 取正值时,表示 x 对 Y 有正向效果,即 x 增大,Y 也增大;当 b 取负值时,表示 x 对 Y 有负向效果,即 x 增大,Y 却减小,回归系数不具有对称性。

相关系数不因变量的测量单位变化而变化,回归系数则随变量的测量单位的改变而变化。

总之,相关分析是回归分析的基础和前提,回归分析则是相关分析的深入和继续。相关分析需要依靠回归分析来表现变量之间数量相关的具体形式,而回归分析则需要依靠相关分析来了解变量之间数量变化的相关程度。只有当自变量和因变量之间存在高度相关时,进行回归分析寻求其相关的具体形式才有意义。如果在没有对变量之间是否相关以及相关方向和程度做出正确判断之前,就进行回归分析,很容易造成毫无意义的"虚假回归"(见例 4-1)。因此,在具体应用过程中,只有把相关分析和回归分析结合起来,才能收到良好的效果。

思考题

1. 回归分析的目的是什么?

2. 为何要对回归模型进行检验?可以用哪些方法对回归模型的可靠性进行检验?

3. 为什么要对变量进行评估?评估的依据是什么?

4. 在回归分析中,如何选择自变量和因变量?

5. 色谱中建立标准工作曲线时为什么通常选择峰面积作因变量而

标准品浓度(进样量)为自变量？为什么色谱工作曲线要求相关系数 r 至少要大于 0.99？

6. 什么情况下可以根据回归的方程换算、预报自变量的值？

7. 根据本章的例子，体会线性代数中线性相关、矩阵条件数、病态矩阵等概念在数据分析中的作用。

练 习 题

一、判断题

1. 在一元线性回归分析中，两个变量是对等的，不需要区分因变量和自变量。 (　　)

2. 进行回归分析应注意对回归方程的有效性进行检验。 (　　)

3. 一个回归方程只能推算因变量的数值，通常不能用同一个方程反过来推算自变量的数值。 (　　)

4. 当回归方程足够精确(相关系数＞0.99)时，可以用同一回归方程根据因变量估算自变量的值。 (　　)

二、简答题

1. 简述相关分析和回归分析的区别和联系。

2. 一元线性回归方程中 $y=a+bx$，参数 a、b 是怎样求得的？它们各代表什么意义？

三、计算题

用荧光分光光度法测定荧光素浓度，得到下列数据

荧光素浓度/$pg\cdot mL^{-1}$	0	2	4	6	8	10	12
荧光强度	2.1	5.0	9.0	12.6	17.3	21.0	24.7

(1) 以荧光强度为因变量、荧光素浓度为自变量，求荧光素浓度和荧光强度间的回归方程并采用相关系数法、F 检验法和残差分析法进行统计检验。

(2) 以荧光素浓度为因变量、荧光强度为自变量，求二者之间的线性回归方程并采用相关系数法、F 检验法和残差分析法进行统计检验。

(3) 分别根据(1)和(2)确定的回归方程求出荧光强度为 9 时

的荧光素浓度值,并比较两者的差异。

参考文献

[1] 方开泰,全辉,陈庆云.实用回归分析.北京:科学出版社,1989.
[2] 韦博成,鲁国斌,史建清,等.统计诊断方法论.南京:东南大学出版社,1991.
[3] 郑用熙.分析化学中的数理统计方法.北京:科学出版社,1986.
[4] 许禄.化学计量学方法.北京:科学出版社,1995.
[5] 陈希孺.概率论与数理统计.合肥:中国科学技术大学出版社,2004.
[6] 陆晓华.化学计量学.武汉:华中理工大学出版社,1996.
[7] 包研科,李娜.数理统计与 MATLAB 数据处理.沈阳:东北大学出版社,2008.

第5章 实验设计与实验数据的处理

5.1 基本概念介绍

5.1.1 实验设计的定义

在生产、科学研究中，经常需要做实验。实验过程中未知因素很多，如要摸索最佳的工艺条件或配方、合适的检测条件等，都涉及如何安排实验的次数与实验条件的问题。由于实验条件的变化、各种干扰因素的影响以及各因素之间可能存在的交互作用，使得实验过程的输出（目标值）变化不定。这种输出的不稳定会给我们带来许多困扰、甚至损失。究竟是哪些因素显著地影响输出？在什么条件下输出能够控制在理想的范围内？这是我们密切关心的问题。在实验所要考虑的因素和水平数目较大时，如何安排实验，其中大有学问。实验设计得好，得到的实验数据有代表性，可以提供有效和全面的信息，就会事半功倍，以较少的代价获得正确的结果。因此，实验方案的选择和优化对于科研、生产来说十分重要。实验设计可以帮助我们解开其中之谜。

实验设计的基本思想是英国统计学家 R. A. Fisher 在进行农田实验时提出的。他在实验中发现，环境条件难以严格控制，随机误差不可忽视，故提出对实验方案必须合理安排，使实验数据有合适的数学模型，以减少随机误差的影响，从而提高实验结论的精度和可靠度。

例如，用火焰原子吸收光谱法测定某元素含量，寻求最佳的实验条件，以使仪器对该元素的测试灵敏度达到最高就是一个实验设计问题。图 5－1 为火焰原子吸收分光光度计的原理示意图。

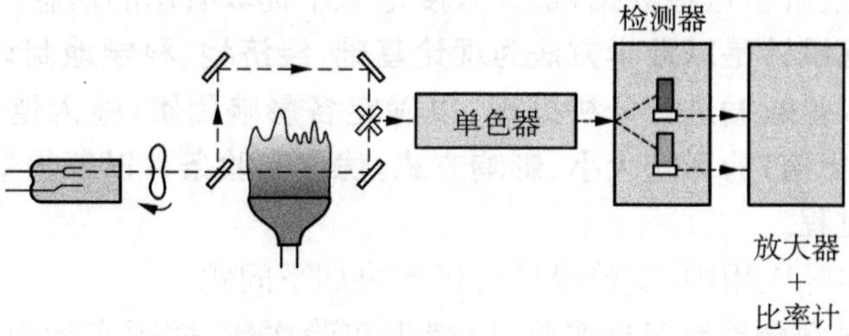

图5-1 火焰原子吸收分光光度计示意

检测器测得的汽化溶液的吸光度越高,仪器测试的灵敏度就越高,影响仪器灵敏度的测试条件有:(1)吸收波长(λ),各元素在不同波长下的吸光强度不同,特定的元素有最佳的吸收波长,选择合适的波长可以获得高的吸光度,提高仪器的灵敏度;(2)原子化工作条件的选择,包括空心阴极灯工作条件的选择(如预热时间 t、工作电流 I),火焰燃烧器操作条件的选择(如试液提升量 V、燃烧器的高度 H 等);(3)光谱通带 d 的选择,过宽的狭缝宽度会造成光的散射,而狭缝宽度过窄会降低光的强度,最终影响检测器测得的信号强度,降低吸光度。

上述各影响因素可以选择的范围大致是:(1)吸收线波长 λ:240~400 nm;(2)空心阴极灯电流 I:3~10 mA;(3)燃烧器高度 H:3~12 mm;(4)乙炔流量 Q:1~2 L·min^{-1};(5)空气流量 Q:5~12 L·min^{-1};(6)狭缝宽度 d:1~2 mm。

如果将上述6个实验因素划分成适宜的水平,假设每个因素各取3个值,那么所有的实验条件组合有 $3\times3\times3\times3\times3\times3=729$ 次,这样的实验量太大了。那么可否不做太多的实验,又可以在允许的实验条件范围内合理地安排实验方案,根据实验结果优化出最佳实验条件,使仪器灵敏度最高呢?

由这个例子可以看出,实验的科学设计是一个非常重要的环节,实验设计合理与否直接关系到能否获得所需要的数据资料及数据资料的质量。不同学科有适合于各自学科的实验方法,而且也随所研究问题的性质不同而变化。但有一点是共同的:要科学合理地设计实验方案、选择最优的测量方法、最有效地获取所研究体系的特征数据，并通过解析这些数据，最大限度地从中提取有用的信息。

实验设计是以数学方法为理论基础，经济地、科学地制订实验方案并对实验数据进行分析处理，以确定各影响因素(输入值)对实验结果(输出值)的影响大小、影响方式，优化实验条件以获得最佳实验结果的过程。

在实际应用中，实验设计可以解决如下问题。

- 科学合理地安排实验，以减少实验次数、缩短实验周期、提高经济效益。
- 从众多的影响因素中找出影响输出的主要因素。
- 分析影响因素之间交互作用的大小。
- 分析实验误差的影响，提高实验精度。
- 找出较优的参数组合，并通过对实验结果的分析、比较，找出达到最优化方案进一步实验的方向。
- 对最佳方案的输出值(目标值)进行预测。

最佳实验方案(条件)的寻找过程从数学上而言就是一个最优化问题，对于不同的背景我们有不同的优化目标。例如购物的最优目标可以是价廉物美(最好的性价比)、时尚、实用等；而科研工作的目标可能是追求用最小的工作量和科研投入使科研目标最优(如产物纯度、产物收率、高的生物活性等)；生产实践追求的是用最低的成本和最少的投资使产品获得最大的经济效益。

从图 5-2 所示的登山示意图可以看出，到达山顶可以有多种路线，但在可选的路线中，必定有一条路线是最近、最省力的。最优化实际上就是在所有可行的方案中选出使目标值最优的方案的过程。

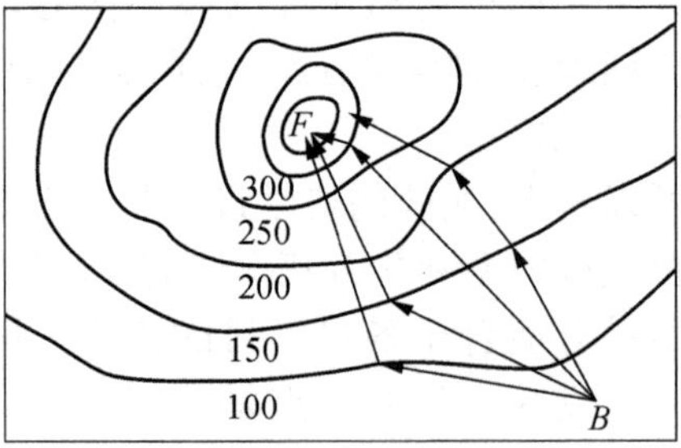

图 5-2 登山示意

因此实验设计实际上是根据某个目标的要求设计合理的实验方案，使目标达到最优的过程。最优化的理论和方法对于实验条件的优化非常有帮助。

统计、回归分析及最优化方法是根据实验数据寻找最佳条件的数学工具，本章将介绍几种常用的实验设计与优化方法，并结合具体实例进行说明和演示。

5.1.2 实验的因素和水平

在进行实验之前，首先要明确实验的目的是什么？用什么指标来评价实验结果的好坏？这个希望最优的指标在实验设计中称为**目标值**。该观察值即为实验体系在激励作用下产生的值，它可以是量化指标，如吸光度、收率等，也可以是定性描述指标，如颜色深浅等。在明确考核目标后，我们需要考虑的是哪些因素会对其产生影响，这些影响目标值的条件或量叫做**实验因素**（**因子**）。每个因子取不同的值会对目标值产生不同的效果。

因子在实验中取的值称为**水平**，如石墨炉原子吸收测定 Pb 时，干燥温度、灰化温度与时间等均为影响吸光度这一目标因素的实验因素，在选择实验条件时，若灰化温度分别为 300℃、400℃、500℃，则灰化温度这一因素有三个水平。

当影响目标的因素只有一个时，称为**单因素实验**，有多个时则为**多因素实验**。

实验设计的目的就是在一定范围内考察各因素对目标值影响的强弱程度及各个因素取何种水平时能使目标值最优。

5.1.3 因素间的交互作用

当某个因子 A 对目标值的影响与因子 B 所处水平有关时，则称 A、B 间有交互作用；若 A 不论因子 B 取何种水平，因子 A 对目标值的影响均不变，则称 A、B 间无交互作用。

交互作用在实际中是大量存在的，如化学反应中催化剂的多少与其他成分的投入量通常是有交互作用的；水中各种金属含量对人体的危害也存在交互作用。

设有两个因素 A 和 B，它们各取两个水平 A_1，A_2 和 B_1，B_2。这时共有四种不同的水平组合，其实验结果列于图 5-3 中。无论 B 取哪个水平，A_1 变到 A_2 使 Y 增加 20，这表明因子 A 对目标值 Y 的影响与 B 取什么水平无关。类似地，当 B 从 B_1 变到 B_2 时，Y 增加 20－10（或 40－30），与 A 所处水平无关。这时，我们称 A 和 B 之间没有相互作用。

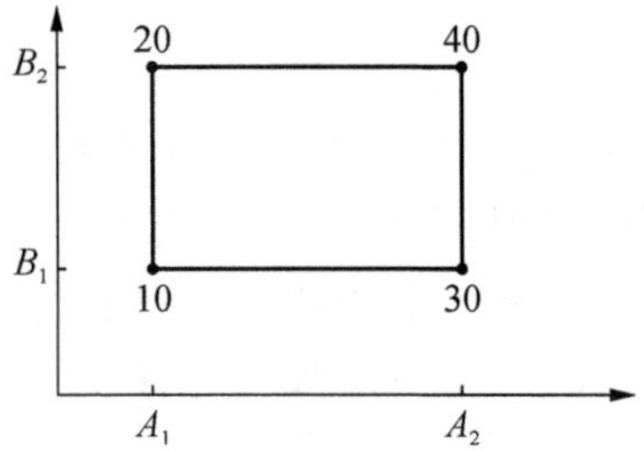

图 5-3 无交互作用的例子

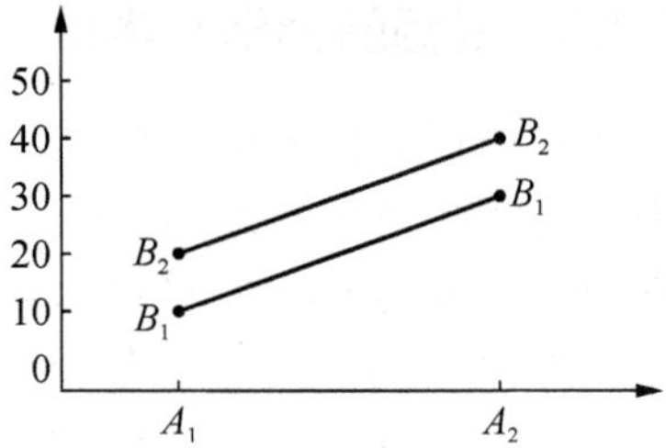

图 5-4 无交互作用的例子

采用图 5-4 的作图方法判断 A、B 间有无相互作用更为直观。当图中的两条直线平行或接近平行时，则认为 A 和 B 之间没有相互作用。图 5-5 与图 5-6 给出了一个有交互作用的例子，它们的含义和作图方法与图 5-3、图 5-4 是一样的。

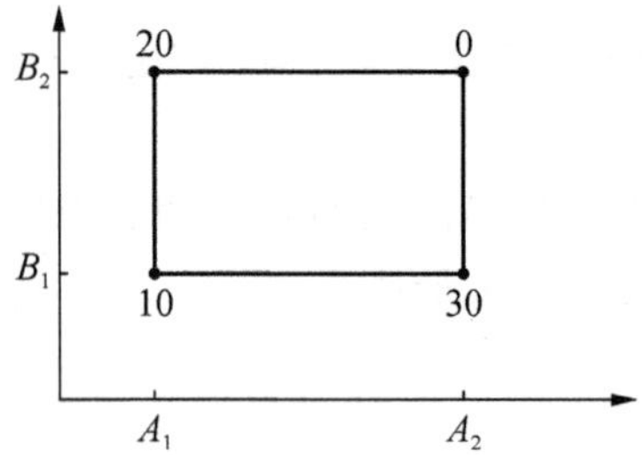

图 5-5 有交互作用的例子

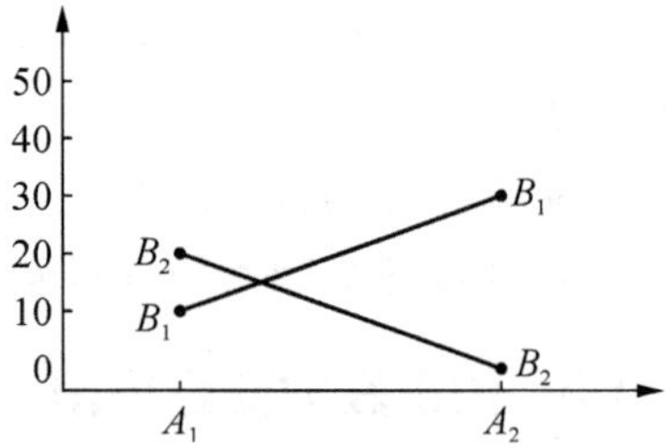

图 5-6 有交互作用的例子

当因素 A，B 及它们的实验指标 Y 都为连续变量时，可以建立 Y 和 A，B 之间的回归方程。若回归方程为

$$Y = \alpha + \beta A + \gamma B + \varepsilon$$

由因素 A 的变化造成对目标值 Y 的影响完全由回归系数 β 决定，与

因素 B 取何种水平无关;同理,由因素 B 的变化造成对目标值 Y 的影响完全由回归系数 γ 决定,与因素 A 取哪个水平无关。由此可见,线性回归模型不能反映因素间的交换作用。

当 A, B 间有交互作用时,目标(Y)与实验因素(X)间的回归模型不可能是线性的,其中一定有交叉项(即 A、B 间乘积项)存在。

5.1.4 全面实验和多次单因素实验

在因素和水平确定后,下面两种方法是最容易想到的实验设计方法。

1. 全面实验

——考察每个因子不同水平对目标值的影响,每次只改变一个因子的水平,其他因子所处水平不变,即对每一个因素的不同水平组合均做同样多次实验,称为**全面实验**。设实验中有 4 个因素,每个因子有 3 个水平,则要做 $3^4 = 81$ 次实验。若有 m 个因素,它们各有 l_1, …, l_m 个水平,则全面实验至少需要做 $l_1 \times l_2 \times \cdots \times l_m$ 次实验。

当因素的个数不多、每个因素的水平数也不多时,人们常用全面实验的方法,通过数据分析可以获得较为丰富的结果,结论也比较精确。当因素较多,水平数较大时,全面实验要求较多的实验。例如,有 6 个因素,每个因素是 5 个水平,则全面实验至少需 $5^6 = 15\,625$ 次实验。由此可见,用这种方法安排实验,所有可能搭配的实验次数随着因子个数和水平数的增加,成指数级增长,工作量太大,在实际中通常是行不通的。

2. 多次单因素实验

多次单因素实验法又称为**简单比较法**、**孤立变量法**,是化学工作者常用的一种传统实验设计方法。当影响目标的因素有多个时,该法轮流对每个因素进行研究,每次只改变一个因素的水平,其他因素保持不变,观察其对目标的影响。缺点:(1)信息量少,实验次数较多,不是一种经济、最佳的实验方法;(2)因素间相互作用影响较大时,这样找到的最佳条件不一定是各因素的最佳水平的组合,目标也往往不是最优的;(3)如不重复实验,就不能得出误差的估计。因为这样做的前提是认为各因素间独立,无相互影响。

例 5-1 采用单因素法优化火焰原子吸收测水中 Cd^{2+} 浓度测试条件。主要考察狭缝宽度 d、燃烧器高度 H、空心阴极灯电流 I 及乙炔/空气比 P 四个因素对仪器灵敏度的影响。

(1) 乙炔流量的考察

固定空气流量为 6 L·min^{-1}，狭缝宽度 $d = 0.2$ mm，燃烧器高度 $H = 6$ cm，空心阴极灯电流 $I = 5$ mA，改变乙炔流量，使其分别为 0.7 L·min^{-1}，1.0 L·min^{-1}，1.4 L·min^{-1} 和 2.0 L·min^{-1}。读取各实验条件下的吸光度，见图 5-7。由该图可知：吸光度随着乙炔流量 / 空气流量比的增加，在 1/6 处出现极大值后开始下降。由于乙炔 / 空气流量比不能太小，否则难以点燃且容易出现回火。最终确定单因素考察时乙炔 / 空气流量比 $P = 1/6$。

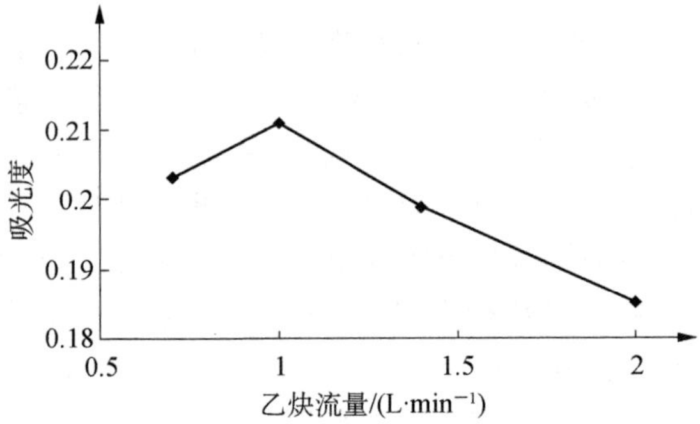

图 5-7 乙炔/空气流量比与吸光度的关系

(2) 狭缝宽度的考察

固定空气流量为 6 L·min^{-1}，乙炔流量为 1.0 L·min^{-1}。燃烧器高度 $H = 6$ cm，空心阴极灯电流 $I = 5$ mA，改变狭缝宽度分别为 1.0 mm 和 1.6 mm，读取各实验条件下的吸光度，发现狭缝宽度从 1 mm变化到 1.6 mm 对于吸光度几乎没有影响。由于狭缝越宽背景信号越强，会造成工作曲线的范围很窄，同时，过强的背景信号会造成测试结果的不稳定、实验的重复性也越差。因此确定狭缝宽度 d 取 1.0 mm。

(3) 灯电流的考察

固定空气流量为 6 L·min^{-1}，狭缝宽度 $d = 1.0$ mm，燃烧器高

度 $H=6$ cm，乙炔流量 1.0 L·min^{-1}，改变灯电流，使其分别为 3 mA、4 mA 和 5 mA，读取各实验条件下的吸光度，见图 5-8。由该图可知：吸光度随着灯电流的递增而递减，考虑到空心阴极灯的使用安全以及寿命等因素，灯电流一般不超过 10 mA，然而灯电流太小也会引起信号的不稳定。最终确定灯电流 $I=3$ mA。

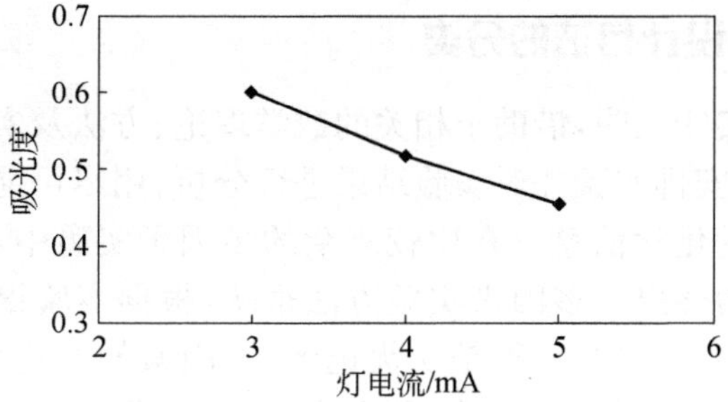

图 5-8 灯电流 *I* 与吸光度的关系

(4) 燃烧器高度的考察

固定空气流量为 6 L·min^{-1}，狭缝宽度 $d=1.0$ mm，乙炔流量 1.0 L·min^{-1}，灯电流 $I=3$ mA，改变燃烧器高度，使其分别为 3 cm、6 cm 和 10 cm。读取各实验条件下的吸光度，见图 5-9。由该图可知：吸光度随着燃烧器高度出现先增后降的趋势，在 $H=6$ cm 处出现一个极大值。最终确定燃烧器高度 H 为 6 cm。

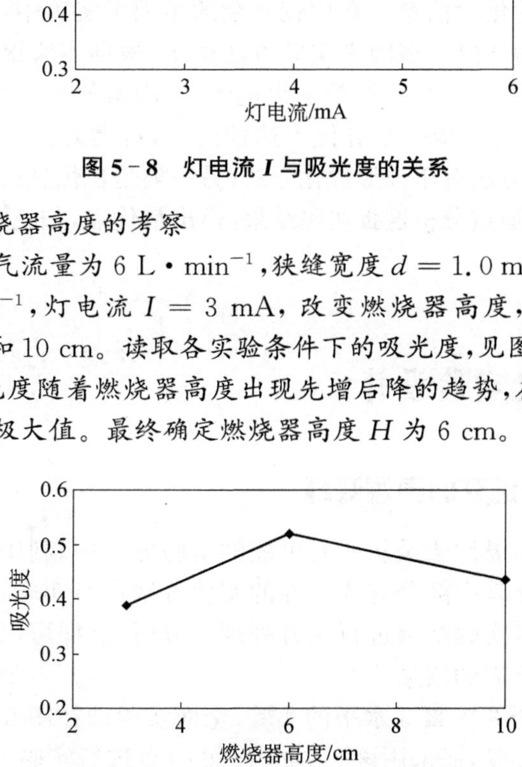

图 5-9 燃烧器高度 *H* 与吸光度的关系

图 5-7、图 5-8、图 5-9 称为因素直观效应图。最终单因素考

察确定的最优测试条件为乙炔/空气流量比 $P = 1/6$，狭缝宽度 $d = 1$ mm，灯电流 $I = 4$ mA，燃烧器高度 $I = 6$ cm。在此条件下进行实验，读得吸光度为 0.611。

根据单因素多次实验(简单比较法)无法确定哪个因素对吸光度的影响最大、最重要，但利用正交实验设计可以克服此类不足。

5.1.5 实验设计方法的分类

大量的实践表明，借助于相关的数学理论、方法及实验的背景知识，可合理地安排实验并对实验结果进行分析，用尽可能少的实验次数获得足够的化学信息。在比较复杂的多因子实验中，设计合理的实验方案尤为突出。多因素实验方法很多，根据实验设计的基本思想可以分成两大类型：一种是从优选区(即因素的变化范围)某一点开始实验，通过一步一步寻优到达较优点，这类方法叫做序贯实验法，代表性的方法有单纯形优化方法；另一类是在优选区内一次布置一批实验点，通过分析这批实验结果，得出最优点，如正交实验设计、均匀设计等。

5.2 正交实验设计

5.2.1 关于正交的直观解释

正交实验设计法是从所有可能的实验方案中，利用正交表以优化的方式选择其中部分有代表性的实验方案进行实验，然后用统计分析的方法对实验结果进行综合处理和分析，这样可以用较少的实验次数获得所需的信息。

对于一个 3 因素 3 水平的实验，全面实验即在图 5 - 10 中每个网格点都做实验，而采用该图中的 1～9 号点进行实验，可保证 A 因素的每个水平与 B 因素(或 C 因素)的各个水平在实验中各搭配一次，即 A 与 B(或 C)因素在 9 个实验中是一个全面实验。同理 B 与 C 在这 9 个实验中也是一个全面实验。这 9 个实验点均衡地分布于实验区内，在数学上叫做正交。

1(A_1，B_1，C_3)
2(A_1，B_2，C_2)
3(A_1，B_3，C_1)
4(A_2，B_1，C_2)
5(A_2，B_2，C_1)
6(A_2，B_3，C_3)
7(A_3，B_1，C_1)
8(A_3，B_2，C_3)
9(A_3，B_3，C_2)

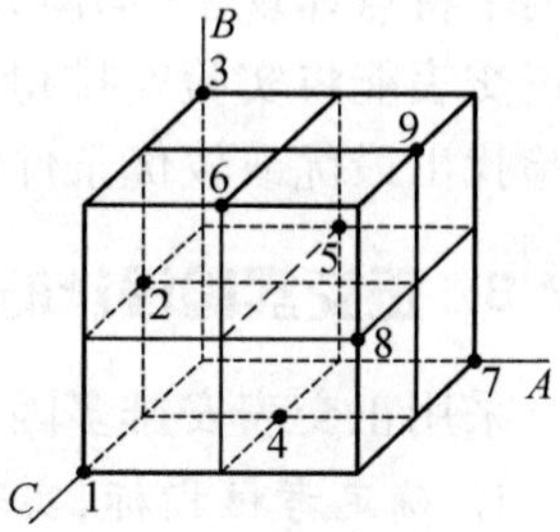

图 5-10 正交设计布点示意

5.2.2 正交表的特点

通常说一个设计是正交的，就是要求其满足如下的**均衡搭配**原则。

(1) 每一个因子的各水平出现的次数相同，即正交表的每一列中，不同的数字出现的次数相同。

(2) 每两个因子的各水平搭配出现的次数相同，即正交表中任意两列中，同一横行的两个数字组成的有序数对出现的次数相等。

表 5-1 是一个 3 因素 2 水平的正交表，其中，L 代表正交表，L 下角标的数字"4"表示实验次数；括号内的指数"3"表示最多允许安排的因子数；括号内的底数"2"表示所有因子的水平数。

表 5-1 正交表 $L_4(2^3)$

实验号 \ 列号	A	B	C
1	1(A_1)	1(B_1)	1(C_1)
2	1(A_1)	2(B_2)	2(C_2)
3	2(A_2)	1(B_1)	2(C_2)
4	2(A_2)	2(B_2)	1(C_1)

如果全面实验，需做 $2\times2\times2=8$ 次实验，采用正交表 $L_4(2^3)$设

计实验方案，只需做 4 次实验。不难看出，该表符合上述两个特点，这两个特点体现了“均衡分散”和“整齐可比”的正交原理。这正是利用正交表能将实验安排得均匀而有代表性，从而可根据较少次数的实验找出最优或较优条件的原因。

5.2.3 正交实验设计的主要步骤

采用正交表安排多因素实验时，应按如下步骤进行。

1. 确定考核指标、实验因素和水平

问题和背景不同，考核实验结果优劣的指标也不同。例如，对于工厂生产工艺条件的优化，追求的是在尽可能低的成本下获取高的产率，而一个色谱条件的优化目标则是使样品的分离度达到最高。因此实验设计前要根据具体问题的背景设定优化目标。

挑选实验因素时，影响目标的各种实验因素应尽量全部考虑进来，这些因素应该独立变化，取值不受其他因素的影响。一般而言，在对事物的规律了解不多时，因素可以多选一些；在对实验规律已相当了解、可以比较准确地判断哪些因素是重要的时候，因素可以少选一些。

每个因素的水平选择需要根据问题的特点和实验操作上的可行性来确定，不宜定得过多。重要的因素或希望详细考察的因素，水平可以多取一些；反之，可以少取一些。此时，选用混合正交表比较适宜。例如，在 $L_8(4^1\times2^4)$ 正交表中，对一个重要的因素选用 4 个水平进行考察，而另 4 个因素则用 2 个水平考察。实验因素之间不可有高的相关度。

2. 选择适宜的正交表、制订实验方案

根据实验因素的个数和水平数选定合适的正交表，然后将对应的因素填入正交表的第一行的对应列中，称为**表头设计**。将各因素的水平按照表中各行的数字填入正交表的每一行（一行代表一个实验方案），然后列出每一行所代表的每一个实验的条件，称为正交实验表的设计。

3. 根据正交表进行实验

按照正交实验表所列的方案进行实验，将实验所得的结果（目标值）列在表的最后一列。

4. 分析实验结果，确定最优实验条件

正交实验数据的处理方法有三种：极差分析、方差分析、回归分析。

极差分析是根据各因素在不同水平下的目标值的平均值大小确定各因素在哪个水平下较优，根据各因素的极差大小判断其对目标值的影响大小。有交互作用列的可以进行因素交互作用对结果的影响分析，最后经过实践确定最优实验条件。这种数据处理方法可以确定各因素对目标值影响的大小及排序，但无法给出该因素的影响是否具有统计意义上的显著性。该方法的应用见例 5-2。

方差分析是通过计算各因素对目标值影响的方差大小及各因素的统计量 F 值，既可以确定各因素作用大小的排序，又能判断每个因素是否对目标有显著性影响。由于后者的特点，方差分析成为正交实验设计中最常用的数据处理方法。该方法的应用见 5.2.4 节。

回归分析的数据处理则复杂一些，要根据实验结果先建立目标值与各影响因素间的统计回归关系，在该关系通过统计检验后，再利用回归关系确定最佳实验条件。在数据较多和比较复杂时，可以采用回归分析的方法处理正交实验数据。进行回归的正交设计必须先对各因素的水平进行数据预处理，将其变换为相同的量级，以避免各因素对目标值的影响由于其单位、量级的不同而被掩盖、削弱或夸大。该方法的应用见 5.2.5 节。

5. 最优条件的实验验证

在确定最优实验条件后，需要重复实验验证该条件是否最优。

例 5-2 某农药厂生产某种农药，根据经验，发现影响农药收率的因素有四个，对每个因素设定两种水平进行生产条件的优化

A	反应温度	A_1(60℃)	A_2(80℃)
B	反应时间	B_1(2.5 h)	B_2(3.5 h)
C	配比	C_1 1.1/1	C_2 1.2/1
D	真空度	D_1 500 毫米汞柱	D_2 600 毫米汞柱

希望通过实验解决如下问题。

(1) 各因子取哪一个水平可使收率最高？

(2) 哪个因子对收率影响最大？哪个最小？

(3) 除了各因子的单独作用外，所有因子的综合效果如何，对收率的影响是综合影响大还是各因子的单独作用大？

解：首先进行表头设计，根据正交表 $L_8(2^7)$ 可得到表 5－2 前 8 列所示的实验计划表——将 A、B 两因素排在第 1，2 列，第 3 列为 A 与 B 的交互作用列，第 4 列放因素 C，则第 5，6 列为 A 与 C、B 与 C 的交互作用列，第 7 列安排因素 D。按照所安排的 8 个实验方案进行实验，可得各方案下的收率，将其列在表 5－2 的第 9 列。

表 5－2　根据正交实验设计表 $L_8(2^7)$ 所列的实验方案与结果

因子	A/℃	B/h		C			D/毫米汞柱	
实验号＼列号	1	2	3	4	5	6	7	实验结果 y_i/%
1	60	2.5	1	1.1/1	1	1	500	86
2	60	2.5	1	1.2/1	2	2	600	95
3	60	3.5	2	1.1/1	1	2	600	91
4	60	3.5	2	1.2/1	2	1	500	94
5	80	2.5	2	1.1/1	2	1	600	91
6	80	2.5	2	1.2/1	1	2	500	96
7	80	3.5	1	1.1/1	2	2	500	83
8	80	3.5	1	1.2/1	1	1	600	88

(1) 第一个问题采用**综合比较原则**来解决。综合比较原则的广义说法是：正交设计中，通常认为某因子每个水平下目标值的平均值与其他因子的水平无关。

以因子 A 为例，A 的 1 水平在 1～4 号实验的平均收率是

$$\overline{A}_1=(y_1+y_2+y_3+y_4)/4=91.5$$

同理

$$\overline{A}_2=(y_5+y_6+y_7+y_8)/4=89.5$$

由于 $\overline{A}_1>\overline{A}_2$，故因子 A 取 A_1 时平均收率较高。

同理可求得

$$\overline{B}_1 = 92;\ \overline{B}_2 = 89.0;\overline{C}_1 = 87.75;$$
$$\overline{C}_2 = 93.25;\overline{D}_1 = 89.75;\overline{D}_2 = 91.25$$

故在只考虑各因子单独作用的情况下，可选择 $A_1B_1C_2D_2$ 作为最优生产条件，即第2号实验，对应的收率为95%，低于第6号实验的收率(96%)，因此须进一步分析。

(2) 第二个问题可借助极差分析来解决。首先介绍一下极差的概念：**因子A在不同水平下的平均值的最大值与最小值之差称为因子A的极差**，用 R_A 表示。显然，极差大的因子对实验结果的影响最大。对于本例可知

$$R_A = \overline{A}_1 - \overline{A}_2 = 91.5 - 89.5 = 2.0,$$
$$R_B = \overline{B}_1 - \overline{B}_2 = 92.0 - 89.0 = 3.0$$
$$R_C = \overline{C}_1 - \overline{C}_2 = 87.75 - 93.25 = -5.5,$$
$$R_D = \overline{D}_1 - \overline{D}_2 = 89.75 - 91.25 = -1.5$$

由于 $|R_C| > |R_B| > |R_A| > |R_D|$，所以因子 C 对实验结果的影响最大，是影响收率的主要因素，而因子 D(真空度)对实验结果的影响最小。

(3) 上面我们只讨论了每个因子的单独作用，没有考虑因子间的相互关系，根据上面的正交实验结果可得表5-3。

表5-3 A，B两因素在不同水平下的收率平均值

B \ A	$A_1 = 60℃$	$A_2 = 80℃$
$B_1 = 2.5\ \text{h}$	$\dfrac{y_1 + y_2}{2} = 90.5$	$\dfrac{y_5 + y_6}{2} = 93.5$
$B_2 = 3.5\ \text{h}$	$\dfrac{y_3 + y_4}{2} = 92.5$	$\dfrac{y_7 + y_8}{2} = 85.5$

则 A、B 间的交互作用 $A \times B = \Big[\Big(\dfrac{y_7 + y_8}{2} - \dfrac{y_1 + y_2}{2}\Big) -$

$\left(\frac{y_5+y_6}{2}-\frac{y_1+y_2}{2}\right)-\left(\frac{y_3+y_4}{2}-\frac{y_1+y_2}{2}\right)\Big]/2=\Big[\left(\frac{y_1+y_2}{2}+\frac{y_7+y_8}{2}\right)-\left(\frac{y_3+y_4}{2}+\frac{y_5+y_6}{2}\right)\Big]/2=-5.0$

同理 $A\times C=-0.5$；　$B\times C=-1.5$

由于 $A\times B$ 对收率影响最大，根据表5-3可知 A，B 之间4种搭配下收率的平均值，当 A_2 与 B_1 搭配时最大。前面我们根据各因子单独作用而选定的最优条件是 $A_1B_1C_2D_2$，结合相互作用分析，应选 $A_2B_1C_2D_2$。这个实验在表5-2的8次实验中并没有安排，其结果应优于第6号实验的结果。

此外，根据正交实验设计表5-2的第4列(该列是因素 A、B 的交互作用列)，则 A、B 的交互作用对目标值的影响为

$$\left(\frac{y_1+y_2+y_7+y_8}{4}\right)-\left(\frac{y_3+y_4+y_5+y_6}{4}\right)=-5.0$$

与根据表5-3分析得到的 $A\times B$ 结果一样。同理，根据正交实验设计表5-2的第6,7例(分别是因素 A、C，因素 B、C 间的交互作用列)，则 A、C 的交互作用对目标值的影响为

$$\begin{aligned}&\left(\frac{y_1+y_3+y_6+y_8}{4}\right)-\left(\frac{y_2+y_4+y_5+y_7}{4}\right)\\&=\frac{86+91+96+88}{4}-\frac{95+94+91+83}{4}\\&=90.25-90.75=-0.5\end{aligned}$$

B、C 的交互作用对目标值的影响为

$$\begin{aligned}&\left(\frac{y_1+y_4+y_5+y_8}{4}\right)-\left(\frac{y_2+y_3+y_6+y_7}{4}\right)\\&=\frac{86+94+91+88}{4}-\frac{95+91+96+83}{4}\\&=89.75-91.25=-1.5\end{aligned}$$

由本例可以看出，如欲考虑因素间的交互作用列，正交表的列数必须足够多。

5.2.4 正交实验设计结果的方差分析

1. 因子的显著性检验

上例中采用极差分析的方法可确定各实验因素对目标影响的大小，对各个因素的作用大小进行排序，但不能回答每个因素对目标值的影响在统计上是否具有显著性。要回答这个问题，需要利用方差分析(Analysis of Variance, ANOVA)和统计检验来比较各实验因素的显著性强弱。

如果问题中只考虑一个因子，这样的方差分析称为**单因子方差分析**。如果问题中要考虑两个因子，这样的方差分析就称为**双因子方差分析**。当然，还可以有三因子、四因子、更多因子的方差分析。

我们先来看单因子方差分析。

问题　设某个指标的取值可能与一个因子 A 有关，因子 A 有 r 个水平：$A_1, A_2, \cdots, A_r$。在这 r 个水平下的指标值，可以看作是 r 个相互独立、方差相等的正态总体 $\xi_i \sim N(\mu_i, \sigma^2)$, $i=1, 2, \cdots, r$。

在每一个水平 A_i 下，对指标做 t ($t>1$) 次重复观测，设观测结果为

$$X_{i1}, X_{i2}, \cdots, X_{it}$$

它们可以看作是总体 ξ_i 的样本。即

水平	观测值
A_1	$X_{11}, X_{12}, \cdots, X_{1t}$
A_2	$X_{21}, X_{22}, \cdots, X_{2t}$
$\vdots$	$\vdots$
A_r	$X_{r1}, X_{r2}, \cdots, X_{rt}$

问：因子 A 对指标的作用是否显著？

检验因子 A 的作用是否显著，相当于要检验假设 $H_0: \mu_1=\mu_2=\cdots$

$=\mu_r$ 是否成立。

记 $n = rt$ 为**总观测次数** (5-1)

$$\overline{X}_i = \frac{1}{t}\sum_{j=1}^{t} X_{ij} \text{ 为水平 } A_i \text{ 的均值} \quad (5-2)$$

$$SS_i = \sum_{j=1}^{t}(X_{ij}-\overline{X}_i)^2 \text{ 为水平 } A_i \text{ 的平方和} \quad (5-3)$$

$$\overline{X} = \frac{1}{n}\sum_{i=1}^{r}\sum_{j=1}^{t} X_{ij} = \frac{1}{r}\sum_{i=1}^{r}\overline{X}_i \text{ 为总均值} \quad (5-4)$$

$$SS_T = \sum_{i=1}^{r}\sum_{j=1}^{t}(X_{ij}-\overline{X})^2 \text{ 为总平方和} \quad (5-5)$$

$$SS_e = \sum_{i=1}^{r}\sum_{j=1}^{t}(X_{ij}-\overline{X}_i)^2 = \sum_{i=1}^{r} SS_i \text{ 为误差平方和} \quad (5-6)$$

$$SS_A = t\sum_{j=1}^{r}(\overline{X}_i-\overline{X})^2 \text{ 为因子 } A \text{ 的平方和} \quad (5-7)$$

$SS_i = \sum_{j=1}^{t}(X_{ij}-\overline{X}_i)^2$ 反映了各水平 A_i 的内部指标取值的差异程度，这种差异完全是由误差引起的，而 SS_e 正是所有 SS_i 的总和，所以称为误差平方和。

$SS_A = t\sum_{j=1}^{r}(\overline{X}_i-\overline{X})^2$ 反映了各水平之间指标取值的差异程度，如果因子 A 的作用不显著，各水平下对应的指标差异很小，即 $\overline{X}_1$，$\overline{X}_2$，…，$\overline{X}_r$ 近似相等，与 $\overline{X}$ 差异很小，SS_A 的值也比较小；如果因子 A 的作用显著，各水平下对应的指标差异很大，即 $\overline{X}_1$，$\overline{X}_2$，…，$\overline{X}_r$ 与 $\overline{X}$ 的差异很大，SS_A 的值就会偏大。因此 SS_A 的大小反映了因子 A 作用的大小，称为因子 A 的平方和。

可以证明，总平方和 SS_T、误差平方和 SS_e 和因子平方和 SS_A 之间存在如下关系

$$SS_T = SS_e + SS_A \quad (5-8)$$

由 SS_A、SS_e 可以计算出统计量 $MS_A = \frac{SS_A}{r-1}$（称为因子 A 的均方）和 $MS_e = \frac{SS_e}{n-r}$（称为误差均方），定义因子 A 的显著性检验统计量

$$F_A = \frac{MS_A}{MS_e} = \frac{SS_A/(r-1)}{SS_e/(n-r)} \tag{5-9}$$

若 $F_A > F_{r-1,\,n-r}(\alpha)$，可拒绝原假设，即认为因子 A 在 $1-\alpha$ 置信水平下作用显著；否则，接受原假设，认为因子 A 在 $1-\alpha$ 置信水平下的作用不显著。

2. 不考虑交互作用的正交实验设计

不考虑交互作用的正交实验设计和数据处理，可按下列步骤进行。

(1) 选正交表 $L_n(r^m)$

选择的原则是：r 要等于因子的水平数；m 要大于或等于因子的个数；n 是实验次数，要尽可能小。

例如，问题中有 4 个因子，每个因子都是 2 个水平。选正交表时，首先要选 $r=2$ 的表。这样的正交表有 $L_4(2^3)$，$L_8(2^7)$，$L_{16}(2^{15})$，…，在 $L_4(2^3)$ 中，$m=3$，小于因子个数 4，所以不符合要求。$L_8(2^7)$，$L_{16}(2^{15})$ 中的 $m=7$, 15, …，大于因子个数 4，符合要求。在符合要求的正交表中，应选择实验次数 n 尽可能小的那个表。最后选定正交表 $L_8(2^7)$。

(2) 设计表头

将各因子安排在正交表的各列上方，每个因子占 1 列，称之为表头。在不考虑交互作用的正交实验设计中，表头上的因子可以任意安放。表头上不放因子的列，称为**空白列**。

(3) 按照设计做实验，取得实验观测值

正交表的每一行代表一种水平组合，对每一种水平组合做一次实验。按照第 k 行的水平组合所得到的第 k 次实验，所得到的观测值记为 X_k，正交表共有 n 行，所以，一共要做 n 次实验，共得到 n 个实验观测值：X_1, X_2, …, X_n。

(4) 在正交表的每一列中，求出与各水平对应的均值，以及这一列的平方和

设我们考虑的是第 j 列。在这一列中，表示水平的数字 1,2,…,r，每一个都重复出现 $\frac{n}{r}$ 次。设与这一列中的数字 1 对应的那几行的

实验观测值之和为W_{1j}，与这一列的数字2对应的那几行的实验观测值之和为W_{2j}，…，与这一行中的数字r对应的那几行的实验观测值之和为W_{rj}。将W_{1j}，W_{2j}，…，W_{rj}分别除以$\frac{n}{r}$，就得到与这一列中各水平对应的均值$\overline{X}_{1j}=\frac{W_{1j}}{n/r}$，$\overline{X}_{2j}=\frac{W_{2j}}{n/r}$，…，$\overline{X}_{rj}=\frac{W_{rj}}{n/r}$。

从$\overline{X}_{1j}$，$\overline{X}_{2j}$，…，$\overline{X}_{rj}$出发，求出这一列的平方和$SS_j=\frac{n}{r}\sum_{i=1}^{r}(\overline{X}_{ij}-\overline{X})^2$，其中$\overline{X}=\frac{1}{n}\sum_{k=1}^{n}X_k$是总均值。具体算法是，把$\overline{X}_{1j}$，$\overline{X}_{2j}$，…，$\overline{X}_{rj}$看作样本，$\overline{X}$就是样本均值，$SS_j$就是样本方差乘以$n$$\left[\text{或修正样本方差乘以}\frac{n(r-1)}{r}\right]$。

(5) 列方差分析表，作显著性检验

来源	平方和	自由度	均方	F值	分位数
A	SS_A	$f_A=r-1$	$MS_A=\frac{SS_A}{f_A}$	$F_A=\frac{MS_A}{MS_e}$	$F_{1-\alpha}(f_A, f_e)$
B	SS_B	$f_B=r-1$	$MS_B=\frac{SS_B}{f_B}$	$F_B=\frac{MS_B}{MS_e}$	$F_{1-\alpha}(f_B, f_e)$
⋮	⋮	⋮	⋮	⋮	⋮
误差	SS_e	f_e	$MS_e=\frac{SS_e}{f_e}$		
总和	SS_T	$f_T=n-1$			

其中，$SS_T=\sum_{k=1}^{n}(\overline{X}_k-\overline{X})^2$是总平方和。$SS_A$，$SS_B$，…，分别是表头为$A$，$B$，…的各列的平方和。$SS_e=SS_T-SS_A-SS_B-\cdots-SS_{AB}-\cdots$是误差平方和。可以证明，$SS_T=\sum_{j=1}^{p}S_j$，即总平方和等于各

列的平方和之和，所以 SS_e 就是空白列的平方和之和。

$f_T = n-1$ 是总自由度，$f_A = f_B = \cdots = r-1$ 是各因子的自由度，$f_e = f_T - f_A - f_B - \cdots$ 是误差自由度。

$MS_A = \dfrac{SS_A}{f_A}$，$MS_B = \dfrac{SS_B}{f_B}$，…，是各因子的均方，$MS_e = \dfrac{SS_e}{f_e}$ 是误差均方。

可以证明，若因子 A 的作用不显著，则 $F_A = \dfrac{MS_A}{MS_e}$ 服从自由度为 f_A、f_e 的 F 分布，即 $F_A < F_{f_A, f_e}(\alpha)$；若因子 A 的作用显著，则统计量 F_A 的值会偏大，即 $F_A > F_{f_A, f_e}(\alpha)$。所以，像在方差分析中一样，只要给定显著水平 α，就可以用 F 分布检验因子 A，B，… 的作用是否显著。

(6) 寻找最优水平组合

对每个因子，在以它为表头的那一列中，比较各水平的均值的大小，可以确定哪一个水平最优。

由于不考虑交互作用，所以只要将各因子的最优水平组合起来，就是最优水平组合。

下面看一个实际例子。

例 5－3 某化工厂为提高产品的收率，进行 3 因子 3 水平正交实验。所取的因子和水平分别为

A(反应温度,℃)：分 80，85，90 三个水平。

B(反应时间,min)：分 90，120，150 三个水平。

C(用碱量,%)：分 5%，6%，7%三个水平。

要求进行不考虑交互作用的正交实验设计，检验因子 A，B，C 的作用是否显著(显著水平 $\alpha = 0.05$)，并且找出最优水平组合。

解：(1) 选正交表。按照 $r=3$，$m \geqslant 3$，n 尽可能小的原则，选用 $L_9(3^4)$。

(2) 设计表头。将因子 A，B，C 安排在第 1，2，3 列。

(3) 按照要求设计做实验，取得实验观测值。实验得到的观测值如表 5－4 所示。

表 5-4 $L_9(3^4)$正交实验表及其结果

实验号＼因子	A	B	C		观测值（收得率）X_k
1	80	90	5%	1	31
2	80	120	6%	2	54
3	80	150	7%	3	38
4	85	90	6%	3	53
5	85	120	7%	1	49
6	85	150	5%	2	42
7	90	90	7%	2	57
8	90	120	5%	3	62
9	90	150	6%	1	64
$\overline{X}_{1j}$	41	47	45	48	$\overline{X}=\frac{1}{n}\sum_{k=1}^{n}X_k=50$
$\overline{X}_{2j}$	48	55	57	51	
$\overline{X}_{3j}$	61	48	48	51	
SS_j	618	114	234	18	$SS_T=\sum_{k=1}^{n}(\overline{X}_k-\overline{X})^2=\sum_{j=1}^{m}S_j=984$

（4）求各列与各水平对应的均值和各列的平方和。计算结果如表 5-5 所示。

（5）列方差分析表，做显著性检验。

表 5-5 表 5-4 实验结果的方差分析

来源	平方和	自由度	均方	F 值	F 临界值
A	$SS_A=618$	$f_A=r-1=2$	309	$F_A=34.33$	$F_{2,2}(0.05)=19.0$
B	$SS_B=114$	$f_B=r-1=2$	57	$F_B=6.33$	$F_{2,2}(0.05)=19.0$
C	$SS_C=234$	$f_C=r-1=2$	117	$F_C=13.00$	$F_{2,2}(0.05)=19.0$
误差	$SS_e=18$	$f_e=8-2-2-2=2$	9		
总和	$SS_T=984$	$n-1=8$			

因为 $F_A=34.33>19.0=F_{f_A,f_e}(\alpha)$，所以因子 A 作用显著。

因为 $F_B = 6.33 < 19.0 = F_{f_B, f_e}(\alpha)$，所以因子 B 作用不显著。

因为 $F_C = 13.00 < 19.0 = F_{f_C, f_e}(\alpha)$，所以因子 C 作用也不显著。

(6) 寻找最优水平组合。

对于因子 A，因为 A_1 的均值 $\overline{X}_{11} = 41$，A_2 的均值 $\overline{X}_{21} = 48$，A_3 的均值 $\overline{X}_{31} = 61$，其中 $\overline{X}_{31}$ 最大，所以 A_3 是最优水平。

对于因子 B，因为 B_1 的均值 $\overline{X}_{12} = 47$，B_2 的均值 $\overline{X}_{22} = 55$，B_3 的均值 $\overline{X}_{32} = 48$，其中 $\overline{X}_{22}$ 最大，所以 B_2 是最优水平。

对于因子 C，因为 C_1 的均值 $\overline{X}_{13} = 45$，C_2 的均值 $\overline{X}_{23} = 57$，C_3 的均值 $\overline{X}_{33} = 48$，其中 $\overline{X}_{23}$ 最大，所以 C_2 是最优水平。

把 3 个因子的最优水平组合起来，就得到最优水平组合(A_3，B_2，C_2)，即反应温度为 90℃，反应时间为 120 min，用碱量为 6%。

由于因子 B 很不显著，即反应时间的不同对于收率没有显著的影响，为了节省反应时间，也可以考虑把反应时间缩短为 90 min，选用水平组合(A_3，B_1，C_2)。而因子 C 的作用也不是十分显著，即用碱量的不同对于收率没有太大的影响，如果希望节省用碱量，还可以把用碱量改为 5%，选用水平组合(A_3，B_1，C_1)。

得到最优水平组合后，还可以在该水平组合下或在其附近再做几次实验，看看该条件是否确实最优，是否还可以改进，进一步得到更好的结果。

5.2.5 正交实验数据的回归分析

例 5-1 中讨论因子间的交互作用时需要用到含交互作用列的正交表，这样对正交表的列数就有要求。此外，利用正交表对交互作用的讨论和分析方法也比较麻烦。回归分析可以考虑交互作用，而且对正交表的要求不高。下面我们通过一个例子来介绍正交实验数据的回归分析方法。

例 5-4 采用正交表 $L_{16}(4^4)$ 对例 5-1 中原子火焰吸收法水中 Cd^{2+} 浓度的测试条件优化。

表 5-6 采用 $L_{16}(4^4)$ 正交表进行火焰原子吸收测定镉实验的结果

实验序号	灯电流 I/mA	狭缝宽度 d/mm	燃烧器高度 H/cm	乙炔/空气流量比 P	吸光度
1	3	0.4	4	0.167	0.218
2	3	0.6	6	0.233	0.182
3	3	0.8	8	0.300	0.568
4	3	1.0	10	0.333	0.540
5	5	0.4	6	0.300	0.209
6	5	0.6	4	0.333	0.322
7	5	0.8	10	0.167	0.371
8	5	1.0	8	0.233	0.432
9	7	0.4	8	0.333	0.183
10	7	0.6	10	0.300	0.276
11	7	0.8	4	0.233	0.316
12	7	1.0	6	0.167	0.341
13	9	0.4	10	0.233	0.150
14	9	0.6	8	0.167	0.145
15	9	0.8	6	0.333	0.269
16	9	1	4	0.3	0.262

对表 5-6 中 16 次实验数据运用 MATLAB 中的 regress 函数进行多元线性回归，得到吸光度 y 与各因素间的关系如下

$$y=-0.0283I+0.3805n+0.0123H+0.4259P+0.0064 \tag{5-10}$$

式(5-10)的复相关系数 $R=0.9095$，$F=13.1583$。

在 MATLAB 下输入命令

Fcrit=finv(0.95,4,11)

得

Fcrit=3.356 7

即自由度为 $m = 4$(自变量个数)、$n - m - 1 = 16 - 4 - 1 = 11$ 时,置信度为 95% 的 F 表临界值 $F_{4,11}(0.05) = 3.3567$。

$F > F_{4,11}(0.05)$,说明式(5-10)在 0.05 水平下可信,该方程表明水溶液中 Cd^{2+} 的原子吸收吸光度与狭缝宽度 d、灯电流 I、燃烧器高度 H、乙炔/空气流量比 P 呈线性关系,除灯电流 I 与 y 成负相关关系外,其余各因素均与 y 成正相关,故根据式(5-10),灯电流应取最小值,而其余三个因素取最大值时可使吸光度达到最大值、仪器的灵敏度最高。这一结果与根据表 5-6 进行极差分析和方差分析所得结果几乎一致。

式(5-10)能通过显著性检验说明各实验因素与吸光度的关系符合线性加和关系,说明 Cd^{2+} 的水溶液体系中,本例所考察的 4 个原子吸收实验因素间无显著交互作用。否则,线性回归得到的式(5-10)无法通过统计检验。如例 4-6 中根据 3 个实验因素与收率间的多元线性回归得到的方程不能通过统计检验,采用逐步回归最终在考虑了因素 x_3 的平方项、x_3 与 x_1、x_3 与 x_2 的乘积项(交叉项)后得到了式(4-25)所示的回归方程

$$\hat{y} = 0.0843 + 0.2295x_3 - 0.0534x_3^2 + 0.0341x_1x_3 - 0.0016x_2x_3$$

该方程可以通过统计检验。说明因素 x_1 与 x_3 的交互作用、x_2 与 x_3 的交互作用对产物收率的影响大于因素 x_1、x_2 的一次项。

5.3 均匀实验设计

正交实验设计可以减少实验工作量并取得比简单因素比较法更为全面的信息。但正交实验设计最少仍需做 q^2 次实验(q 为水平数)。在有些问题中,对实验的水平数设计得比较多,而由于成本及

实验的难度等原因，要求实验工作量要尽可能小，此时正交实验设计方法就不适用了。我国科学家方开泰提出均匀设计的理念用于指导实验设计，可以在水平数较高的情况下以较少的实验次数获得优化的实验条件。

5.3.1 均匀设计的原理和特点

由图 5－10 可知：(1) 正交设计对每个因素的水平都重复了 3 次实验；(2) 每两个因素的水平组成一个全面实验方案。

这两个特点使这 9 个点在实验区域内分布均匀，这个特点称为**"均匀分散"**。同时，实验点在实验范围内排列整齐，称为**"整齐可比"**，这一特点是为了便于实验数据的分析，为保证这一特点，采用正交设计至少必须做 q^2 次实验。因此正交设计只适宜水平数不多的实验，对于某些工业实验与昂贵的科学实验而言，实验次数仍嫌太多，无法安排。这时均匀设计就非常有用。

若要减少实验次数，只有去掉整齐可比的要求，均匀设计就是只考虑实验点在实验范围内均匀分散的一种实验设计方法，其数学原理就是利用数学的理论寻找具有代表性的、均匀分散的点进行实验，均匀设计有很多均匀设计表可供选择。

均匀设计表 $U_n(q^s)$ 的含义如下：U 表示均匀设计表；n 表示实验次数；q 表示水平数；s 表示均匀设计表的列数（即最多可考虑的因子数）。有 U 与 U^* 两种均匀设计表，加 $*$ 的均匀设计表有更好的均匀性，应优先选用。当实验次数 n 固定时，U_n 比 U_n^* 能安排更多的因素，当 s 较大，超过 U_n^* 的使用范围时，可选用 U_n 表。

均匀设计有其独特的布（实验）点方式，其特点有以下几点。

(1) 每个因素的每个水平仅做 1 次实验。

(2) 任两个因素的实验点坐落在平面的格子点上，每行每列有且仅有一个实验点。

这两个性质反映了均匀设计实验的均衡性，即对各因素的每个水平一视同仁。

(3) 均匀设计表任意两列组成的实验方案一般不等价。

表 5-7 均匀设计 $U_6^*(6^4)$

	1	2	3	4
1	1	2	3	6
2	2	4	6	5
3	3	6	2	4
4	4	1	5	3
5	5	3	1	2
6	6	5	4	1

表 5-8 $U_6^*(6^4)$的使用

s	列	号			D
2	1	3			0.187 5
3	1	2	3		0.265 6
4	1	2	3	4	0.299 0

如对均匀设计表 $U_6^*(6^6)$的 1，3 和 1，4 两列作图(图 5-11 与图 5-12)可见，图 5-11 的点分布比图 5-12 均匀。这一点与正交设计大不相同，因此每个均匀设计表必须有一个附加的使用表，使用表提供对应因素个数下 D 值最小的列号，D 表示均匀度的偏差(Discrepancy)，D 越小，均匀度越好。

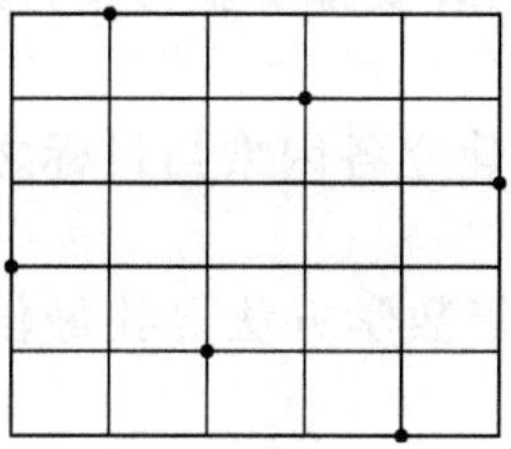

图 5-11 根据 $U_6^*(6^4)$的 1，3 列安排的实验点

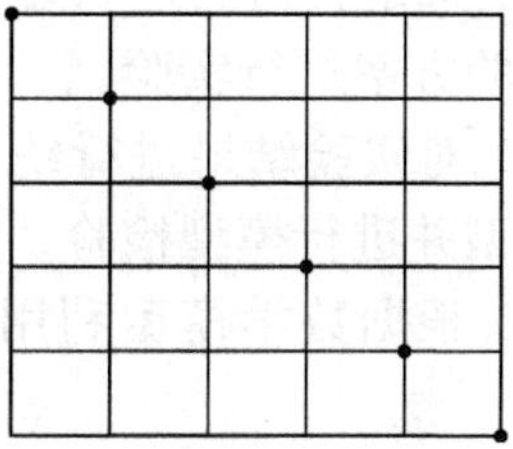

图 5-12 根据 $U_6^*(6^4)$的 1，4 列安排的实验点

(4) 水平数增加时，实验按水平数的增加量增加。

采用正交表 $L_{36}(6^3)$最多能安排 3 个因素，需做 36 次实验，$D=0.159\ 7$；而用均匀设计表 $U_6^*(6^4)$只需 6 次实验，2 因素下的 $D=0.187\ 5$。二者的均匀度偏差差别不大，但实验量却大不相同。这就体现出了均匀设计的优点。例如，水平数从 9 增加到 10 时，均匀设计实验次数从 9 增加到 10，而正交设计当水平数从 9 增加到 10 时，实验数将从 81 增加到 100。

(5) 均匀表中的水平数 q 等于实验次数 n。

(6) 均匀设计的数据处理要借助于统计回归分析方法，不能直观分析实验结果。

5.3.2 均匀实验设计的主要步骤

(1) 确定实验的考核目标和影响因素。

(2) 根据因素的个数和估计的因素与目标间的数学关系类型确定各因素所取的水平数。

假定要考察 m 个因素对目标值的影响，如果假设目标值与因素之间是线性关系且不考虑因素之间的交互影响，则只需选用实验次数 n 等于或大于 m 次的均匀设计表安排实验。这样因素的水平数至少要等于因素数 m。

若目标值与因素之间是非线性关系，任意两因素之间又有交互影响，在回归方程中有 m 个一次项、m 个二次项、C_m^2 个交叉项，共有 $2m+C_m^2$ 项，则需选实验次数 n 大于等于 $2m+C_m^2$ 且包含 m 个因素的均匀设计表安排实验，这样水平数必须大于等于 $2m+C_m^2$。

(3) 选定合适的均匀表并根据其使用表安排实验方案，按照设定的实验方案进行实验。

(4) 对实验结果进行统计回归分析，建立各因素与目标之间的数学模型并进行模型检验。

(5) 根据数学模型利用最优化原理等数学方法寻找最佳实验条件。

5.3.3 均匀实验设计的应用

例 5-5 在阿魏酸的合成工艺考察中，为提高产量，选取了原料配比(A)、吡啶量(B)和反应时间(C)三个因素，各取 7 个水平

A：　1.0，1.4，…，3.4

B(mL)：　10，13，…，28

C(h)：　0.5，1.0，…，3.5

根据因素与水平，可选均匀设计表 $U_7^*(7^4)$ 与 $U_7(7^4)$。由其使用表查到，因子数 $s=3$ 时，$U_7^*(7^4)$ 的偏差＝0.213 2，$U_7(7^4)$ 的偏差＝0.372 1。应选 $U_7^*(7^4)$ 来安排实验，由使用表知选表的后 3 列。

采用$U_7(7^4)$安排的实验为该表的前3列。

2个均匀表的实验条件及实验结果见表5-9与表5-10。

表5-9 $U_7^*(7^4)$设计的实验方案

序号	配比A	吡啶量B	反应时间C
1	1.8(3)	22(5)	3.5(7)
2	3.0(6)	13(2)	3.0(6)
3	1.0(1)	28(7)	2.5(5)
4	2.2(4)	19(4)	2.0(4)
5	3.4(7)	10(1)	1.5(3)
6	1.4(2)	25(6)	1.0(2)
7	2.6(5)	16(3)	0.5(1)

由于$U_7^*(7^4)$是1994年提出的，而本例的工作是1978年进行的，因此只有按$U_7(7^4)$设计的实验有收率数据，结果表明，在已做的7次实验中，第7号实验条件（即配比3.4，吡啶量28 mL，反应时间3.5小时）下收率最高，达48.2%。

在例4-6中对表5-10中的数据进行了多元线性回归，回归方程如下

表5-10 用$U_7(7^4)$设计的实验方案及结果

序号	A	B	C	收率(y)
1	1.0(1)	13(2)	1.5(3)	0.330
2	1.4(2)	19(4)	3.0(6)	0.336
3	1.8(3)	25(6)	1.0(2)	0.294
4	2.2(4)	10(1)	2.5(5)	0.476
5	2.6(5)	16(3)	0.5(1)	0.209
6	3.0(6)	22(5)	2.0(4)	0.451
7	**3.4(7)**	**28(7)**	**3.5(7)**	**0.482**

$$\hat{y} = 0.201 + 0.037x_1 - 0.0034x_2 + 0.077x_3 \quad (5-11)$$

该方程不能通过统计检验，采用逐步回归技术求得本例的收率与3个实验因素间的回归方程如下

$$\hat{y} = 0.0843 + 0.2295x_3 - 0.0534x_3^2 + 0.0341x_1x_3 - 0.0016x_2x_3 \quad (5-12)$$

由P132的stats第2个值可知该方程的 $F = 72.86 > F_{4,2}(0.05) = 19.25$，$P = 0.0136 < 0.05$，方程(5-12)的模型残差 $\hat{\sigma} = 0.0149$。

分析方程(5-12)，可知应使 x_1 取最大值、x_2 取最小值，此时

$$\hat{y} = 0.0843 + 0.2295x_3 - 0.0534x_3^2 + 0.0341 \times 3.4x_3 - 0.0016 \times 13x_3$$

$$\hat{y} = 0.0843 + 0.3246x_3 - 0.0534x_3^2 \quad (5-13)$$

令上式的导数为零，可得 $x_3 = 3.04$。

因此，可使阿魏酸收率最高的实验条件应为：x_1(配比) = 3.4，x_2(吡啶量) = 13 mL，x_3(反应时间) = 3.04 h，此时由方程(5-13)求出的最高收率为 $\hat{y} = 57.76\%$。

进一步应当按照该优化的实验条件进行实验，验证所确定的最佳条件的实验结果是否最优。

5.3.4 均匀设计表的设计*

从均匀实验设计理论和方法提出以来，出现了很多均匀实验设计表，对于水平数不是很大($q<13$)的均匀实验设计，可以在相关的参考书籍中查到均匀表及其适用表。当水平数较大时，查不到其均匀表。可以采用好格子点方法设计均匀表。

由于均匀设计表中的水平数 q=实验次数 n，故将均匀设计表 U 中的水平数和实验次数均用 n 表示。每个 U 表可看作是一个有 n 行 m 列的矩阵，其每一行代表一个实验方案，每一列由$\{1, 2, \cdots, n\}$的不同排列组成(m 为 U 表最多可考虑的因素数)。采用好格子点法构造 U 表的步骤如下。

(1) 对于给定的 n 与 m，寻找比 n 小的整数 h，且使 n 和 h 的最大公

约数为 1。符合这些条件的正整数组成一个向量 $h=(h_1, \cdots, h_m)$。

(2) 均匀设计表的第 j 列由下法生成

$$u_{i,j}=ih_j[\bmod n] \tag{5-14}$$

这里[mod$n$]表示同余运算，若 jh_i 超过 n，则用它减去 n 的一个适当倍数，使差落在[1, n]之中。$u_{i,j}$ 可以递推来生成

$$u_{1j}=h_j \qquad u_{ij}+h_j<n \tag{5-15}$$

$$u_{i+1,j}=\begin{cases}u_{ij}+h_j \\ u_{ij}+h_j-n\end{cases} \qquad u_{ij}+h_j>n$$

$$i=1, \cdots, n-1 \tag{5-16}$$

用上述步骤生成的均匀设计表记作 $U_n(n^m)$，向量 h 称为该表的生成向量，有时为了强调 h 的作用，可将 $U_n(n^m)$ 记成 $U_n(h)$。给定 n，相应的 h 可用上式方便地求得，从而 m 也就确定了。所以 m 是 n 的一个函数，这个函数曾由大数学家欧拉研究过，称为欧拉函数，记为 $E(n)$。这个函数告诉我们均匀设计表最多可能有多少列，即 U 表中最多可包含多少实验因素。

根据数论理论分析，$E(n)$可由以下三种情况决定。

第一种，如果 n 是个质数，则

$$E(n-1)=n-1 \tag{5-17}$$

第二种，若 n 是一个质数的 n 次幂，即 $n=s^k$(s 是一个质数，k 是一个常数)，则

$$E(n)=n(1-1/s) \tag{5-18}$$

第三种，若 n 不满足上述两个条件，则 n 必可表示成不同质数的幂的乘积，即 $n=s_1^{k1}s_2^{k2}s_3^{k3}\cdots s_q^{kq}$($s_1$, s_2, s_3, $\cdots$, s_q 是一组不同的质数，$k1$, $k2$, $k3$, $\cdots$, kq 是一组整数)。

$$E(n)=n\left(1-\frac{1}{s_1}\right)\left(1-\frac{1}{s_2}\right)\cdots\left(1-\frac{1}{s_q}\right) \tag{5-19}$$

质数 n 可限定最大的实验因素数 $m=n-1$，但根据方程(5-18)与方程(5-19)，m 总是小于 $n-1$。

若把U表的每一行看成是实验因素空间的一个点，则$U_n(n^m)$给出了m维空间下的n个实验点，这些点的坐标由$\{1, 2, \cdots, n\}$组成。为方便起见，用线性变换将$\{1, 2, \cdots, n\}$均匀地变到$(0, 1)$之间，如下

$$i \rightarrow \frac{2i-1}{2n}, \ i = 1, 2, \cdots, n \tag{5-20}$$

若用q_{ki}表示$U_n(n^m)$中的元素，则方程(5-20)的变换等价于令

$$x_{ki} = \frac{2q_{ki}-1}{2n}, \ i = 1, \cdots, m, \ k = 1, \cdots, n \tag{5-21}$$

$$x_k = (x_{k1}, \cdots, x_{km}), \ k = 1, \cdots, n \tag{5-22}$$

根据方程(5-21)与方程(5-22)，所有n个实验点变换成$[0, 1]^m = C^m$中的n个点：$x_1, \cdots, x_n$。考核原n个实验点的均匀性，等价于考核$x_1, \cdots, x_n$在C^m的均匀性。

上述好格子点均匀表设计算法的 MATLAB 函数如下。

```
function [h,u,ustd]=uniform(n)

% 采用好格子点法设计均匀表的自编函数
%   u 是生成的均匀矩阵
% ustd 是处理后各点都在[0 1]之间的 U 矩阵

h=[];
for i=1:n
    if gcd(n,i)==1
        h=[h,i];
    end
end

cu=size(h,2);   % m
u=ones(n,cu);
for j =1:cu
    u(1,j)=h(j);
```

```
end
for j =1:cu
     for i =2:n
          u(i,j)=u(i-1,j)+h(j);
          if u(i,j)>n
               u(i,j)=u(i,j)-n;
          end
     end
end
ustd=(2 * u-1)/(2 * n);%对实验点进行处理,使之都在[0 1]之间
% 程序结束
```

当实验因素数小于 m 时,由于 $U_n(n^m)$ 的不同列组成的实验方案不同,此时应选择具有最好均匀度的实验点(即均匀表的使用表所推荐的列),需要对所有可能的实验方案在 m 维空间组成的实验点的均匀性进行评价,这涉及复杂的数学计算与理论。因此,构造均匀表不难,难的是如何给出其使用表。

5.4 序贯实验设计方法

正交设计与均匀设计是在同一时间对因素及其水平进行规划,一次给出所要进行的实验方案。而基于最优化原理的实验设计(序贯设计)方法,是先进行若干次实验,分析这几次实验的结果,根据这些结果的趋势,计划下一次实验,逐步实验以寻求最优的实验条件,这种寻优过程一般是基于最优化原理进行的。单纯形优化法(Simplex Optimization)就是一种典型的序贯设计法。

5.4.1 单纯形

对 m 个因素的实验优化问题,单纯形是 m 维空间中由不处于同一超平面上的 $m+1$ 个顶点构成的凸多面体。一维单纯形即直线,

二维单纯形为三角形,三维单纯形是四面体……

单纯形的某个顶点 X_1, X_2, …, X_m 代表各因素的某种水平的搭配方式。

5.4.2 单纯形寻优过程图解

以二因素实验过程为例,图 5-13 是二因素优化的等高线图,X_1 与 X_2 分别为两个实验因素,* 为目标最优值,设为 100。$m+1=3$,首先确定三个顶点作为实验点。A, B, C 为初始单纯形,以三个坐标(X_1^A, X_2^A),(X_1^B, X_2^B),(X_1^C, X_2^C)所代表的实验条件做三次实验,对得到的 Y_A, Y_B, Y_C 进行比较,A 最小,舍去不要。以 A 对 B, C 两点重心的映像 R 为新的单纯形顶点,实验得 Y_R,再比较 B, C, R 的 Y 值,逐步搜索,直至实验点逼近 * 为止(即最后一个单纯形的最好点与最坏点的指标相同或其差值在允许的误差范围内)。

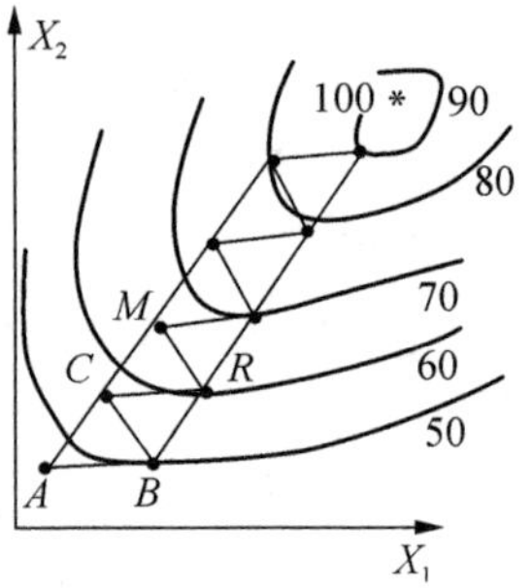

图 5-13 二因素单纯形实验示意

由此可见,单纯形实验设计法是边进行实验边观察目标值的变化,根据每次实验结果确定下一次实验的条件,使新的实验条件一步步逼近最佳值。

5.4.3 m 个因素的单纯形优化实验设计步骤

1. *初始单纯形的确定*

如上所述,要采用单纯形法进行实验设计,对 m 个因素,首先要构造 $m+1$ 个实验点作为初始单纯形的顶点。这里介绍三种构造初始单纯形的方法:一是在给定某一个顶点和步长后构造一个正规初始单纯形;二是在给定各个因素取值的大致范围内,按黄金分割法将各因素分成两个水平,再按一定规则应用这两个水平构造初始单纯形;三是利用均匀设计表直接构造初始单纯形。

(1) 正规单纯形

先确定一个点 $X_1(a_1, a_2, \cdots, a_m)$, a_1, a_2, …, a_m 为 m 个因素

的某一起始水平，然后对每一个因素，根据经验，选择一个步长，假设其变化步长为 δ_i，其余 m 个顶点如下

$$\left.\begin{array}{l} X_2(a_1+p_1,\ a_2+q_2,\ a_3+q_3,\ \cdots,\ a_m+q_m) \\ X_3(a_1+q_1,\ a_2+p_2,\ a_3+q_3,\ \cdots,\ a_m+q_m) \\ \cdots \\ X_{m+1}(a_1+q_1,\ a_2+q_2,\ a_3+q_3,\ \cdots,\ a_m+p_m) \end{array}\right\} \tag{5-23}$$

其中

$$p_i=\frac{\delta_i}{\sqrt{2}m}(\sqrt{m+1}+m-1) \tag{5-24}$$

$$q_i=\frac{\delta_i}{\sqrt{2}m}(\sqrt{m+1}-1) \tag{5-25}$$

(2) 黄金分割法

如果知道了各因素的实验范围，可使用本法。先根据各因素范围按黄金分割法将各因素划分为 2 个水平，即 0.382 水平(水平 1)和 0.618 水平(水平 2)，水平 1 位于相应因素范围内的 0.382 处，水平 2 则位于因素范围的 0.618 处。以 5 因素为例，可按表 5 - 11 的排列规则构造初始单纯形。

表 5 - 11 黄金分割法构造的初始单纯形

单纯形顶点	因素 A	因素 B	因素 C	因素 D	因素 E
1	A_1	B_1	C_1	D_1	E_1
2	A_2	B_1	C_1	D_1	E_1
3	$A_{1/2}$	B_2	C_1	D_1	E_1
4	$A_{1/2}$	$B_{1/2}$	C_2	D_1	E_1
5	$A_{1/2}$	$B_{1/2}$	$C_{1/2}$	D_2	E_1
6	$A_{1/2}$	$B_{1/2}$	$C_{1/2}$	$D_{1/2}$	E_2

表 5 - 11 中如 A_1，A_2，$A_{1/2}$ 分别表示该因素(A)的第一个水平、第二个水平和中间水平。前两个水平对应分割的 0.382 水平和

0.618 水平，而后一个水平则是这两个水平的平均值，即 $A_{1/2}=(A_1+A_2)/2$。

(3) 均匀设计表法

均匀设计表可容纳的因素与水平较多，实验点在整个优化区间分布均匀，用均匀设计表来构造单纯形，不需要任何计算，只需根据实验的因素水平表选择合适的均匀设计表，并按其使用表的要求，直接填入 U 表即可确定初始单纯形。同理，按均匀设计表安排的每次实验对应单纯形的各个顶点。

2. 单纯形优化

单纯形优化过程就是要比较各顶点 $X_i(i=1, 2, 3, \cdots, n+1)$ 目标值，去除目标值最差的顶点 X_w，寻找使目标值最佳的顶点。设在单纯形中最好(Best)顶点为 X_b、最坏(Worst)顶点记为 X_w、次坏(Next worst)顶点记为 X_n。单纯形寻优时引入新的实验点 X_r，X_r 是从 X_w 出发，对除 X_w 以外的 m 个点重心 X_g 进行反射映象而得的坐标。

$$X_g=\frac{1}{m}\sum_{i=1,\ i\neq w}^{m+1}X_i \tag{5-26}$$

可能存在的好点的位置 X_r 的坐标为

$$X_r=X_g+\alpha(X_g-X_w) \tag{5-27}$$

α 称为反射系数，一般取 $\alpha=1$，在改良(改进)的单纯形中，α 可大于 1 或小于 1。X_g，X_r，X_w 均为 m 维向量，其中每个元素的数值表示这些点处 m 个因素所取的水平。得到 X_r 后，根据其提供的实验因素的水平做一次实验，比较新的单纯形(由原有 $m+1$ 个顶点除去 X_w，引入新点 X_r 构成)中各实验点的目标值，找出新的最差点……

3. 单纯形寻优时遇到的意外情况处理

(1) 最差点映射得到的新实验点 X_r 在新单纯形仍为最差，就会出现死循环，则用新单纯形的次差点来寻找新的实验点，改变寻优方向。

(2) 某个新实验点的因素水平超出该因素的限制条件(如出现负值等)，则人为规定该新点为最差点。

(3) 若一个实验点连续在 $m+1$ 个单纯形中保留，且该点为当前最佳点，则该点为所求的最优点。

4. 基本单纯形寻优的特点

基本单纯形寻优的特点是步长固定。如步长大、收敛速度快，靠近最优点附近收敛精度就较差；若步长较小，在最优点附近收敛精度就会较好，但收敛速度较慢，实验次数较多。为了加快基本单纯形的收敛速度，不少研究者提出多种改进的单纯形优化方法，下面介绍一种常用的改进单纯形优化法。

5. 改进单纯形优化

改进单纯形优化法确定初始单纯形，找最差点 X_w 步骤与基本单纯形法相同，其基本思想是在寻优过程中根据每一步的结果调整步长，这由最好点 X_b、次坏点 X_n 及最坏点 X_w 的目标值相对大小决定，可分以下四种情况。

第一种情况，X_r 的目标值是当前新单纯形的最佳点，表明该向正确，可加快优化速度，将单纯形扩大(如图 5-14 所示的 X_e)。

$$X_e = X_g + \gamma(X_g - X_w) \tag{5-28}$$

γ 为大于 1 的系数，称为单纯形的扩大系数(延伸系数)，一般为 1～2。

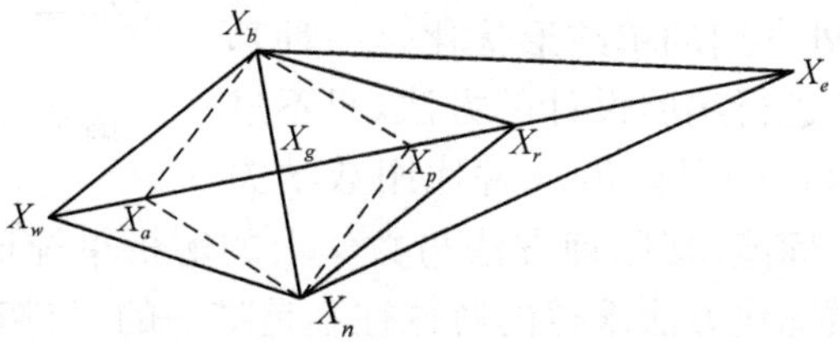

图 5-14 单纯形扩大与收缩示意

如 X_e 的目标值好，表明单纯形扩大成功，寻优方向正确，保留 X_e；如 X_e 的目标值比 X_r 目标值差，表明加速不成功。仍采用 X_r 构成新的单纯形。

第二种情况，反射点 X_r 的目标值在新的单纯形中既非最佳点，亦非最差点，但比次坏点 X_n 要好，仍以 X_r 代替 X_w 后继续寻优。

第三种情况，X_r 在新单纯形中为最差点，需进行单纯形收缩。

分以下两种情况。

① 若 X_r 的目标值在新的单纯形中虽然是最差的，但仍比原单纯形中的最差点 X_w 的目标值好，新实验点（如图 5－13 所示的 X_p）采用下式

$$X_p = X_g + \beta(X_g - X_w) \tag{5-29}$$

式中，β 称为收缩系数，一般为 0～1。

② 若 X_r 不仅在新单纯形中为最差，且比原单纯形的 X_w 还差，则

$$X_a = X_g - \beta(X_g - X_w) \tag{5-30}$$

若 X_p（或 X_a）的目标值优于 X_r 的目标值，则用 X_p（或 X_a）构成新单纯形继续寻优；若 X_p（或 X_a）的目标值比 X_r 的还差，则按第四种情况处理。

第四种情况，即 X_r、X_w 直线各点目标值均是最差时，对原来单纯形整体压缩，将原单纯形棱长缩小，保留原单纯形最佳点 X_b，其余各点向 X_b 方向靠拢，$n=2$ 时，压缩示意如图5－15 所示。

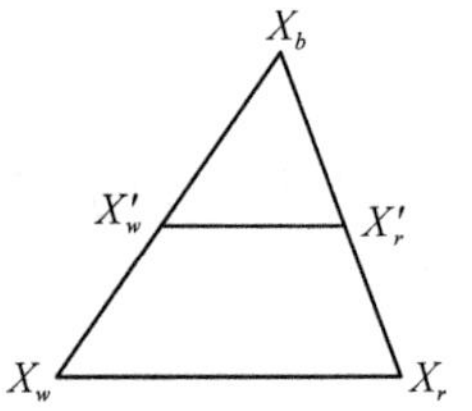

图 5－15 单纯形压缩示意

注意：此处介绍的单纯形优化是一种基于最优化原理进行实验设计的方法，只不过是用做实验求得的目标值来替代用数学关系式计算的目标值，其原理方法与数学上的解析单纯形最优化方法无异。由于最优化方法求得的解往往不是唯一的，与初值有关，因此单纯形优化实验设计得到的可能是全局最优点，也可能是局部最优点。通常可从不同初始单纯形上出发寻优，如果最终得到的结果相同，则可能是全局最优条件。

以上介绍的是目标与因素之间无数学表达式时用单纯形法进行优化设计，当目标与因素之间有解析表达式 $Y=f(X_1, X_2, \cdots, X_m)$ 时（如在前面两节介绍的正交实验设计与均匀实验设计时获得目标值与实验因素间的数学关系后），就可以用单纯形法或其他最优化方法实现解析最优化，求得最佳实验条件。

例5-6 设有一光度分析体系，现要研究酸度(稀 HCl 浓度，$mol\cdot L^{-1}$)A，温度(℃)B，反应时间(min)C 以及显色剂浓度(%)D 等分析条件对该显色剂反应的影响，试用改进单纯形法寻找最佳条件。

解：根据初步实验，取得各因素实验范围见表5-12。

表5-12 各因素水平取值范围

因素	HCl 浓度/($mol\cdot L^{-1}$)	温度/℃	反应时间/min	显色剂浓度/%
水平范围	0.1～1.0	25.0～85.0	10～70	1.0～4.0

按前面介绍的三种方法分别构造如下初始单纯形。

(1) 设初始顶点为 $X_1=(0.2, 30, 15, 1.5)$；步长取因素水平范围的2/3，则经简单计算可得 $\delta=(0.6, 40, 40, 2.0)$；经方程(5-24)与方程(5-25)计算可得：$p=0.925\,6a$；$q=0.218\,5a$，由方程(5-23)求得初始单纯形的其余4个顶点见表5-13。

表5-13 正规初始单纯形

序号	A	B	C	D
1	0.2	30.0	15.0	1.5
2	0.8	38.7	23.7	1.9
3	0.3	67.0	23.7	1.9
4	0.3	38.7	52.0	1.9
5	0.3	38.7	23.7	3.4

(2) 采用黄金分割法，求得第一个因素的三个水平分别为

$$A_1=0.1+(1.0-0.1)\times 0.382\approx 0.4$$
$$A_2=0.1+(1.0-0.1)\times 0.618\approx 0.7$$
$$A_{1/2}=(A_1+A_2)/2=(0.4+0.7)/2\approx 0.6$$

同理可计算其他三个因素的各个水平取值，将各水平值按表5-11规则构造初始单纯形结果见表5-14。

表 5-14 黄金分割初始单纯形

序号	A	B	C	D
1	0.4	47.9	32.9	2.1
2	0.7	47.9	32.9	2.1
3	0.6	62.1	32.9	2.1
4	0.6	55.0	47.1	2.1
5	0.6	55.0	40.0	2.9

(3) 采用均匀设计表法，选用 $U_5(5^4)$ 均匀设计表，将各因素分成 5 个等间距水平后，列入 $U_5(5^4)$ 表中即成初始单纯形，结果见表 5-15。

表 5-15 均匀设计初始单纯形

序号	A	B	C	D
1	0.2	40.0	40.0	3.0
2	0.4	70.0	20.0	2.5
3	0.6	25.0	50.0	2.0
4	0.8	55.0	30.0	1.5
5	1.0	85.0	60.0	3.5

获得初始单纯形后，就可根据单纯形优化法求最佳实验条件。由黄金分割法构造的初始单纯形获得最优结果的过程见表 5-16。该表注明了各次单纯形寻优的操作类型以及构成新单纯形的顶点序号。下面以第 6 及第 7 点的计算为例说明单纯形寻优方法。

由初始单纯形可知，单纯形的最好点 X_b 为第 1 点、次坏点 X_n 为第 4 点，最坏点 X_w 为第 3 点；由方程(5-26)可求出去除最差点后的单纯形的形心点(重心)如下。

$$X_g^A = (0.44 + 0.66 + 0.55 + 0.55)/4 = 0.55$$
$$X_g^B = (47.92 + 47.92 + 55 + 55)/4 = 51.46$$
$$X_g^C = (32.92 + 32.92 + 47.08 + 40.00)/4 = 38.23$$
$$X_g^D = (2.1 + 2.1 + 2.1 + 2.9)/4 = 2.3$$

令 $\alpha=1$，采用方程(5-27)可求得反射点各因素水平值如下。

$$X_r^A = 2X_g^A - X_w^A = 2\times 0.55 - 0.55 = 0.55$$
$$X_r^B = 2X_g^B - X_w^B = 2\times 51.46 - 62.08 = 40.84$$
$$X_r^C = 2X_g^C - X_w^C = 2\times 38.23 - 32.92 = 43.54$$
$$X_r^D = 2X_g^D - X_w^D = 2\times 2.3 - 2.1 = 2.5$$

该点即为第6点，其吸光度为0.828，比初始单纯形的最佳点1的吸光度0.612还好，故应进行单纯形延伸(扩大)，由式(5-28)

$$X_e = X_g + \gamma(X_g - X_w) = 3X_g - 2X_w (\text{取 } \gamma = 2)$$

可求出延伸点各因素水平值

$$X_e^A = 3X_g^A - 2X_w^A = 3\times 0.55 - 2\times 0.55 = 0.55$$
$$X_e^B = 3X_g^B - 2X_w^B = 3\times 51.46 - 2\times 62.08 = 30.22$$
$$X_e^C = 3X_g^C - 2X_w^C = 3\times 38.23 - 2\times 32.92 = 48.85$$
$$X_e^D = 3X_g^D - 2X_w^D = 3\times 2.3 - 2\times 2.1 = 2.7$$

此点即为第7点，其吸光度为0.945大于第6点(X_r)的吸光度，应保留此点，去除反射点(第6点)和最坏点构成新的单纯形(由1，2，7，4，5五点构成)，再重复上述步骤，最后求出最优点(详见表5-16)。

表5-16 黄金分割初始单纯形寻优过程及最优结果

顶点	A	B	C	D	吸光度	单纯形操作	新单纯形顶点
1	0.44	47.92	32.92	2.1	0.612	b	初
2	0.66	47.92	32.92	2.1	0.434		始
3	0.55	62.08	32.92	2.1	−0.148	w	单
4	0.55	55	47.08	2.1	0.353	n	纯
5	0.55	55	40	2.9	0.358		形
6	0.55	40.84	43.54	2.5	0.828	反射 R	0(1，2，3，4，5)
7	0.55	30.22	48.85	2.7	0.945	延伸 E	1(1，2，7，4，5)
8	0.55	35.53	30.27	2.8	0.878	反射 R	2(1，2，7，8，5)
9	0.55	25.80	32.48	2.0	0.833	反射 R	3(1，2，7，8，9)

续表

顶点	A	B	C	D	吸光度	单纯形操作	新单纯形顶点
10	0.39	21.81	39.34	2.7	0.715	反射 R	4(1, 10, 7, 8, 9)
11	0.58	8.759	42.54	2.9	0.695	反射 R	
12	0.54	18.55	40.14	2.7	0.844	压缩 P	5(12, 10, 7, 8, 9)
13	0.71	33.23	36.53	2.4	0.648	反射 R	
14	0.47	24.67	38.63	2.6	0.890	压缩 A	6(14, 12, 7, 8, 9)
15	0.51	28.69	46.47	3.4	0.996	反射 R	
16	0.48	30.14	53.46	4.0	0.996	延伸 E	7(12, 14, 7, 8, 16)
17	0.49	41.00	41.97	3.0	0.900	反射 R	8(17, 14, 7, 8, 16)
18	0.46	26.76	57.70	3.0	0.990	反射 R	9(17, 14, 7, 18, 16)
19	0.54	38.67	58.86	3.4	0.738	反射 R	
20	0.49	28.17	43.69	2.8	0.987	压缩 A	10(17, 20, 7, 18, 16)
21	0.52	15.91	56.38	3.0	0.971	反射 R	11(21, 20, 7, 18, 16)
22	0.43	19.55	53.27	3.4	0.936	反射 R	
23	0.52	27.55	49.95	2.9	0.986	压缩 A	12(21, 20, 18, 16, 23)
24	0.48	39.67	42.52	3.1	0.928	反射 R	
25	0.50	21.85	52.92	3.0	0.990	压缩 A	13(25, 20, 23, 18, 16)
26	0.46	25.18	50.43	3.2	0.983	反射 R	14(25, 20, 26, 18, 16)
27	0.48	23.07	60.06	3.5	0.989	反射 R	15(25, 27, 26, 18, 16)
28	0.51	25.00	58.14	3.2	0.965	反射 R	
29	0.47	25.14	52.36	3.2	0.997	压缩 A	16(25, 27, 29, 18, 16)
30	0.49	28.15	44.65	2.8	0.993	反射 R	17(25, 29, 18, 16, 30)

同样，可以用方程(5－23)～方程(5－25)设计正规单纯形，或根据均匀设计表设计初始单纯形，进行单纯形优化求得最优实验条件。

5.5 本章小结

实验设计分如下几个主要步骤。

(1) 确定实验的考核(优化)目标及可能对目标产生影响的因素。

(2) 确定各因素的取值范围和水平。

(3) 规划、设计实验方案,进行实验。

(4) 分析实验数据,确定目标值与实验因素之间的数学模型或评价各因素对目标值影响的大小顺序,获得使目标值最优的实验条件。实验结果的数据分析通常应用回归分析、数理统计和最优化理论等数学工具,包括回归拟合实验数据建立目标与实验因素间的数学模型、对模型进行检验、实验统计量的计算以及对实验结果的解释等。

本章仅对三种常用的多因素实验设计方法进行了介绍,对于单因素的实验优化可以参阅有关参考书的相关章节,常用的正交表、均匀表及统计分布表在参考文献均可查到。本章所介绍的例子旨在阐明方法和一些应该注意的事项,使读者掌握各种方法的要点和原理。对于更为复杂的问题,如因素、水平非数字化(如不同的催化剂)、目标值非数字化(如手感、品质等)、目标多指标等问题均未涉及。此处提出以下基本原则供参考。

(1) 因素、水平中有非数字化的情况不适合采用统计回归的方法进行实验数据分析处理,此时的实验最好采用正交表进行实验设计,借助于直观分析、极差分析等方法寻找优化实验条件。

(2) 目标值非数字化时先将其用数字划分、拟合各等级后再进行实验数据分析。

(3) 对于多目标问题,需要根据各个目标的重要程度设计一个加权综合目标后再进行数据分析。

(4) 不一定所有因素的水平数都要相等,重要的因素水平数可以设置得多一些而其他因素的水平数可以少一些,这样的正交表和均匀表称为混合正交(均匀)表。

正交实验设计和均匀实验设计均属于一次性布点安排实验的方法,在实验开始前就可以明确每个实验的方案和总的实验工作量。这两种方法均需通过对实验数据的处理、分析才能确定最佳实验条件。正交设计的实验次数至少为水平数的平方,故该法适用于水平数不高的实验,而均匀设计适宜于多因素、多水平实验。另外均匀设计的实验次数随水平数呈连续性增加，而正交设计的实验次数随水平数呈跳跃性增加。如果用偏差作为均匀性的度量，均匀设计明显优于正交设计，并可节省四至十几倍的工作量。

而单纯形优化实验设计方法是根据若干个实验点的结果不断修正实验方案、逐步寻优的序贯设计方法，实验开始前无法预计具体的实验次数和方案。但无需进行复杂的实验数据分析。

这些实验设计方法各有所长，在实际应用时应根据具体情况选择合适的实验设计方法。一些简单的均匀设计表和正交实验表在相关的参考书中可以查到，但是复杂情况下的均匀表与正交表需要根据有关数学理论进行设计，需要查阅相关的参考文献并自己编程实现。

思考题

1. 总结正交实验、均匀实验设计和单纯形优化法的特点。

2. 设有因子 A, B，目标值 $Y=\alpha+\beta A+\gamma B$，试证明因子 A, B 间无相互作用。

3. 用简单比较法（多次单因素）设计实验时是否考虑了因子间的相互作用？根据其实验结果可否获得因子间相互作用的信息？

4. 实验设计时，若想反映实验因素 A、B 间的交互作用，实验目标 Y 与 A、B 间的回归模型中必须包含哪些项？

5. 采用单纯形最优化方法设计实验条件，是否一定会得到全局最优解？为什么？

6. 推测例 5-5 的最优实验条件是否有可能在实验范围以外。

练习题

一、填空题

1. 设实验的因素数为 m，水平数为 q，则正交实验的次数最少为________次，均匀实验设计的次数最多为________次，单纯形优化的实验次数________。

2. 均匀设计使用表的使用原则是根据________指标选择均匀表里

的相应列安排实验。

3. 均匀实验设计使用表中的离散度 D 值越小，表明该实验方案所排布的实验点的均匀性________。
4. 正交表 $L_n(q^m)$ 表示使用该表最多能安排________个因素，最少需要做________次实验。
5. 均匀表 $U_n(q^m)$ 中 n 和 q ________，表示使用该均匀表最多可以安排________个因素，最少需要做________次实验。
6. 若想实验目标 y 与实验因素 A，B 间的回归模型可以反映因素 A、B 对目标 y 的交互作用，回归模型中应该含有________项。
7. 根据实验数据建立目标 y 和各实验因素 x_1，x_2，…，x_m 间的回归关系后，首先应该对模型 $y=f(x_1, x_2, \cdots, x_m)$ 的可靠性进行________；在模型通过统计检验后，根据 $y=f(x_1, x_2, \cdots, x_m)$ 的函数关系，确定使目标值最大或最小时的最佳实验条件的过程在数学上叫________。

二、计算题

1. 在农业实验中，选择4个不同种类的小麦种植在3种不同的土壤中，每块实验田的面积都相等。各块实验田的小麦产量(单位：kg)分别如下表所示。

小麦品种	土壤		
	B_1	B_2	B_3
A_1	26	25	24
A_2	30	23	25
A_3	22	21	20
A_4	20	21	19

问：(1) 品种的不同对小麦产量的高低是否有显著的影响(显著水平 $\alpha=0.05$)？

(2) 土壤的不同对于小麦产量的高低是否有显著的影响(显著水平 $\alpha=0.05$)？

2. 在某种化工产品的生产过程中，选择3种浓度：$A_1=2\%$，$A_2=$

4%，$A_3=6\%$；4 种不同的温度：$B_1=10℃$，$B_2=24℃$，$B_3=8℃$，$B_4=52℃$。每种浓度和温度的组合都重复实验 2 次，得到产品的收率如表所示。

浓度	温度			
	B_1	B_2	B_3	B_4
A_1	10，14	11，11	9，13	10，12
A_2	7，9	8，10	7，11	6，10
A_3	5，11	13，14	12，13	10，14

问：(1) 浓度的不同对产品收率是否有显著的影响(显著水平 $\alpha=0.05$)？

(2) 温度的不同对产品收率是否有显著的影响(显著水平 $\alpha=0.05$)？

(3) 温度和浓度哪个因素对收率的影响大？

(4) 浓度与温度的交互作用对产品收率是否有显著的影响(显著水平 $\alpha=0.05$)？

3. 某化工厂为了提高塑料大红 R 颜料的收率，对合成过程中的酰氯化反应条件进行 3 因子 3 水平正交实验，所取的因子和水平分别为
因子 A 是酰氯化温度，A_1 是 85℃，A_2 是 95℃，A_3 是 105℃。
因子 B 是 $SOCl_2$ 用量，B_1 是 4.2 mL，B_2 是 4.6 mL，B_3 是 5.0 mL。
因子 C 是催化剂用量，C_1 是 0.2 mL，C_2 是 0.5mL，C_3 是 0.8 mL。
选用正交表 $L_9(3^4)$，将因子 A，B，C 依次安排在第 1，2，3 列。按照设计做实验，各次实验中，塑料大红 R 颜料的收率如下表第 5 列所示。

因子 / 实验号	A	B	C	收率/%
1	1	1	1	72.0
2	1	2	2	82.8
3	1	3	3	77.5
4	2	1	2	73.5
5	2	2	3	80.4

续表

因子 实验号	A	B	C	收率/%
6	2	3	1	87.7
7	3	1	3	70.7
8	3	2	1	87.2
9	3	3	2	82.8

(1) 用极差分析确定哪个因素对收率的影响最大，并确定各因素的最佳水平与最优组合。

(2) 不考虑交互作用对各因素进行方差分析，检验因子 A, B, C 的作用是否显著（显著水平 $\alpha=0.05$）。

(3) 对实验数据进行多元线性回归，分析各因素与收率的关系是否线性关系。

(4) 利用逐步回归或逐步引入法求出收率与三个因子间的回归方程并进行统计检验。

(5) 根据得到的回归方程求出优化的实验条件。

4*. 以式(5－13)代替实验获取目标值，采用单纯形最优化方法求例 5－5 的最佳实验条件。

参考文献

[1] 陆元鸿. 数理统计方法. 上海：华东理工大学出版社，2005.

[2] 李云雁，胡传荣. 实验设计与数据处理. 北京：化学工业出版社，2005.

[3] 程岭，陈凯，郭美兰，等. 水溶液中 Cd^{2+} 的火焰原子吸收测试条件的优化. 化学世界，2009，50(2)：78－81.

[4] 方开泰. 均匀设计与均匀设计表. 北京：科学出版社，1994.

[5] 方开泰. 均匀实验设计的理论、方法和应用——历史回顾. 数理统计与管理，2004，23(3)：69—80.

[6] Liang Y Z, Fang K T, X Q S. Uniform design and its applications in chemistry and chemical engineering. Chemometr Intell Lab Syst.，2001(58)：43－57.

[7] 刘树深，易忠胜. 基础化学计量学，北京：科学出版社，1999.

[8] 曹卫华，郭正编. 最优化技术方法及 MATLAB 的实现. 北京：化学工业出版社，2005.

[9] 阳明盛，罗长童. 最优化原理、方法及求解软件，北京：科学出版社，2006.

第6章 主成分分析及其在回归分析中的应用

6.1 主成分分析

通过各种手段量测到的样品信息在数学上通常可以用矩阵的形式记录、表达。例如，含有 p 个波长点的 n 个牛奶样品的近红外光谱的吸光度就可以表达成一个行数为 n、列数为 p 的矩阵

$$X_{n\times p}=\begin{bmatrix} x_{11} & x_{12} & \cdots & x_{1p} \\ x_{21} & x_{22} & \cdots & x_{2p} \\ \vdots & \vdots & \ddots & \vdots \\ x_{n1} & x_{n2} & \cdots & x_{np} \end{bmatrix} \tag{6-1}$$

一条近红外光谱通常含有上千甚至几千个光谱点，此时方程(6－1)中的变量数 p 远远大于样本数，所以在用样品的光谱信息进行其定量或定性分析时，通常需要对光谱进行信息压缩以减少模型中自变量的个数。

所研究对象通常由一些特定的物理、化学等性质(假设有 p 个)来描述，当有 n 个研究对象时，这些性质也可以表述成方程(6－1)所示的矩阵形式。当这些性质间有时并不独立、具有相关性时，相当于方程(6－1)中的有些列是相关的；当方程(6－1)所描述的某些样本很相似时，其对应的物理、化学性质也很相似，相当于方程(6－1)中的有些行有很强的相关性。从线性代数的角度来说就是这些数据矩阵中存在相关或接近相关的行或列。因而这类数据矩阵可以由一些数量少于原始变量个数的、完全独立的新变量重新表示(即进行降维)，以消除原始变量间存在的相关性，克服由此造成的运算不稳定、矩阵病态等问题。

例6-1　亮氨酸和异亮氨酸是两个同分异构的氨基酸，在合成亮氨酸的反应中副产物异亮氨酸因其结构与亮氨酸高度相似，两个化合物的分离十分困难，欲采用紫外分光光度法分析确定反应产物中目标化合物亮氨酸的含量。

亮氨酸、异亮氨酸溶液在适当条件下与茚三酮反应，生成有色物质。以试剂空白作参比，采用口径为1 cm的比色皿、在530～590 nm范围内每隔4 nm可测得亮氨酸和异亮氨酸溶液的紫外光谱如图6-1所示。

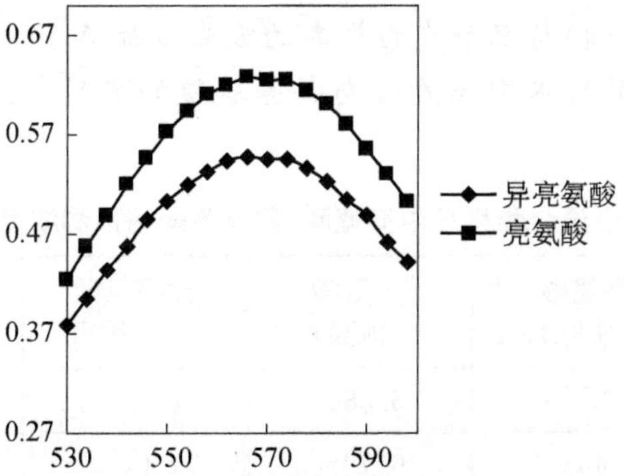

图6-1　亮氨酸、异亮氨酸的紫外光谱

配制不同浓度的亮氨酸、异亮氨酸组成的16个混合样品（设其浓度矩阵为$X_{16\times2}$），测得其在546～594 nm 12个波长点下的紫外吸光度（记其吸光度矩阵为$Y_{16\times12}$）。根据多组分、多通道Lambert-Beer定律有

$$Y_{16\times12}=X_{16\times2}B_{2\times12} \tag{6-2}$$

根据上式的关系，参考式(4-14)采用最小二乘多元线性回归可以求得吸光系数矩阵B

$$B_{2\times12}=(X_{2\times16}^{\mathrm{T}}X_{16\times2})^{-1}X_{2\times16}^{\mathrm{T}}Y_{16\times12} \tag{6-3}$$

将16个样品浓度矩阵$X_{16\times2}$与吸光度矩阵$Y_{16\times12}$代入上式可以求出

$$B_{2\times12}=\begin{bmatrix}0.0595 & 0.0634 & \cdots & 0.0622\\ 0.0476 & 0.0498 & \cdots & 0.0477\end{bmatrix}\tag{6-4}$$

为检验方程(6－4)所给出的吸光系数矩阵 $B_{2\times12}$ 是否准确、可信，配制三个亮氨酸、异亮氨酸的混合样本采用相同的方法显色，且分别测定这三个样本在对应波长点下的紫外吸光度，记为 $Y^u_{3\times12}$。$Y^u_{3\times12}=X^u_{3\times2}B_{2\times12}$，此式中的 $Y^u_{3\times12}$ 与 $B_{2\times12}$ 已知，将 $X^u_{3\times2}$ 作为未知变量矩阵，求解该方程可得

$$X^u_{3\times2}=Y^u_{3\times12}B^{\mathrm{T}}_{12\times2}(B_{2\times12}B^{\mathrm{T}}_{12\times2})^{-1}\tag{6-5}$$

将方程(6－4)与三个检验样本的吸光度矩阵 $Y^u_{3\times12}$ 代入上式，可以求得三个检验样本中亮氨酸与异亮氨酸的浓度，与实际浓度的比较见表 6－1。

表 6－1　三个混合物样品中亮氨酸、异亮氨酸的预测浓度与实际浓度

样品号	亮氨酸（实际）	亮氨酸（预测）	异亮氨酸（实际）	异亮氨酸（预测）
1	2%	6.58%	6%	1.61%
2	4%	6.78%	4%	2.64%
3	4%	2.73%	2%	6.36%

显然，根据方程(6－5)预测的亮氨酸与异亮氨酸的浓度与实际值的误差太大。根据图 6－1 可看出，亮氨酸与异亮氨酸生成的有色物质的紫外吸收曲线形状十分相似，不难想象，由亮氨酸、异亮氨酸按照不同比例配制的 16 个用于建模的混合样品生成的有色混合物的紫外光谱也具有高度的相似性，这意味着矩阵 $Y_{16\times12}$ 中的行接近相关，因而会导致根据方程(6－3)求得的吸光系数矩阵 $B_{2\times12}$ 中的两个行矢量相关度较高，使得根据方程(6－5)求未知样本的浓度矩阵时矩阵(BB^{T})求逆运算误差较大，造成预测结果的不理想。

从本例可以看出，当原始数据矩阵中的信息存在较高的相关性时，不对其进行信息压缩和抽提、不消除原始信息间的相关性就直接用其建模和预测会造成分析结果的荒谬与不可信。

主成分分析(Principal Component Analysis，PCA)是一种常用并有效的信息压缩方法，它从多个样本构成的变量协方差矩阵出发，采用特征分解的方法获取方差最大的虚拟主成分来代替原有变量，得到的新变量——主成分得分，主成分之间相互独立、互不相关，可消除原始数据中存在的相关性和信息冗余。因此，PCA 在多变量统计分析和光谱信息压缩、抽提等领域得到了广泛的应用。

PCA 经常与其他方法相结合使用，如神经元网络——主成分方法，是通过对输入变量进行主成分分析后再将主成分作为神经元网络的输入信号进行建模、模式识别等分析；主成分回归则是对原始变量进行主成分分析后，用主成分得分替代原始变量进行回归分析；在模式识别中，PCA 在很多模式识别方法中得到应用；多元灰色与黑色物系的分辨也经常用到 PCA 技术。因此，主成分分析是一种非常有用的信息抽提方法，它可以化繁为简，将众多的信息(变量)压缩成若干个新的虚拟变量，使问题得以简化。该方法在很多领域有广泛的应用，本章将对其进行专门介绍。带 * 的章节有助于读者理解主成分分析的数学本质与原理，略去该部分仍可掌握该方法的使用。

6.1.1 主成分分析的直观描述

每当学年要结束时，老师总是要将学生的成绩做一番评估。那么如何评估呢？以小学为例，学校的科目一般有：语文、数学、自然、社会科学等。一般情况下每个学生的成绩是将各科成绩分别加起来。但是有时会根据各门课程的重要程度，将其乘以一个对应的权重系数 a_1，a_2，a_3，a_4 后再求和，就变成

$$a_1 \times 语文 + a_2 \times 数学 + a_3 \times 自然 + a_4 \times 社会科学$$

这样获得的就是加权过后总和的成绩。确定加权系数的过程可看作主成分分析的过程。根据上式所得的各学生的加权成绩之和就可看作主成分(Principal Component)。这些权重系数 a_1，a_2，a_3，a_4 需要根据某些特定要求来确定。

主成分分析的主要目的是希望用较少的、能解释大部分原始数据方差的几个新变量去解释原始数据中的大部分变量，亦即期望能将我们手中许多相关性很高的变量转化成彼此互相独立的新变

量——也就是所谓的主成分，而这几个主成分也就成为我们用来解释原始数据的综合性指标。

那么为什么要用解释方差的能力来寻找主成分呢？就上例而言，考试的目的是希望能评估出学生的学习成效及能力程度，当我们只看学生的数学程度如何时，当然可借助一份良好的试卷来测验出学生的程度分布状况，可是怎样才是一份良好的试卷呢？当然是程度好的学生所考的成绩较高，而程度差的学生成绩就较低，亦即一份好的试卷应能真正反映学生程度差异的真实分布状况。就统计上而言，即此份考卷的分数能产生的方差越大，越能反映学生彼此程度的差异。而在上例中，我们不想个别处理四科成绩所反映的各科能力状况，却想做一个学生总体性学习状况比较时，便要用所谓的 PCA 来找出主成分。主成分即由原来四科成绩的线性组合而成的新变量，亦即一个可以帮助我们看出学生们在此四科的学习状况的综合性指标。在此情况下，我们当然也希望此指标亦能真正显出学生程度的差异，所以此指标产生的方差越大，对学生学习成绩差异的解释能力就越大。

例如，甲、乙、丙三人的三科成绩见表 6-2。

表 6-2　甲、乙、丙三人的三科成绩

	(Ⅰ)				(Ⅱ)			
	数	理	化	总分	数	理	化	总分
甲	80	70	60	210	80	70	60	210
乙	70	70	60	200	60	80	70	210
丙	60	70	60	190	60	70	80	210
平均	70	70	60	200	70	70	70	210
方差	100	0	0	100	100	100	100	0

对于情形(Ⅰ)，用总分或仅用数学成绩反映的信息完全一样(信息无丢失)；但对于情形(Ⅱ)，用总分则把信息丢得精光，因为这三个学生的区别不在于总分而是各有特长。

可见，用总分有时可以反映原分数表的情况，保留原有信息，有时则把信息丢尽，不能反映原来的情况和差异。一般来说，我们希望能用一个或少数几个综合指标(分数)来代替原来分数表进行统计分析，而且希望新的综合指标能够尽可能地保留原有信息。

假设原始变量有 p 个：$X_1, X_2, \cdots, X_p$，若采用 $m(m \leqslant p)$ 个新的、能尽可能表示原始数据方差信息的综合变量来替代原始变量，会起到简化问题、并最大程度保留原始数据信息的作用。寻求这 m 个新变量的过程就是主成分分析，这 m 个主成分可表示成原始变量的线性组合

$$
\begin{aligned}
\mathrm{PC}(1) &= a_{11}X_1 + a_{12}X_2 + \cdots + a_{1p}X_p \\
\mathrm{PC}(2) &= a_{21}X_1 + a_{22}X_2 + \cdots + a_{2p}X_p \\
&\vdots \\
\mathrm{PC}(m) &= a_{m1}X_1 + a_{m2}X_2 + \cdots + a_{mp}X_p
\end{aligned}
$$

PC(1), PC(2), …, PC(m)分别叫做第 1 主成分，第 2 主成分，…，第 m 主成分，在选择加权系数 $a_{11}, \cdots, a_{1p}$ 时要能使 PC(1)得到最大解释方差的能力，亦即使 PC(1)能得到最大的方差，而 PC(2)则是能对原始数据中尚未被 PC(1)解释的差异部分拥有最大解释能力……以次类推，我们可以找出 m 个主成分($m \leqslant p$)。

通常要求 m 个新变量(主成分)对原始数据的方差解释能力达到 80%以上。除此之外，p 个主成分(简称 PC)与原来的 p 个变量 X 的最大差别是：原来的变量群中，多为彼此相关联的变量，而经过线性转换后所产生的 p 个主成分 PC 则为彼此独立的新变量。

6.1.2　主成分分析中的一些基本概念

主成分分析需要用到统计学中的一些概念，有关概念在第 2 章里有过介绍，但它们是针对(随机)变量进行的，在本章有些概念要以矩阵形式出现和应用。

1. 两变量的协方差(Covariance)

对两变量进行 n 次测量，得到 n 组数据(x_i, y_i)，则两变量的协方差 cov(x, y)定义为

$$\mathrm{cov}(x, y) = \frac{1}{n-1}\sum_{i=1}^{n}(x_i - \bar{x})(y_i - \bar{y}) \tag{6-6}$$

式中，$\bar{x}$ 和 $\bar{y}$ 分别是 n 个 x_i，y_i 的平均值。显然，$\mathrm{cov}(x, x)=\frac{1}{n-1}\sum_{i=1}^{n}(x_i-\bar{x})^2$，在统计学中 $S_x^2=\frac{1}{n-1}\sum_{i=1}^{n}(x_i-\bar{x})^2$ 称为变量 x 的方差，因此同一变量的协方差就是该变量的方差。

2. 两变量间的相关系数(Correlation coefficient)

两变量的相关系数 $r(x,y)$ 定义为两变量的协方差与其标准差之比

$$r(x,y)=\frac{\mathrm{cov}(x,y)}{S_x S_y} \tag{6-7}$$

式中，$S_x=\sqrt{\frac{1}{n-1}\sum_{i=1}^{n}(x_i-\bar{x})^2}$ 为变量 x 的标准差。

3. 协方差矩阵

对于方程(6-1)的原始数据矩阵 X，每一列对应一个变量的 n 个量测值，任意两列之间可以按方程(6-6)计算两变量间的协方差 $\mathrm{cov}(i, j)$，$i=j$ 时，$\mathrm{cov}(i, i)=S_i^2$，由这些两两变量间的协方差构成的矩阵称为协方差矩阵，记为 Z。

$$Z=\begin{bmatrix} S_1^2 & \mathrm{cov}(1, 2) & \mathrm{cov}(1, 3) & \cdots & \mathrm{cov}(1, p) \\ \mathrm{cov}(2, 1) & S_2^2 & \mathrm{cov}(2, 3) & \cdots & \mathrm{cov}(2, p) \\ \mathrm{cov}(3, 1) & \mathrm{cov}(3, 2) & S_3^2 & \cdots & \mathrm{cov}(3, p) \\ \vdots & \vdots & \vdots & \vdots & \vdots \\ \mathrm{cov}(p, 1) & \mathrm{cov}(p, 2) & \mathrm{cov}(p, 3) & \cdots & S_p^2 \end{bmatrix} \tag{6-8}$$

显然在协方差矩阵中，对角元素是变量的方差，又由于 $\mathrm{cov}(i, j)=\mathrm{cov}(j, i)$，因此，协方差矩阵是对称矩阵。

对矩阵 X 的每一列作均值中心化处理(即将每个元素减去该列元素的均值)

$$h_{ij}=x_{ij}-\bar{x}_j (j=1, 2, \cdots, p; i=1, 2, \cdots, n) \tag{6-9}$$

$$\bar{x}_j=\frac{1}{n}\sum_{i=1}^{n}x_{ij} \tag{6-10}$$

则原始数据矩阵 X 变为每列均值为 0 的 H 矩阵

$$H_{n\times p}=\begin{bmatrix} x_{11}-\bar{x}_1 & x_{12}-\bar{x}_2 & x_{13}-\bar{x}_3 & \cdots & x_{1p}-\bar{x}_p \\ x_{21}-\bar{x}_1 & x_{22}-\bar{x}_2 & x_{23}-\bar{x}_3 & \cdots & x_{2p}-\bar{x}_p \\ x_{31}-\bar{x}_1 & x_{32}-\bar{x}_2 & x_{33}-\bar{x}_3 & \cdots & x_{3p}-\bar{x}_p \\ \vdots & \vdots & \vdots & \ddots & \vdots \\ x_{n1}-\bar{x}_1 & x_{n2}-\bar{x}_2 & x_{n3}-\bar{x}_3 & \cdots & x_{np}-\bar{x}_p \end{bmatrix}$$

$$=\begin{bmatrix} h_{11} & h_{12} & h_{13} & \cdots & h_{1p} \\ h_{21} & h_{22} & h_{23} & \cdots & h_{2p} \\ h_{31} & h_{32} & h_{33} & \cdots & h_{3p} \\ \vdots & \vdots & \vdots & \ddots & \vdots \\ h_{n1} & h_{n2} & h_{n3} & \cdots & h_{np} \end{bmatrix}$$

(6 - 11)

显然，原数据矩阵的协方差矩阵 Z 与 H 矩阵有如下关系

$$Z=\frac{1}{n-1}H^{\mathrm{T}}H \tag{6-12}$$

如果对原始矩阵的变量进行自标度化处理（即减去均值后再除以该列元素的标准方差），将各变量化为均值为零、方差为 1 的变量，处理后的变量记为 $\tilde{x}_{ij}$，由其构成的数据矩阵记为 $\tilde{X}$，即

$$\tilde{x}_{ij}=(x_{ij}-\bar{x}_j)/S_j,\ (j=1,\ 2,\ \cdots,\ p,\ i=1,\ 2,\ \cdots,\ n) \tag{6-13}$$

式中，　$\bar{x}_j=\frac{1}{n}\sum_{i=1}^{n}x_{ij}$；$S_j=\sqrt{\frac{1}{n-1}\sum_{i=1}^{n}(x_{ij}-\bar{x}_j)^2}$。

$\bar{x}_j$ 与 S_j 分别称为样本均值和样本方差。

$$\tilde{X}_{n\times p}=\begin{bmatrix} \tilde{x}_{11} & \tilde{x}_{12} & \cdots & \tilde{x}_{1p} \\ \tilde{x}_{21} & \tilde{x}_{22} & \cdots & \tilde{x}_{2p} \\ \vdots & \vdots & \ddots & \vdots \\ \tilde{x}_{n1} & \tilde{x}_{n2} & \cdots & \tilde{x}_{np} \end{bmatrix} \tag{6-14}$$

记相关系数构成的矩阵为 $R_{p\times p}$，由方程(6－7)可知

$$R_{p\times p}=\frac{1}{n-1}\tilde{X}^{\mathrm{T}}\tilde{X} \tag{6－15}$$

R 的对角元 $r_{jj}=1\ (j=1,\ 2,\ \cdots,\ p)$，非对角元由对应变量间的相关系数构成，故相关矩阵 R 是一个 $p\times p$ 实对称矩阵：$r_{ij}=r_{ji}$。

$\tilde{X}$ 协方差矩阵为

$$\tilde{Z}=\frac{1}{n-1}\tilde{X}^{\mathrm{T}}\tilde{X}=R \tag{6－16}$$

因此，对于自标度化处理后的数据矩阵，其协方差矩阵与相关系数矩阵是相等的，可以证明协方差矩阵 Z 或相关矩阵 R 是正定矩阵。这两个矩阵在较早的 PCA 方法中经常用到。

6.1.3 主成分分析的求解步骤

传统主成分分析采用对协方差矩阵 Z 进行 Jacob 特征分解，主要步骤如下。

1. 数据预处理

p 个原始变量往往有不同的量纲，它们取值的数量级可能有很大的差别。从而也使它们的方差有完全不同的量级，从中求出的主成分将在较大程度上取决于方差大的变量，而那些方差小的变量可能会被忽略。然而，有时这些方差的不同是由量纲造成的，它们与变量的实际影响并不相同，由此造成的结果可能很不合理。为了消除量纲差异带来的不良影响，通常对变量采用自标度化处理将原始数据矩阵(6－1)中的各个变量变换为均值为 0、方差为 1 的变量，以消除变量间由于量级、单位的不同而造成的差异，具体变换公式见方程(6－13)。

MATLAB 下对矩阵 X 进行自标度化的过程可以编写一个 autoscaling.m 文件如下

```
function [autoX,mx,s]=autoscaling(X)  %定义一个自标度化函数，自标度化后的变量赋给矩阵 autoX，变量的均值与标准方差分别返回给 mx 与 s
```

[nh,nl]=size(X)；%*确定矩阵 X 的行数(nh)和列数(nl)*

mx=mean(X)；*求 X 中每个变量的均值 mx(是一个列数为 nl 的行向量)*

s=std(X)；%*求 X 中每个变量的标准方差 stdx(是一个列数为 nl 的行向量)*

autoX=(X-repmat(mx,nh,1))./repmat(s,nh,1)；%*根据(6-13)对 X 中每个变量进行自标度化预处理*

以后进行变量自标度化处理时，只要在 MATLAB 的 work 文件夹里准备好变量矩阵 X(X 的列为变量序号，行为样本序号)，然后在 MATLAB 的 command window 下调用自编函数 autoscaling 就可以实现对变量的自标度化预处理(注：数据文件及 m 文件都要放在 matlab 的 work 目录下才可以调用)。

2. 求协方差矩阵(或相关矩阵)

按照方程(6-12)求协方差矩阵或者按照方程(6-15)求相关矩阵。

由于经过了自标度化处理，矩阵 X 的协方差矩阵(对角元为对应变量的方差、非对角元为对应变量间的协方差)与相关矩阵相等。

MATLAB 下计算相关系数矩阵 R 的命令如下

```
>> R=corrcoef(X);
```

MATLAB 下计算相关系数矩阵 R 的命令如下

```
>> Z=cov(X);
```

3. 特征分解

通过求解协方差矩阵(或相关矩阵)的特征值问题，可以将 Z(或者 R)分解为三个矩阵

$$Z = U\Lambda U^{\mathrm{T}} \text{(常用 Jacobi 方法分解)}$$

式中，Λ 为 Z 的特征值 $\lambda_1 \geqslant \lambda_2 \geqslant \cdots \geqslant \lambda_p \geqslant 0$ 组成的对角阵；U 为 Z 的特征向量按列组成的正交阵，它构成了新的矢量空间，作为新变量(主成分)的坐标轴，它又叫做载荷轴、载荷向量、主成分轴。

在 MATLAB 下对矩阵 Z 的特征分解命令如下

>> [U,lmd]=eig(Z)；% 对矩阵 Z 进行特征分解，lmd 为按照从小到大顺序排列的特征值组成的对角矩阵，U 为特征向量矩阵(每一列为对应特征值下的特征向量)

4. 确定主成分个数 m

主成分的个数 m 通常小于变量个数 p，当原始变量间完全独立时，意味着无法对矩阵 X 进行信息压缩，则 $m=p$。

其确定原则见 6.1.7。

5. 求主成分得分

主成分得分即新的变量，它就是原始数据矩阵在前 m 个新坐标轴(主成分轴、载荷轴)上的投影

$$F_{n\times m} = \widetilde{X}_{n\times p}U_{p\times m} \tag{6-17}$$

6.1.4 主成分的求解原理*

前一节介绍了主成分分析的基本步骤。为什么对协方差矩阵 Z 进行特征分解就可以确定新的坐标系(主成分轴、载荷轴)和新变量(主成分得分)呢？本节对其原理进行介绍。

设 p 维空间的向量 $\boldsymbol{x}$ 的线性组合构成一个新的综合变量为

$$f_1 = a_{11}x_1 + a_{12}x_2 + \cdots + a_{1p}x_p = \boldsymbol{a}_1^{\mathrm{T}}\boldsymbol{x}$$

为了用尽可能少的综合变量替代原变量，就要求每个新变量尽可能多地集中所有原变量的信息，这可以由新变量的方差来表达，亦即方差 $\mathrm{var}(f_1)$越大，变量 f_1 所包含的信息量越多。显然对任何常数 k，都有

$$\mathrm{var}(kf_1) = k^2\mathrm{var}(f_1)$$

亦即向量 $\boldsymbol{a}_1$ 乘以一个常数后，可使方差 $var(\mathrm{f}_1)$任意增大，要使方差 $var(\mathrm{f}_1)$可以比较，还需要求线性组合的系数满足规范化条件 $\boldsymbol{a}_1^T\boldsymbol{a}_1=\mathrm{a}_{11}^2+\mathrm{a}_{12}^2+\cdots+\mathrm{a}_{1p}^2=1$。在满足此条件的前提下，力求第一个综合变量 f_1 的方差 $var(\mathrm{f}_1)$达到最大。

若变量 f_1 包含的信息尚不足以代表原有变量，则需建立第 2 个综合变量

$$f_2 = a_{21}x_1 + a_{22}x_2 + \cdots + a_{2p}x_p = \boldsymbol{a}_2^{\mathrm{T}}\boldsymbol{x}$$

为了分析和处理的方便,要求各综合变量间互不相关,即应使它们的协方差为零,对 f_1 和 f_2 而言,则有 $\mathrm{cov}(f_1, f_2)=0$。在满足互不相关条件与规范化条件 $\boldsymbol{a}_2^{\mathrm{T}}\boldsymbol{a}_2 = a_{21}^2 + a_{22}^2 + \cdots + a_{2p}^2 = 1$ 的前提下,也要使第二个综合变量 f_2 的方差 $\mathrm{var}(f_2)$ 达到最大。在变量 f_1 与 f_2 所包含的信息尚不足以代表原有变量时,还要构造第三、第四、…,第 n 个综合变量 $f_3, f_4, \cdots, f_n$。这些综合变量就是本章要讨论的主成分。

设 p 维向量 $\boldsymbol{x}$ 的 p 个变量为 $x_1, x_2, \cdots, x_p$,它们的线性组合构成 m $(m\leqslant p)$ 个综合变量为

$$\left.\begin{aligned} f_1 &= a_{11}x_1 + a_{12}x_2 + \cdots + a_{1p}x_p = \boldsymbol{a}_1^{\mathrm{T}}\boldsymbol{x} \\ f_2 &= a_{21}x_1 + a_{22}x_2 + \cdots + a_{2p}x_p = \boldsymbol{a}_2^{\mathrm{T}}\boldsymbol{x} \\ &\cdots \\ f_m &= a_{m1}x_1 + a_{m2}x_2 + \cdots + a_{mp}x_p = \boldsymbol{a}_m^{\mathrm{T}}\boldsymbol{x} \end{aligned}\right\} \tag{6-18}$$

在满足规范化条件

$$\boldsymbol{a}_i^{\mathrm{T}}\boldsymbol{a}_i = a_{i1}^2 + a_{i2}^2 + \cdots + a_{ip}^2 = 1\ (i = 1, 2, \cdots, m) \tag{6-19}$$

与互不相关条件

$$\mathrm{cov}(f_i, f_j) = 0,\ j < i,\ j = 1, 2, \cdots, m-1 \tag{6-20}$$

的前提下,方差 $\mathrm{var}(f_i)$ 达到最大,则称 f_i 为向量 $\boldsymbol{x}$ 的第 i 个主成分。

按照定义,要确定 p 维向量 $\boldsymbol{x}$ 的主成分,相当于在 p 维空间找出一组正交的单位矢量$\{\boldsymbol{a}_i, i=1, 2, \cdots, m\}$,并能使方差 $\mathrm{var}(\boldsymbol{a}_i^T\boldsymbol{x})$ 达到最大。

根据方差与协方差的定义可以证明

$$\mathrm{var}(\boldsymbol{a}_i^{\mathrm{T}}\boldsymbol{x}) = \boldsymbol{a}_i^{\mathrm{T}}Z\boldsymbol{a}_i \tag{6-21}$$

由于协方差矩阵 Z 为正定实对称矩阵,由矩阵代数的性质,它的 p 个特征值一定大于等于零,设它们为

$$\lambda_1 \geqslant \lambda_2 \geqslant \cdots \geqslant \lambda_p \geqslant 0 \tag{6-22}$$

而且一定存在 p 个相互正交的单位特征矢量与这 p 个特征值相对应,设它们为 $\boldsymbol{u}_1$, $\boldsymbol{u}_2$, …, $\boldsymbol{u}_p$,可以组成一个正交矩阵 $U=(\boldsymbol{u}_1, \boldsymbol{u}_2, \cdots, \boldsymbol{u}_p)$。于是协方差矩阵 Z 有分解式

$$Z=U\begin{bmatrix}\lambda_1 & & & \\ & \lambda_2 & & \\ & & \ddots & \\ & & & \lambda_p\end{bmatrix}U^{\mathrm{T}}=\sum_{i=1}^{p}\lambda_i\boldsymbol{u}_i\boldsymbol{u}_i^{\mathrm{T}} \qquad (6-23)$$

在条件 $\boldsymbol{a}^{\mathrm{T}}\boldsymbol{a}=1$ 下,由方程(6-18)~方程(6-20)可以得到

$$\begin{aligned}\mathrm{var}(\boldsymbol{a}^{\mathrm{T}}\boldsymbol{x}) &= \boldsymbol{a}^{\mathrm{T}}(\sum_{i=1}^{p}\lambda_i\boldsymbol{u}_i\boldsymbol{u}_i^{\mathrm{T}})\boldsymbol{a}\\ &= \sum_{i=1}^{p}\lambda_i(\boldsymbol{a}^{\mathrm{T}}\boldsymbol{u}_i\boldsymbol{u}_i^{\mathrm{T}}\boldsymbol{a}) = \sum_{i=1}^{p}\lambda_i(\boldsymbol{a}^{\mathrm{T}}\boldsymbol{u}_i)^2 \leqslant \sum_{i=1}^{p}\lambda_1(\boldsymbol{a}^{\mathrm{T}}\boldsymbol{u}_i)^2\\ &= \lambda_1\sum_{i=1}^{p}(\boldsymbol{a}^{\mathrm{T}}\boldsymbol{u}_i\boldsymbol{u}_i^{\mathrm{T}}\boldsymbol{a}) = \lambda_1\boldsymbol{a}^{\mathrm{T}}\sum_{i=1}^{p}(\boldsymbol{u}_i\boldsymbol{u}_i^{\mathrm{T}})\boldsymbol{a}\\ &= \lambda_1\boldsymbol{a}^{\mathrm{T}}UU^{\mathrm{T}}\boldsymbol{a} = \lambda_1\boldsymbol{a}^{\mathrm{T}}\boldsymbol{a} = \lambda_1\end{aligned}$$

可见在条件(6-20)下,λ_1 是 $\mathrm{var}(\boldsymbol{a}^{T}\boldsymbol{x})$的上确界,而在 $\vec{a}=\vec{u}_1$ 时有

$$\mathrm{var}(\boldsymbol{a}^{\mathrm{T}}\boldsymbol{x}) = \mathrm{var}(\boldsymbol{u}_1^{\mathrm{T}}\boldsymbol{x}) = \sum_{i=1}^{p}(\lambda_i\boldsymbol{u}_1^{\mathrm{T}}\boldsymbol{u}_i\boldsymbol{u}_i^{\mathrm{T}}\boldsymbol{u}_1) = \lambda_1$$

因此,可以得出 $f_1=\boldsymbol{u}_1^{\mathrm{T}}\boldsymbol{x}$ 是向量 $\boldsymbol{x}$ 的第一主成分。类似地可以证明,在条件 $\boldsymbol{a}^{\mathrm{T}}\boldsymbol{u}_2=0$ 与 $\boldsymbol{a}^{\mathrm{T}}\boldsymbol{a}=1$ 下,$\mathrm{var}(\boldsymbol{a}^{\mathrm{T}}\boldsymbol{x})$ 的上确界为 λ_2,而在 $\vec{a}=\vec{u}_2$ 时有 $\mathrm{var}(\boldsymbol{u}_2^{\mathrm{T}}\boldsymbol{x})=\lambda_2$,记 $f_2=\boldsymbol{u}_2^{\mathrm{T}}\boldsymbol{x}$,则有

$$\mathrm{cov}(f_1, f_2) = \mathrm{cov}(\boldsymbol{u}_1^{\mathrm{T}}\boldsymbol{x}, \boldsymbol{u}_2^{\mathrm{T}}\boldsymbol{x}) = \boldsymbol{u}_1^{\mathrm{T}}Z\boldsymbol{u}_2 = 0$$

因此 $f_2=\boldsymbol{u}_2^{\mathrm{T}}\boldsymbol{x}$ 是向量 $\boldsymbol{x}$ 的第二主成分。以次类推,$f_i=\boldsymbol{u}_i^{\mathrm{T}}\boldsymbol{x}$ 是向量 $\boldsymbol{x}$ 第 i 个主成分,其对应的方差为 $\mathrm{var}(f_i)=\mathrm{var}(\boldsymbol{u}_i^{\mathrm{T}}\boldsymbol{x})=\lambda_i(i=3, 4, \cdots, p)$。对于 p 维向量 $\boldsymbol{x}$,总共可以导出 p 个主成分。

实际上,零特征值所对应的主成分,其方差也为零。这样的主成分并没有包含原有变量的信息。另外,方差很小的主成分所包含的

信息量也很少，这些主成分都可以略去。因此，通常只保留前 m $(m<p)$ 个主成分以替代原有的 p 个变量。m 到底取多大，将在后面讨论。

6.1.5　原始变量用主成分得分的近似表示

对于 p 个变量的 n 次测试数据矩阵 $\widetilde{X}_{n\times p}$（经过自标度化预处理，每个变量的均值为 0，方差为 1），其协方差矩阵 $\widetilde{Z}$ 的 p 个特征值对应的特征向量构成一正交矩阵 $U=(\boldsymbol{u}_1, \boldsymbol{u}_2, \cdots, \boldsymbol{u}_p)$、每个特征值所对应的主成分构成一 $n\times p$ 矩阵 $F_{n\times p}$，$F_{n\times p}$ 是原始变量与协方差矩阵 $\widetilde{Z}$ 的特征矩阵 $U_{p\times p}$ 的乘积，其计算公式如下

$$F_{n\times p} = \widetilde{X}_{n\times p}U_{p\times p} \tag{6-24}$$

Z 的前 m $(m\leqslant p)$ 个特征值对应的主成分构成一 $n\times m$ 得分矩阵

$$F_{n\times m} = \widetilde{X}_{n\times p}U_{p\times m}$$

F 阵的每一行相当于原数据矩阵的对应行在主成分坐标轴上的投影，这些新的投影构成的向量就是主成分得分向量。

在式(6-24)两边右乘 U^{T}，有

$$\widetilde{X}_{n\times p} = F_{n\times p}U^{\mathrm{T}}_{p\times p} \tag{6-25}$$

即每个原始变量也可以用 p 个主成分线性表示。

当采用前 m 个主成分表示原始变量时，有

$$\hat{X}_{n\times p} \approx F_{n\times m}U^{\mathrm{T}}_{m\times p} \tag{6-26}$$

由于舍去了后 $p\sim m$ 个主成分，$\hat{X}_{n\times p}$ 与 $\widetilde{X}_{n\times p}$ 存在差异，该差异的大小取决于前 m 个主成分反映的信息量大小。前 m 个主成分所包含的原始变量信息越多，则 $\hat{X}_{n\times p}$ 与 $\widetilde{X}_{n\times p}$ 间的误差越小。

6.1.6　主成分分析的特点及其几何解释

主成分分析的本质可以用下面三句话来概括：主成分分析即在最小尺度空间里将方差最大化，几何上讲就是旋转原始数据的坐标轴，使其与包含最大方差信息的坐标轴重合，数学上讲就是线性代数变换。

主成分(得分)的特点与优点如下。

(1) 主成分得分是原变量的线性组合。

(2) 各个主成分之间互不相关(即主成分得分间的相关系数为0)。

(3) 如果原始数据矩阵有 p 个变量、n 个样本,则最多有 $\min(n, p)$ 个主成分。

(4) 第一主成分的方差最大,越向后主成分的方差越小。

(5) 主成分的方差等于原始变量的协方差矩阵 Z(或相关矩阵 R)的对应特征值。

(6) 利用新的变量——主成分得分能直观地考察样本之间的关系。

(7) 主成分分析能用前几个主成分的得分来近似反映原始的数据阵的信息,可减少变量的个数,起到变量(信息)压缩的作用。

(8) 主成分得分通常描述重要的但无法测量的特性。

(9) 主成分分析可以消除原始数据矩阵中存在的信息冗余和相关现象。

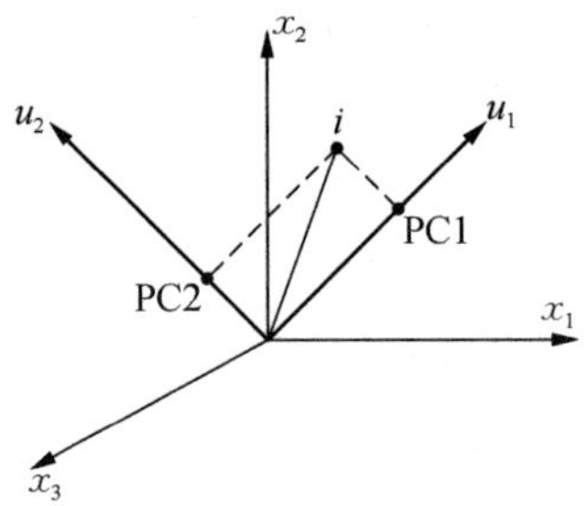

图 6-2 三维坐标系下主成分投影示意

为便于形象、直观地理解主成分分析的过程及相关概念,下面用三个变量的主成分分析(图 6-2)为例进行说明:在三维坐标系(坐标轴为 x_1, x_2, x_3)中的某一样本 i 可以用变量(x_{i1}, x_{i2}, x_{i3})来表示,对 n 个样本进行主成分分析发现,可以用两个主成分 PC1、PC2 表示原始的三个变量,则样本 i 的变量 x_{i1}, x_{i2}, x_{i3} 可以用在正交坐标系 $\vec{u}_1$、$\vec{u}_2$ 下的两个新变量 PC1(i)和 PC2(i)来表示,即

$$[\mathrm{PC1}(i),\ \mathrm{PC2}(i)] = [\boldsymbol{x}_i \cdot \boldsymbol{u}_1, \boldsymbol{x}_i \cdot \boldsymbol{u}_2]$$

$$= (x_{i1},\ x_{i2},\ x_{i3}) \begin{bmatrix} u_{11} & u_{12} \\ u_{21} & u_{22} \\ u_{31} & u_{32} \end{bmatrix}$$

从图 6-2 可知，向量$\begin{pmatrix}u_{11}\\u_{21}\\u_{31}\end{pmatrix}$与$\begin{pmatrix}u_{12}\\u_{22}\\u_{32}\end{pmatrix}$相当于新的坐标轴 $\boldsymbol{u}_1$、$\boldsymbol{u}_2$，数据点 i 在坐标系 $\boldsymbol{u}_1$、$\boldsymbol{u}_2$ 的投影（坐标值）即为 PC1(i)与 PC2(i)。这是对一个样本而言，对于 n 个在三维空间 x_1, x_2, x_3 下的样本，如果其原始变量间存在较高的相关性，主成分分析可将其变换到二维平面中（图 6-3）。

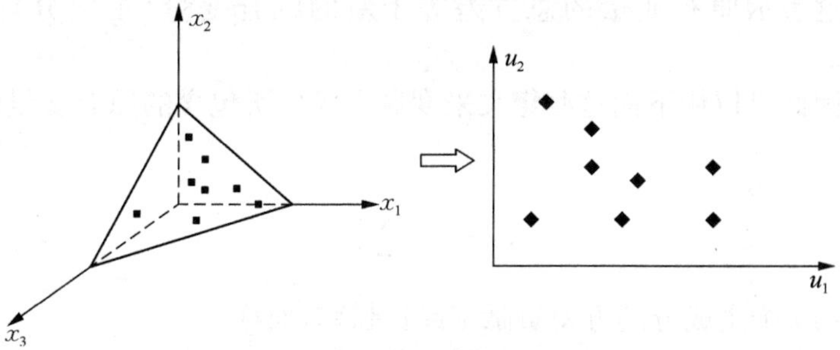

图 6-3 主成分变换将三维空间的样本压缩到二维空间示意

由此可见，主成分分析的关键就是确定新的坐标系（即载荷向量、载荷轴）$\boldsymbol{u}_1$、$\boldsymbol{u}_2$，这些新坐标轴就是主成分得分（新变量）与原始变量间的线性组合系数。根据 6.1.3 中的主成分分析步骤，我们可以用文字直观描述图 6-3 所示的变换过程（主成分分析过程）就是：对三维空间下的一组样本（设样本数为 n），在对原始变量经过坐标平移（相当于对原始数据自标度化过程中的减均值）、尺度伸缩（相当于自标度化过程中的除方差）后，将其投影在一组新的正交坐标系 $\boldsymbol{u}_1$、$\boldsymbol{u}_2$ 中，这个新坐标系通过旋转原始变量的 x_1, x_2, x_3，使其与包含最大方差信息的坐标轴重合而得。因此原始变量在新坐标系上的投影（分别称为第一、第二主成分）的方差达到第一、第二大。其中 $\vec{u}_1$、$\vec{u}_2$ 称为第一、第二载荷轴。对于 p 维空间下由 n 个样本组成的数据矩阵，主成分轴（载荷轴）的个数最多为 $\min(n, p)$。

6.1.7 主成分个数确定的原则

主成分个数的确定对于合理、正确运用主成分分析方法十分重要，主成分取得过少不能反映原始变量中的主要信息，而取得过多有可能引入不必要的噪声和误差。在光谱信息的压缩和抽提中这一问题尤为突出。一般情况下，通常采用以下几种方式确定主成分个数。

1. 根据累计方差贡献率判断主成分数

设变量 x_i 的方差 $\mathrm{var}(x_i)=\sigma_i^2$，可以证明

$$\sum_{i=1}^{p}\sigma_i^2 = \sum_{i=1}^{p}\lambda_i \tag{6-27}$$

这表示原有变量的总方差等于新的综合变量（主成分）的总方差。

因此可以用下面这些定义来度量主成分所包含的原有变量的信息，将

$$\gamma_i = \lambda_i \Big/ \sum_{i=1}^{p}\lambda_i \tag{6-28}$$

称为第 i 个主成分的方差贡献率或贡献率，而称

$$\eta_m = \sum_{i=1}^{m}\gamma_i = \sum_{i=1}^{m}\lambda_i \Big/ \sum_{i=1}^{p}\lambda_i \tag{6-29}$$

为前 m 个主成分的累计方差贡献率或累计贡献率。可见累计贡献率表示前 m 个主成分从原来的 p 个变量 $x_1, x_2, \cdots, x_p$ 中提取了多少信息。通常由 η_m 的大小决定应该用多少个主成分来替代原变量，且当 η_m 的取值达 85%～95%，或在此之上时，可以确定保留这 m 个主成分比较合适，而其余对应特征值较小的主成分可以略去。

除此之外，还可采用如下准则确定主成分数。

2. 其他准则

(1) 特征值大于 1.0 的因子数定为主成分数。

(2) 利用特征值与主成分数的曲线，特征值大小随主成分数目增加迅速下降，到某一主成分数后，特征值减小幅度变化不大，此转折点的主成分个数即为 m。

(3) 保留那些与一个以上变量有重大关系的主成分。

6.1.8 主成分分析的 NIPALS 算法

前面介绍的求解主成分的 Jacobi 分解方法是一次计算出全部特

征向量后求出所有的主成分。当数据矩阵较小时，采用 Jacobi 分解法求主成分的情况较多，如例 6－3 中变量为 2，协方差矩阵是个 2×2 的矩阵，即使手算进行特征分解也很容易实现。

但当协方差矩阵较大（即变量很多）时，这种一次性求出所有特征向量的分解方法很耗时，也无必要（因为特征值很小的特征向量没有必要求出）。尤其在分析化学测试数据中，处理的大都是上千个点的矢量或矩阵，当数据矩阵阶数较大时（>50），用 Jacobi 法运算速度很慢。所以化学计量学常用非线性迭代偏最小二乘法（NIPALS）与线性代数中常用的奇异值分解法（Singular Value Decomposition，SVD）来进行主成分分解。

NIPALS (Nonlinear Iterative Partial Least Squares) 算法不是一次算出所有的特征向量，而是逐步算出来每一个特征向量，其所对应的主成分得分也随之同步计算出来。

NIPALS 迭代格式如下（设主成分的序号 $h=1$）。

(1) 取 X 任一列（通常用第一列）矢量作为第一个得分向量 $\boldsymbol{t}_h$ 的初值

$$\boldsymbol{t}_h = \boldsymbol{x}_j \tag{6-30}$$

(2) 由于 $\boldsymbol{t}_h$ 与 X 间应存在线性关系，回归可得载荷向量 $\boldsymbol{v}_h$

$$\boldsymbol{v}_h = X^{\mathrm{T}}\boldsymbol{t}_h/(\boldsymbol{t}_h^{\mathrm{T}}\boldsymbol{t}_h) \tag{6-31}$$

(3) 将 $\boldsymbol{v}_h$ 进行归一化化为单位长度向量

$$\boldsymbol{v}_h = \boldsymbol{v}_h/\|\boldsymbol{v}_h\| \tag{6-32}$$

(4) 再根据 $\boldsymbol{v}_h$ 与 X 间应存在线性关系，回归可得新的得分向量 $\boldsymbol{t}_h$

$$\boldsymbol{t}_h = X\boldsymbol{v}_h/(\boldsymbol{v}_h^{\mathrm{T}}\boldsymbol{v}_h) \tag{6-33}$$

如果第(4)步和第(1)步 $\boldsymbol{t}_h$ 小于阈值，转第(5)步，计算残差；否则转第(2)步。

(5)
$$X = X - \boldsymbol{t}_h\boldsymbol{v}_h^{\mathrm{T}} \tag{6-34}$$

上式右端将 X 减去收敛的载荷和得分的外积，得到 X 的残差，

赋给 X。将 $\boldsymbol{t}_h$、$\boldsymbol{v}_h$ 存下来,转第一步,$h=h+1$,如此循环,直到所需要的 h 个载荷都求出来($h\leqslant p$)。

上面迭代算法和直接解协方差矩阵特征方程的关系可以这样来理解,将第(4)步式(6-33)代入第(2)步式(6-31),注意到第(2)、第(3)和第(4)步的分母都是一个标量,可用一个广义的常数 d 来表示它们的某种结合,由此可以得到

$$d\boldsymbol{v}_h = X^{\mathrm{T}}X\boldsymbol{v}_h \tag{6-35}$$

或

$$(X^{\mathrm{T}}X - d)\boldsymbol{v}_h = 0 \tag{6-36}$$

式中,$X^{\mathrm{T}}X$ 就是协方差矩阵,和通常定义只相差一个因子 $1/n$。式(6-36)表明,NIPALS 迭代的确求出了协方差矩阵的特征值和特征矢量。得到载荷向量后,可以方便地由下式求特征值

$$\lambda_h = \frac{1}{n}(\boldsymbol{v}_h^{\mathrm{T}}X^{\mathrm{T}}X\boldsymbol{v}_h) = \frac{1}{n}(\boldsymbol{t}_h^{\mathrm{T}}\boldsymbol{t}_h) \tag{6-37}$$

从 NIPALS 迭代算法可以看到,后一个载荷与得分是应用前面回归拟合后留下的残差去计算的,它所反映的是前一个主成分所未能解释和代表的原始变量矩阵的剩余信息,其信息量较前一个载荷与得分要少。

相对于根据协方差矩阵(或相关矩阵)特征分解求主成分的算法,NIPALS 算法可不必求全部得分与载荷,可减少主成分分解过程的工作量,适合于大型数据矩阵的 PCA。此外,NIPALS 可帮助理解后面介绍的偏最小二乘 PLS 算法原理。

奇异值分解(SVD)方法具有运算速度快、非常适合大型数据矩阵的处理的特点,并且可同时给出特征值、载荷阵(特征向量矩阵)与得分矩阵(即主成分矩阵)。其算法原理在线性代数中有介绍,MATLAB 中的主成分分解函数 princomp. m 文件即以该算法为基础,该方法运算速度远高于 Jacobi 分解方法,无论是大型数据矩阵(如由几百、几千个光谱点组成的数据矩阵),还是只有几个变量的数据矩阵,采用 princomp 函数进行主成分分析均十分适合。

6.2 主成分分析的实例及其在 MATLAB 平台的实现

只要准备好原始数据矩阵 X,就可以在 MATLAB 平台通过调用函数 princomp(X)来实现主成分分析。

例 6-2 有三个变量 X_1，X_2 与 X_3($m=3$),其 16 次($n=16$)观测值见表 6-3。

表 6-3 变量间存在高度相关性的数据矩阵

X_1	X_2	X_3
149.3	6.2	108.1
161.2	6.1	126.2
180.8	1.1	132.1
190.7	2.2	137.7
202.1	2.1	146.0
212.4	6.6	156.1
226.1	6.0	162.3
231.9	6.1	166.3
239.0	0.7	167.6
258.0	0.7	167.6
269.8	6.9	186.6
288.4	6.1	199.7
306.5	6.6	216.9
326.4	7.0	226.8
336.8	1.2	232.8
356.3	6.5	242.9

首先将数据矩阵 X 导入 MATLAB 中。

第一步，在 Excel 文件中生成数据矩阵 X 并将其保存在 MATLAB\work 子目录下。

第二步，在 MATLAB 的界面选择“open file”图标双击，在“文件类型”框中选择“All Files(* . *)”，然后选择 work 子目录下的X. xls 文件，会出现如图 6 - 4 所示界面

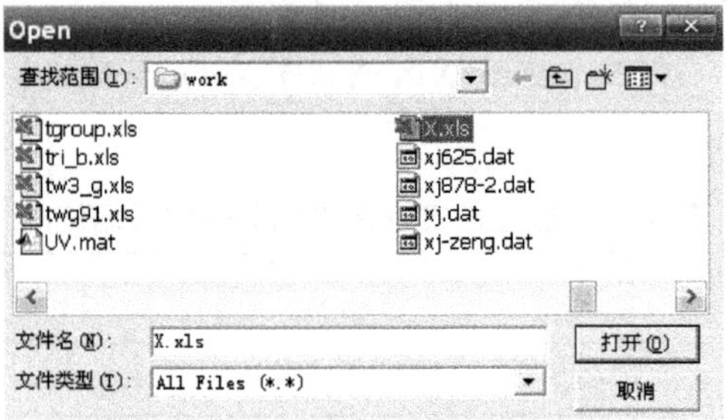

图 6 - 4　MATLAB 下数据导入界面

双击上面界面中的“打开”按钮，会出现如图 6 - 5 所示界面。

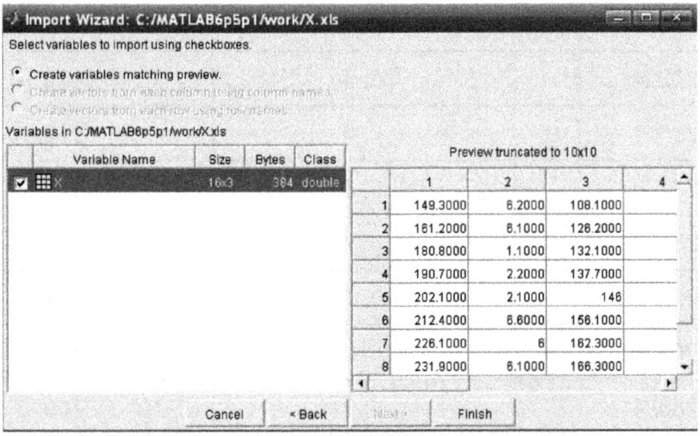

图 6 - 5　MATLAB 下数据导入界面

双击图 6 - 5 中的“Finish”按钮，MATLAB 界面会出现如下文字

Import Wizard created variables in the current workspace.

表示数据文件 X.xls 已经导入到 MATLAB 的 workspace 工作

目录中(所有 MATLAB 计算的输入和输出数据均保存在此目录下)。

在 MATLAB 的 command window 下键入如下命令

>> Rx=corrcoef(X)；*%计算矩阵 X 的相关系数矩阵并存放在 Rx 中*

得相关系数矩阵

$$R_x = \begin{bmatrix} 1 & 0.1569 & 0.9939 \\ 0.1569 & 1 & 0.2054 \\ 0.9939 & 0.2054 & 1 \end{bmatrix} \tag{6-38}$$

由相关系数矩阵可知，X_1 与 X_3 之间相似系数为 0.994，这表明这两个变量相关程度很高，说明原始数据矩阵 X 存在高度线性相关，有必要采用主成分分析进行信息压缩，消除变量 X_1 与 X_3 之间的相关性。

在 MATLAB 的 command window 下键入如下命令

>> xx=autoscaling(X)；*%对原始变量进行自标度化预处理并存放在 xx 矩阵中*

在 MATLAB 的 view 窗口下打开“workspace”栏，会出现如图 6-6 所示界面。

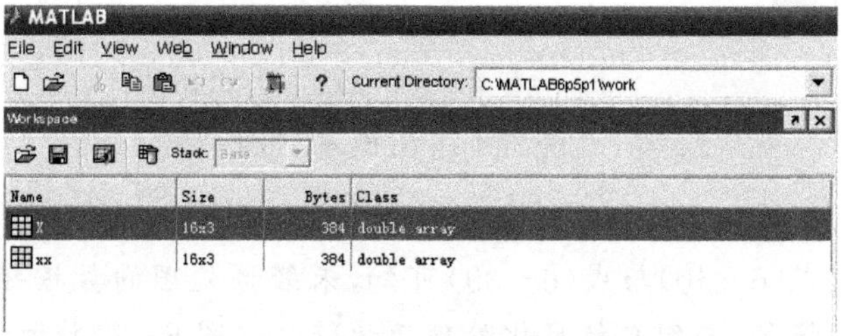

图 6-6　MATLAB 下的 workspace 界面

此时 MATLAB 中的 workspace 目录里有前面导入的原始数据文件 X 及经过自标度化预处理后的矩阵 xx，两个矩阵的维数都是 16(行)乘 3(列)。

在此界面下双击 xx 图标，会出现预处理后的 xx 矩阵(图 6-7)。

如果在 MATLAB 的 command window 下键入如下命令

>> Zxx=xx'* xx/(16−1); *%求经过预处理后的数据矩阵 xx 的协方差矩阵*

注：由于 xx 中每个变量的均值=0，故其协方差矩阵=xx' xx/(n−1)*

可以得到

$$Z_{xx}=\begin{bmatrix}1.0000 & 0.1569 & 0.9939\\ 0.1569 & 1.0000 & 0.2054\\ 0.9939 & 0.2054 & 1.0000\end{bmatrix} \tag{6-39}$$

比较式(6-38)和式(6-39)可以发现 $Z_{xx}=R_x$，这从数值计算的角度证明了经过自标度化预处理的数据矩阵 xx 的协方差矩阵和其原始数据 X 的相关矩阵相等。

如果在 MATLAB 的 command window 下键入如下命令

>> dx=(X−repmat(mx,size(X,1),1)); *%将 X 中每个变量减去其均值并赋给 dx*

>> Zx=dx'* dx/(16−1); *%求原始数据矩阵 X 的协方差矩阵并存放在 Zx 中*

可以得到

$$Z_x=\begin{bmatrix}4039.6 & 25.744 & 2564.9\\ 25.744 & 6.668 & 21.539\\ 2564.9 & 21.539 & 1648.8\end{bmatrix} \tag{6-40}$$

比较式(6-40)与式(6-39)可知，未经预处理的数据矩阵 X 的协方差矩阵 Z_x 与经自标度化处理后矩阵 xx(图 6-7)的协方差矩阵 Z_{xx} 并不相等。

但如果在 MATLAB 的 command window 下键入如下命令

>> Rxx=corrcoef(xx); *%求自标度化预处理后数据矩阵 xx 的相关矩阵并存放在 Rxx 中*

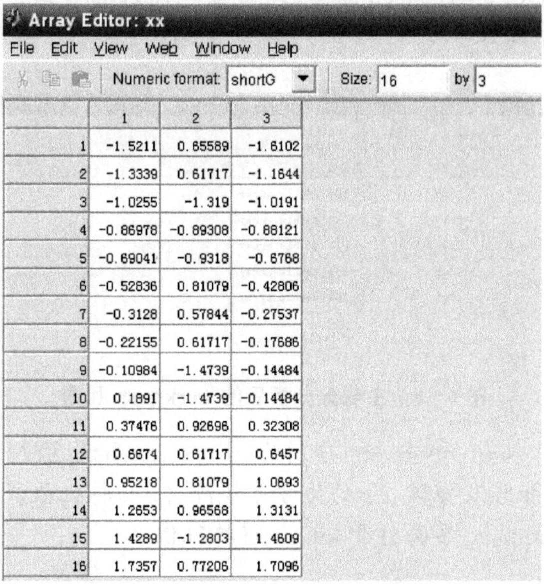

	1	2	3
1	-1.5211	0.65589	-1.6102
2	-1.3339	0.61717	-1.1644
3	-1.0255	-1.319	-1.0191
4	-0.86978	-0.89308	-0.88121
5	-0.69041	-0.9318	-0.6768
6	-0.52836	0.81079	-0.42806
7	-0.3128	0.57844	-0.27537
8	-0.22155	0.61717	-0.17686
9	-0.10984	-1.4739	-0.14484
10	0.1891	-1.4739	-0.14484
11	0.37476	0.92696	0.32308
12	0.6674	0.61717	0.6457
13	0.95218	0.81079	1.0893
14	1.2653	0.96568	1.3131
15	1.4289	-1.2803	1.4609
16	1.7357	0.77206	1.7096

图 6-7　经自标度化处理后的数据矩阵

会得到如下结果

$$R_{xx}=\begin{bmatrix}1.0000 & 0.1569 & 0.9939\\ 0.1569 & 1.0000 & 0.2054\\ 0.9939 & 0.2054 & 1.0000\end{bmatrix} \tag{6-41}$$

比较式(6-41)和式(6-39)、式(6-38)会发现矩阵 $R_x=Z_{xx}=R_{xx}$，这说明无论数据矩阵是否进行了自标度化预处理，其相关系数矩阵都是相等的，但是自标度化预处理前后数据矩阵的协方差矩阵不相等。因此从相关矩阵出发进行特征分解更好。

在 MATLAB 的 command window 下键入如下命令

>> [pc,score,latent]=princomp(xx); *%采用 MATLAB 中的 princomp 函数对矩阵 xx 进行主成分分析，pc 为载荷向量矩阵(每一列为对应特征值的特征向量)，score 为主成分得分，latent 为由从大到小排列的特征值组成的列向量*

打开 MATLAB 的 view 窗口，点击 workspace 栏，可以看到如图 6-8 所示的界面。

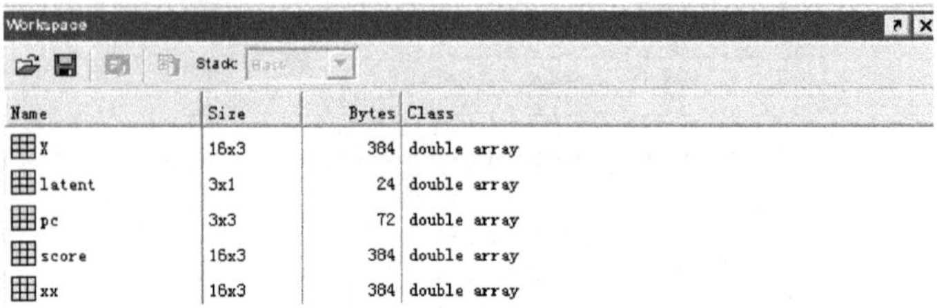

图 6-8　主成分分析后的 workspace 目录

其中 pc、score 和 latent 分别为 princomp 函数返回的载荷矩阵、主成分得分矩阵及矩阵 xx 的协方差矩阵 Z_{xx} 的特征值。

在 workspace 界面打开 latent 得特征值

latent=

2.056

0.93906

0.0049099

说明第一、二、三主成分的方差分别为 2.056，0.939，0.005，显然第三个主成分方差 0.005 远小于第一、二主成分的方差。其中第一个主成分的贡献率为 68.53%，第二个主成分的贡献率为30.87%，前两个主成分的累积贡献率达 99.83%。说明第三个主成分所起作用非常小，可以只要两个主成分就可以很好地表述原来的三个变量的信息。

在 workspace 界面打开矩阵 score，可看到如图 6-9 所示的主成分得分矩阵，其中第 1、2、3 列分别是 16 个样本的第 1、2、3 主成分得分。

在 workspace 界面打开矩阵 pc，得载荷矩阵如下(其第 1，2，3 列分别为 xx 的协方差矩阵的第 1，2，3 特征值对应的特征向量)

pc=

0.684 4　　−0.192 0　　0.703 4

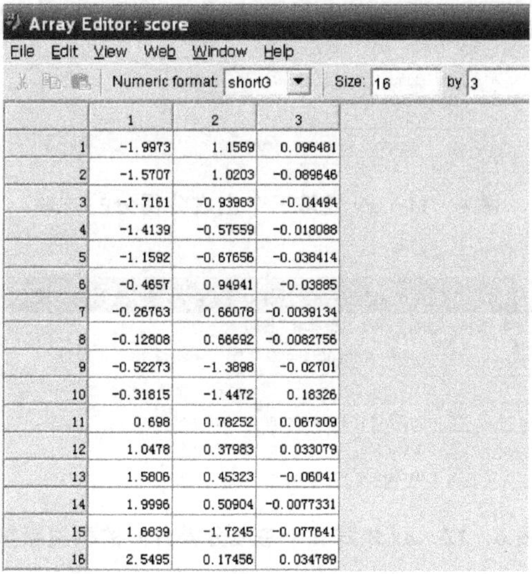

Array Editor: score

File Edit View Web Window Help

Numeric format: shortG　Size: 16 by 3

	1	2	3
1	-1.9973	1.1569	0.096481
2	-1.5707	1.0203	-0.089646
3	-1.7161	-0.93983	-0.04494
4	-1.4139	-0.57559	-0.018088
5	-1.1592	-0.67656	-0.038414
6	-0.4657	0.94941	-0.03885
7	-0.26763	0.66078	-0.0039134
8	-0.12808	0.66692	-0.0082756
9	-0.52273	-1.3898	-0.02701
10	-0.31815	-1.4472	0.18326
11	0.698	0.78252	0.067309
12	1.0478	0.37983	0.033079
13	1.5806	0.45323	-0.06041
14	1.9996	0.50904	-0.0077331
15	1.6839	-1.7245	-0.077641
16	2.5495	0.17456	0.034789

图 6 - 9　*xx* 矩阵的主成分得分矩阵

0.235 8　　0.971 1　　0.035 7

0.689 9　　−0.141 5　　−0.709 9

在 MATLAB 的 command window 下键入命令

>> mx=mean(score); *%求每个主成分的平均值并赋给 mx (mx 为一行向量)*

>> var_score=var(score); *%求每个主成分的方差并赋给 var_score*

>> Rpc=corrcoef(score); *%求主成分的相关矩阵并赋给 Rpc*

在 MATLAB 的 workspace 界面打开 mx、var_score、Rpc 可以看到如图 6 - 10、图 6 - 11 与图 6 - 12 所示的结果。

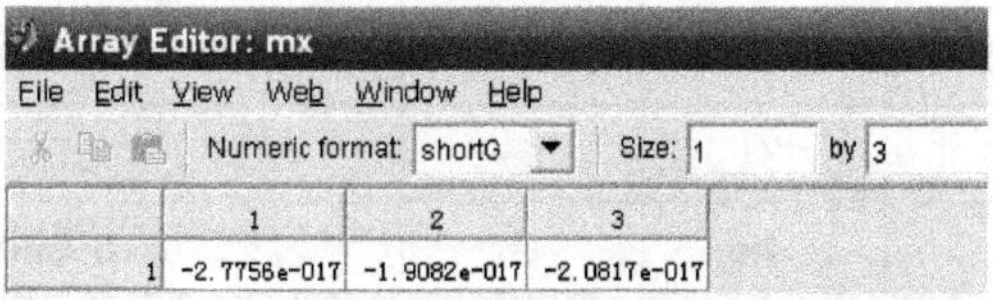

Array Editor: mx

File Edit View Web Window Help

Numeric format: shortG　Size: 1 by 3

	1	2	3
1	-2.7756e-017	-1.9082e-017	-2.0817e-017

图 6 - 10　*xx* 矩阵三个主成分得分的均值

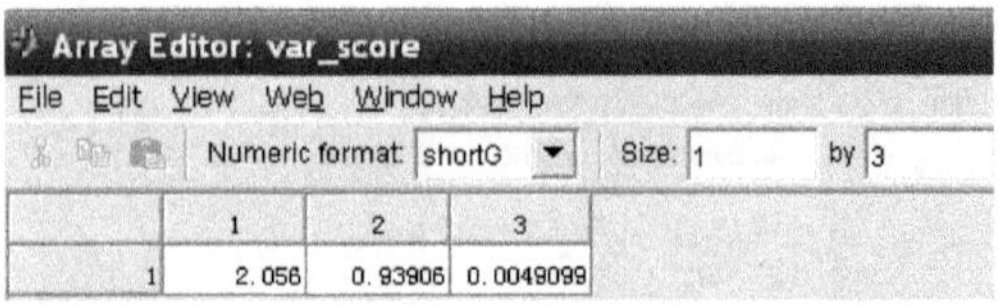

图 6 - 11 *xx* 矩阵三个主成分得分的方差

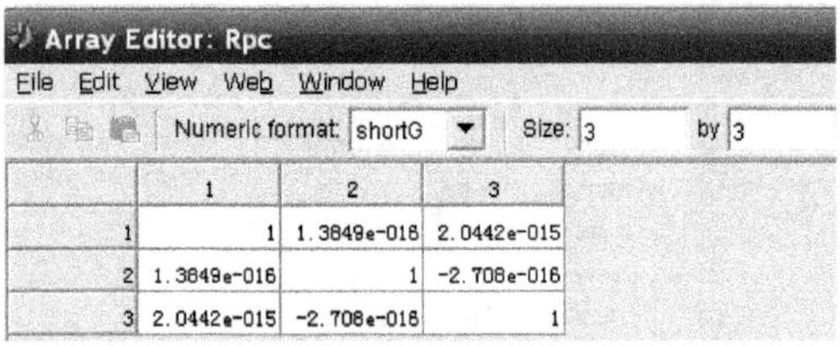

图 6 - 12 *xx* 矩阵三个主成分得分间的相关系数

由图 6 - 10 可知，三个主成分得分的均值都为 0；图 6 - 11 表明第 1、2、3 主成分的方差分别为 2.056 0、0.939 1、0.004 9，与协方差矩阵 Z_{xx} 对应的特征值相等。这一结果证明了主成分（得分）的均值为 0、方差为其协方差矩阵的对应特征值。图 6 - 12 表明不同主成分得分间的相关系数=0，说明主成分（得分）之间互不相关，每个主成分（得分）是独立的变量。

例 6 - 3 利用气相色谱（GC）得到的 8 个样品中苯和二甲苯的含量见表 6 - 4（其中 *Bm* 与 *Tm* 分别为经过减均值处理后的苯和二甲苯含量）。

表 6 - 4 由苯、二甲苯混合的 8 个样品浓度信息 （%）

样品号	苯(B)	二甲苯(T)	*Bm*	*Tm*	$\widetilde{B}$	$\widetilde{T}$
1	48	26	13	12	1.474 7	1.334 5
2	44	20	9	6	1.020 9	0.667 3
3	40	24	5	10	0.567 2	1.112 1
4	38	18	3	4	0.340 3	0.444 8

续表

样品号	苯(B)	二甲苯(T)	Bm	Tm	$\widetilde{B}$	$\widetilde{T}$
5	32	9	−3	−5	−0.340 3	−0.556 1
6	28	6	−7	−8	−0.794 0	−0.889 7
7	26	5	−9	−9	−1.020 9	−1.000 9
8	24	4	−11	−10	−1.247 8	−1.112 1
均值	35	14	0	0	0	0
方差	77.71	80.86	77.71	80.86	1	1

将由 B、T 两列构成的数据矩阵记为 X，由自标度化处理后的数据矩阵记为 $\widetilde{X}$，X 或 $\widetilde{X}$ 矩阵中含有 8 个样品和两个变量，如果不对 X 进行预处理，按照 6.1.3 的主成分分析步骤，可求得其协方差矩阵如下

$$\begin{bmatrix} 77.71 & 76.29 \\ 76.29 & 80.86 \end{bmatrix}$$

其特征值应满足方程

$$\begin{vmatrix} 77.71-\lambda & 76.29 \\ 76.29 & 80.86-\lambda \end{vmatrix} = 0$$

求解上面的方程可得到特征值 $\lambda = 156.59,\ 2.98$。

对于第一个特征值，则有

$$(77.71-156.59)u_{11} + 76.29u_{21} = 0$$
$$76.29u_{11} + (80.86-156.59)u_{21} = 0$$

求解上述两个方程，可得第一特征向量为

$$u_{11} = 0.699\,8 \qquad u_{21} = 0.714\,4$$

同理可以求得第二个特征值 2.98 所对应的特征向量为

$$u_{12} = 0.714\,4 \qquad u_{22} = -0.699\,8$$

可列成表 6 - 5。

表 6-5　8 个混合样品原始数据矩阵 **X** 的协方差矩阵的特征矢量

序号	特征值	Bm 的系数	Tm 的系数	贡献率
1	156.6	0.699 8	0.714 4	98.1%
2	2.98	0.714 4	−0.699 8	1.9%

第一主成分得分 $F1(i)=Bm(i)\times 0.6998+Tm(i)\times 0.7114$($i$ 为样本序号)

第一个样品的 $F1=13\times 0.6998+12\times 0.7144=17.67$

由式(6-26)$\hat{X}_{n\times p}=F_{n\times m}U_{m\times p}^{\mathrm{T}}$,可用 $F1$ 反算用第一主成分近似表示的原始数据矩阵 X

$$\hat{X}_{8\times 2}=[\hat{B}_{8\times 2}\quad \hat{T}_{8\times 2}]=F1_{8\times 1}\begin{Bmatrix}u_{11}\\u_{21}\end{Bmatrix}^{\mathrm{T}}=[u_{11}F1_{8\times 1}\quad u_{21}F1_{8\times 1}] \tag{6-42}$$

由式(6-42)求得用第一主成分反算的 8 个样品苯和二甲苯减去均值后的含量见表 6-6。

表 6-6　用第一主成分反算得到的 8 个样品中的苯与二甲苯含量

序号	$F1$	Bm	$\hat{Bm}$	Tm	$\hat{Tm}$
1	17.669	13	12.494	12	12.622
2	10.584	9	7.484 2	6	7.560 8
3	10.642	5	7.525 3	10	7.602 4
4	6.956 8	3	3.505	4	3.540 9
5	−6.671 1	−3	−6.010 1	−5	−6.051 2
6	−10.613	−7	−7.504 8	−8	−7.581 6
7	−12.727	−9	−8.999 5	−9	−9.091 7
8	−16.841	−11	−10.494	−10	−10.602
均值	0	0	0	0	0
方差	156.59	77.71	77.79	80.86	79.40

表6-6中除第2、3个样本外，其他样本用第一个主成分求出的减去均值后的苯含量($\hat{B}m$)及二甲苯含量($\hat{T}m$)与实际的Bm、Tm差异不大，这表明用第一个主成分可以良好地描述原始数据的信息。由表6-6的第2列可知，第一主成分的方差=156.6，恰好是本例数据矩阵X的协方差矩阵的第一特征值。由于主成分的均值为0，故主成分得分的平方和就是其方差，因此有

协方差矩阵的第一个特征值=PC1得分的平方和/(n—1)，

同理可验证

协方差矩阵的第二个特征值=PC2得分的平方和/(n—1)

因此**原始数据矩阵X的协方差矩阵的特征值反映的是对应主成分的方差大小**，本例以实际数据证明了6.1.4理论推导的结论。

由表6-6的第3、4列可知，苯含量的方差为77.71，而第一主成分表示的苯含量方差为77.79，二者相差很小，说明第一主成分反映了苯含量的绝大部分方差；由表6-6的第5、6列可知，二甲苯含量的方差为80.86，而第一主成分表示的二甲苯含量的方差为79.40，79.4/80.86=98.19%，说明第一主成分反映了二甲苯含量方差的98.2%。剩余的未能在第一主成分中表达出的信息包含在第二主成分中。

本例分析结果表明，该8个样品中的苯(B)与二甲苯(T)的含量高度相关，因此可以采用一个主成分来体现原数据矩阵X的绝大部分信息。反之，如果这8个样品中苯的含量与二甲苯含量不相关，则PCA得到的两个特征值均会比较大，不能只用一个主成分的得分来近似替代原始数据矩阵。

如果采用经过自标度化处理的数据矩阵$\widetilde{X}$进行主成分分析，则其协方差矩阵$\widetilde{Z}$(此时等于相关矩阵R)为

$$\widetilde{Z} = R = \begin{bmatrix} 1 & 0.9624 \\ 0.9624 & 1 \end{bmatrix}$$

其特征方程为

$$\begin{vmatrix} 1-\lambda & 0.9624 \\ 0.9624 & 1-\lambda \end{vmatrix} = 0$$

解上述方程可得特征值为：1.962 4，0.037 6。

对于第一个特征值，则有

$$(1-1.9624)u_{11}+0.9624u_{21}=0$$
$$0.9624u_{11}+(1-1.9624)u_{21}=0$$

求解上述两个方程，可得第一特征向量为

$$u_{11}=0.7071 \quad u_{21}=0.7071$$

同理可以求得第二个特征值 0.037 6 所对应的特征向量为

$$u_{12}=0.7071 \quad u_{22}=-0.7071$$

表 6-7　经自标度化处理后 8 个混合样品数据矩阵 $\tilde{X}$ 的相关矩阵的特征矢量

序号	特征值	$\tilde{B}$ 的系数	$\tilde{T}$ 的系数	贡献率
1	1.962 4	0.707 1	0.707 1	98.12%
2	0.037 6	0.707 1	−0.707 1	1.88%

第一主成分得分 $\tilde{F}1(i)=\tilde{B}(i)\times 0.7071+\tilde{T}(i)\times 0.7071$（$i$ 为样本序号）

第一个样品的 $F1=1.4747\times 0.7071+1.3345\times 0.7071=1.9864$

由式(6-26)，可用 $\tilde{F}1$ 反算用第一主成分近似表示的 $\tilde{X}$ 阵

$$\hat{\tilde{X}}_{8\times 2}=[\hat{B}_{8\times 2} \quad \hat{T}_{8\times 2}]=\tilde{F}1_{8\times 1}\begin{Bmatrix}u_{11}\\u_{21}\end{Bmatrix}^{\mathrm{T}}=[u_{11}\tilde{F}1_{8\times 1} \quad u_{21}\tilde{F}1_{8\times 1}] \tag{6-43}$$

由式(6-43)求得用第一主成分 $\tilde{F}1$ 反算的经自标度化处理后的 8 个样品的苯和二甲苯含量见表 6-8。该表中第 4、第 6 列的数据相同，这是因为第一载荷向量的两个元素 u_{11} 与 u_{21} 相等。由于 $\tilde{B}$ 和 $\tilde{T}$ 是经自标度化预处理后的甲苯、二甲苯含量，即使第一主成分反算得到的 $\tilde{B}$ 和 $\tilde{T}$ 相等，换算回去的苯及二甲苯实际含量是不一样的。表 6-8 中也是除样本 2、3 外，其他样本用第一主成分表示的 $\tilde{B}$ 和 $\tilde{T}$ 值与实际值差异不大。

由表6-8还可以看出，第一主成分的方差等于矩阵$\widetilde{X}$的协方差矩阵(相关矩阵)的第一特征值，经自标度化预处理的苯和二甲苯含量$\widetilde{B}$与$\widetilde{T}$的方差为1，第一主成分表示的$\widetilde{B}$与$\widetilde{T}$的方差均为0.9812，恰好等于第一主成分的累积贡献率。

表6-8　用第一主成分反算得到的8个样品中的苯与二甲苯含量

序号	$\widetilde{F}1$	$\widetilde{B}$	$\hat{\widetilde{B}}$	$\widetilde{T}$	$\hat{\widetilde{T}}$
1	1.9864	1.4747	1.4046	1.3345	1.4046
2	1.1937	1.0209	0.8441	0.6673	0.8441
3	1.1874	0.5672	0.8396	1.1121	0.8396
4	0.5552	0.3403	0.3926	0.4448	0.3926
5	−0.6338	−0.3403	−0.4482	−0.5561	−0.4482
6	−1.1906	−0.7940	−0.8419	−0.8897	−0.8419
7	−1.4296	−1.0209	−1.0109	−1.0009	−1.0109
8	−1.6687	−1.2478	−1.1799	−1.1121	−1.1799
均值	0	0	0	0	0
方差	1.9634	1	0.9812	1	0.9812

本例分析结果表明，对原始数据进行自标度化预处理后再进行主成分分析，与不进行预处理进行主成分分析相比，二者的协方差矩阵的特征值、特征向量及得到的主成分得分均不相同，但主成分的累积贡献率相同。

6.3　主成分回归

6.3.1　问题的提出

例6-1表明利用光谱信息进行混合物浓度预测时，如果原始光谱间存在较高的共线性或相关性时，会给回归系数矩阵求解时的求逆运算带来巨大误差，导致多元线性回归模型的结果严重失真。此外，为了求出混合物浓度矩阵，需要两次求逆（第一次根据已知样品的浓度矩阵和吸光度矩阵求得吸光系数矩阵 B，第二次根据 B 与未知样品的吸光度矩阵求得其浓度矩阵）。第一次求逆建立了吸光度矩阵（因变量）和浓度矩阵（自变量）间的多元线性回归模型，第二次求逆是根据该模型反推出用吸光度矩阵表达的浓度矩阵。既然浓度矩阵 X 与响应矩阵 Y 之间符合 Lambert-Beer 定律，就意味着这两个矩阵间存在线性关系，当用 Y 表示 X 时，这一线性关系可描述为：$X_{n\times k}=Y_{n\times p}P_{p\times k}$，只要以建模样本的浓度矩阵 $X_{n\times m}$ 为预测目标（因变量）、吸光度矩阵 $Y_{n\times p}$ 为自变量，求得回归系数矩阵 P，然后根据未知样本的吸光度矩阵 $Y^{u}_{ns\times p}$ 就可求出浓度矩阵 $X^{u}_{ns\times k}$。采用最小二乘法可以求得

$$P_{p\times k}=(Y^{\mathrm{T}}_{p\times n}Y_{n\times p})^{-1}Y^{\mathrm{T}}_{p\times n}X_{n\times k}(n\geqslant p) \qquad (6-44)$$

根据 P 与未知样本的吸光度矩阵 $Y^{u}_{ns\times p}$（设未知样本数为 ns）求未知样本的浓度矩阵

$$X^{u}_{ns\times k}=Y^{u}_{ns\times p}P_{p\times k} \qquad (6-45)$$

显然根据式(6-44)和式(6-45)，仅需要求一次逆，可简化求解步骤与工作量。这一方法在化学计量学中称为 P 矩阵多元校正方法。从上述过程可以看出，回归系数矩阵 P 的求解必须对量测矩阵 Y 构成的矩阵$(Y^{\mathrm{T}}Y)$求逆，这是一个 $p\times p$ 矩阵，要保证该矩阵满秩要求建模集的样本数 n 大于或等于光谱点数 p。这给建模集的构造带来了很大困难，限制了该法的应用。利用主成分回归可以解决这类问题。

6.3.2 主成分回归(PCR)及其在 MATLAB 平台的实现

对于 6.3.1 节提出的问题，在求 P 矩阵之前，可先采用主成分分析将 Y 矩阵中的 p 个光谱变量压缩为小于样本数 n 的 m 个主成分后，再以主成分得分矩阵 T 为自变量替代原自变量矩阵 Y，与浓度矩阵 X（因变量矩阵）进行多元线性回归，由于主成分个数小于原始变量个数且主成分得分间互不相关，这样便消除了原始自变量矩阵中

信息的相关和冗余现象，同时又压缩了原始矩阵中的自变量个数。因此$(T^{\mathrm{T}}T)$可以求逆，式(6－44)可以满足。

对于其他自变量个数大于样本数的情况，如自变量间存在较强的线性相关，也可以先用主成分分析对自变量信息进行压缩后，以主成分为自变量进行回归。这种先对自变量进行主成分分析，再以主成分替代原自变量后与因变量进行多元线性回归的方法就称为主成分回归(Principal Component Regression，PCR)。

PCR 的算法和过程在 MATLAB 下很容易实现：假设原始自变量矩阵为 $X_{n\times p}$，因变量构成的数据矩阵为 $Y_{n\times q}$。

(1) 对矩阵 $X_{n\times p}$进行自标度化预处理获得矩阵 $\widetilde{X}_{n\times p}$，其计算公式见式(6－13)。

(2) 用 MATLAB 中的 princomp 函数进行主成分分析。

(3) 求累计贡献率，确定主成分个数。

(4) 取前 m 个主成分作为主成分回归时的自变量进行多元线性回归，确定主成分回归系数矩阵 B。由主成分回归模型计算得到的建模集样品的因变量矩阵采用下式求得

$$\hat{Y}_{n\times q}=T_{n\times(m+1)}B_{(m+1)\times q}$$

注意：PCR 得到的 $\hat{Y}$ 通常会和实际的 Y 有一定差异，该差异在函数 regress 的返回向量 Re 中已经给出。

(5) 根据建立的 PCR 模型预测未知样本的因变量。

对于 k 个未知或待预测样本，可根据其自变量矩阵 $X^u_{k\times p}$，先对每个变量减去步骤(1)中的 mx(注意，是减去矩阵 $X_{n\times p}$的列均值而不是减矩阵 $X^u_{k\times p}$的列均值)，然后再除以矩阵 $X_{n\times p}$的对应变量的标准方差 s(而不是矩阵 $X^u_{k\times p}$的变量标准方差)，求得 $\widetilde{X}^u_{k\times p}$，然后求其前 m 个主成分得分矩阵

$$T^u_{k\times m}=\widetilde{X}^u_{k\times p}U_{p\times m}$$

将行数为 k 的单位列向量加到得分矩阵 $T^u_{k\times m}$的第 1 列，则 k 个未知样本的因变量为

$$\widetilde{Y}^u_{k\times q}=T^u_{k\times(m+1)}B_{(m+1)\times q}$$

对(1)～(5)步骤下进行主成分回归(PCR)的 *m* 文件如下

```
function [Mpc, pc, t, Tcrit, b, Re, R, F, Fcrit, yt, yu] = pcr(xreg,yreg,cum,xpre,alpha)
% 主成分回归建模并预测程序
% xreg 为建模集自变量；yreg 为建模集因变量；alpha 为置信水平，取 0.05 或 0.01
% cum 为设定的累积贡献率阈值(≤1)，可取 0.9 或 0.95
% xpre 为预测集的自变量矩阵(如果不做预测，xpre 输入 xreg 即可)

% 输出变量：Mpc 为对应 cum 所确定的主成分个数，pc 为前 Mpc 列载荷向量
% t 为按照 4-19 计算的 m 个主成分的回归系数统计检验量，Tcrit 为 t 分布的临界值
% b 为 m+1 个回归系数组成的列向量；Re 为主成分回归模型给出的建模集样本的残差向量
% R 为前 m 个主成分进行多元线性回归所得回归模型的复相关系数；
% F 为前 m 个主成分进行多元线性回归所得回归模型的 F 统计量，Fcrit 为 F 分布的临界值
% yu 为主成分回归模型给出的未知样本的因变量值；
% yt 为主成分累计贡献率向量

[ax,mx,s]=autoscaling(xreg);
% 对建模集自变量矩阵(每一列为一个自变量) 进行自标度化处理并将结果赋给矩阵 ax，返回参数 mx 与 s 分别为各变量的均值与标准方差
% 自编函数 autoscaling 见 6.1.3 的 m 文件 autoscaling.m
mx,s
%显示建模集自变量 xreg 的均值 mx 及方差 s
[n,p]=size(ax);
%将自标度化后自变量矩阵 ax 的行数和列数分别赋给变量 n,p
```

```
[U,T,lmd] =princomp(ax);
```

% 对自标度化预处理后的自变量矩阵 ax 进行主成分分解，输出变量 T 为 ax 的主成分得分矩阵；Lmd 为由大到小排列的特征值列向量（元素个数=p）；U 为 p 个载荷向量（列向量）构成的矩阵

```
yt=cumsum(lmd)./sum(lmd); %求每个特征值下对应的累计贡献率并赋给 yt

% 以下步骤确定最大主成个数
M=[];
for i =1:p
    if(yt(i)>=cum)
        m=i;
        M=[M;m];
    end
Mpc=min(M);
end
% 完成最大主成个数的确定
pc=U(:,1:Mpc); %将前 Mpc 列的载荷向量赋给矩阵 pc

T1=T(:,1:Mpc);
```

%将主成分得分矩阵的前 m 列赋给矩阵 T1，T1 的列数为 Mpc 行数为 n

```
Tx=[ones(n,1) T1];
%将行数为 n 的单位列向量加到主成分得分矩阵 T1 中并赋给 Tx

[b,BINT,Re,RINT,STATS] = regress(yreg,Tx,alpha);
```

% 以含常数列的前 Mpc 个主成分得分为自变量进行多元线性回归

% b 为回归系数矩阵，Re 是残差向量（即回归模型的值与实际 yreg 的差），向量 STATS 含有决定系数 R2 及统计参数 F 与 P 值，以用于模型的统计检验。

```
% 注意,regress 函数要求 yreg 为列向量,因变量个数 q 大于 1 时,需要调用 q 次 regress 函数

Yc=Tx * b; %根据回归系数求建模集因变量矩阵 Y 并赋给 Yc
R=sqrt(STATS(1));  %求主成分回归模型的复相关系数 R
F=STATS(2); %求主成分回归模型的统计检验量 F 比值
Fcrit=finv(1-alpha,Mpc,n-Mpc-1);
%求 F 分布在自由度 n-Mpc-1 下、置信度为 1-alpha 时的临界值

% 以下根据(4-19)计算主成分回归系数(不含常数项)显著性检验的统计参数 t 值
cc=inv(T1' * T1);
B=b(2:Mpc+1,:);
t=B./(sqrt(diag(cc)) * sqrt(sum(Re.^2)/(n-Mpc-1)));
%根据(4-19)计算实际计算统计量 t 所组成的列向量(不含常数项)
Tcrit=tinv((1-alpha/2),n-Mpc-1);%获取 t 的临界值

% 下面根据建立的主成分回归模型预测未知样本的 y 值
[np,pr]=size(xpre);%将矩阵 xpre 的行数和列数分别赋给 np,pr
axp=(xpre-repmat(mx,np,1))./repmat(s,np,1);
%将预测集样的自变量减建模集对应变量的均值并除以该变量的方差(对预测样本进行自标度化预处理)
Tp=axp * U(:,1:Mpc); %求预测样本的前 m 个主成分
yu=[ones(np,1) Tp] * b; %求未知样本的因变量 yu
% end of pcr
```

例 6-4 采用 PCR 建立例 4-3 中自变量与因变量之间的回归关系。

在输入原始自变量矩阵 x 及因变量列向量 y 后，在 MATLAB 下输入下面命令

```
>> [m,pc,t,Tcrit,b,Re,R,F,Fcrit,yt,yu]=pcr(x,y,0.95,x,0.05);
```

屏幕显示如下结果

```
mx =
      7.4615   48.1538   11.7692   30.0000
```

（为表 4-5 中 4 个自变量的均值）

```
s =
      5.8824   15.5609    6.4051   16.7382
```

（为表 4-5 中 4 个自变量的方差）

Mpc=2（即对于阈值 0.95，程序选择了 2 个主成分进行主成分回归建模）

```
R =
   0.9797
```

（复相关系数）

```
F =
119.1685
```

（>Fcrit=4.1028，故前 2 个主成分建立的回归模型能通过统计检验）

```
Fcrit =
   4.1028

t =
  1 5.4335
   0.3806
```

（<Tcrit=2.2281，故第 2 个主成分的回归系数不能通过显著性检验）

```
Tcrit =
```

2.2281

打开数组 b 可得

b=

95.654

9.8719

0.2899

则前 2 个主成分回归得到的回归方程如下

$$y = 95.654 + 9.8719\text{Score1} + 0.2899\text{Score2} \tag{6-46}$$

其中 Score1、Score2 为第 1,2 主成分得分。

打开 pc 矩阵可得

pc =

0.47596	−0.50898
0.56387	0.41393
−0.39407	0.60497
−0.54793	−0.45124

则根据式(6-17)可得

$$\text{Score1} = 0.4760 * (x_1 - mx(1))/s(1) + 0.5639 * (x_2 - mx(2))/s(2) - 0.3941 * (x_3 - mx(3))/s(3) - 0.5479 * (x_4 - mx(4))/s(4) \tag{6-47}$$

$$\text{Score2} = -0.5090 * (x_1 - mx(1))/s(1) + 0.4139 * (x_2 - mx(2))/s(2) + 0.6050 * (x_3 - mx(3))/s(3) - 0.4512 * (x_4 - mx(4))/s(4) \tag{6-48}$$

将式(6-47)与式(6-48)代入式(6-46)可得

$y = 95.654 + 9.8719 * [0.4760 * (x_1 - mx(1))/s(1) + 0.5639 * (x_2 - mx(2))/s(2) - 0.3941 * (x_3 - mx(3))/s(3) - 0.5479 * (x_4 - mx(4))/s(4)] + 0.2899[-0.5090 * (x_1 - mx(1))/s(1) + 0.4139 * (x_2 - mx(2))/s(2) + 0.6050 * (x_3 - mx(3))/s(3) - 0.4512 * (x_4 -$

mx(4))/s(4)] (6-46a)

将 mx(1)=7.4615,mx(2)=48.1538,mx(3)=11.7692,mx(4)=30.0000,s(1)=5.8824,s(2)=15.5609,s(3)=6.4051,s(4)=16.7382 代入式(6-46a)可得

y=常数项+[9.8718 * 0.4760+0.2899 * (-0.5090)] x_1/5.8824+[9.8718 * 0.5639 + 0.2899 * 0.4139] x_2/15.5609+[9.8718 * (-0.3941)+0.2899 * 0.6050] x_3/6.4051+[9.8718 * 0.5479+0.2899 * (-0.4512)] x_4/16.7382

y=常数项+0.7737x_1+0.3654x_2-0.5800x_3+0.3153x_4 (6-46b)

由式(6-46b)可知,根据前2个主成分回归得到的回归方程中 y 与自变量 x_3 的关系为负相关,与变量间的实际规律相符,但与自变量 x_4 间的关系为正相关,与变量间的实际规律不符。主成分回归方程虽然校正了 y 与 x_3 间的关系,但并未能正确反映 y 与 x_4 间的关系。这说明式(6—46)中第2主成分前的回归系数未能通过统计检验,对最终回归方程的正确性产生了影响。

在 MATLAB 下输入命令

```
>> mean(abs(Re))
```

可得

```
ans=
      2.5697
```

表明表4-5中13个样本的模型残差平均值(绝对值)为2.5697,该值大于回归方程(4-18)与(4-21)的残差平均值,从残差角度而言,主成分回归方程(6-46b)不及多元线性回归方程和逐步回归方程(4-21)。

例6-5 盐酸曲马多和对乙酰氨基酚复方片对于一般外科手术的术后镇痛有很好的疗效,但在该复方制剂中盐酸曲马多含量(25 mg)与对乙酰氨基酚的含量(230 mg)相差接近9倍,普通的紫外光光度法难以测定盐酸曲马多组分含量。为了快速确定该复方缓释制剂中盐酸曲马多和对乙酰氨基酚的释放度,本例采用主成分回归

方法同时测定两组分含量。

首先要采集建模所需的实验数据，设计浓度均匀分布的 19 个样品见表 6-9，表中第一列的数据为样品中盐酸曲马多的含量，第一行中的数据为对乙酰氨基酚的含量，表中括号内的数字代表建模及样品编号，每个样品中盐酸曲马多和对乙酰氨基酚的含量为其所在行和列的第一列和第一行中的对应数据。

表 6-9 复方盐酸曲马多样品浓度设计

	2.850	6.275	6.700	7.125	8.550	9.975	11.400
0.610			(6)			(14)	
0.915	(1)			(9)			(17)
1.220		(4)			(12)		
1.525			(7)			(15)	
1.830	(2)			(10)			(18)
2.135		(5)			(13)		
2.440			(8)			(16)	
2.745	(3)			(11)			(19)

按照上表制备相应浓度的盐酸曲马多和对乙酰氨基酚复方溶液，在 200～295 nm 波长范围内，测定其紫外吸收度如图 6-13 所示。

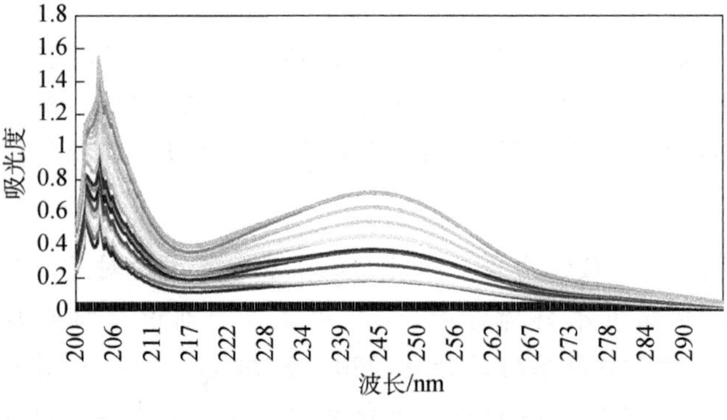

图 6-13 复方盐酸曲马多样品的紫外吸收曲线

将这19个样品的紫外吸光度矩阵作为自变量数据矩阵 X 并按照式(6-13)进行自标度化预处理后，在 MATLAB 下按照步骤(2)将建模样品的吸光度矩阵进行主成分分析，按步骤(3)求得前两个主成分的累积贡献率达到了99.94%，而实际样品亦为两个成分，故取两个主成分。按照步骤(4)、(5)用前两个主成分得分矩阵和19个建模样品的浓度矩阵进行多元线性回归求得回归系数矩阵 B。然后按照式(6-46)计算回归模型得到计算浓度。19个样品的实际浓度与计算浓度关系见图6-14与图6-15。

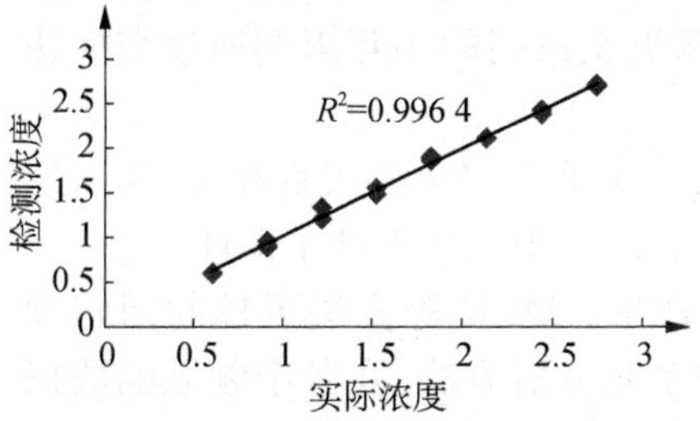

图6-14 盐酸曲马多浓度分析结果

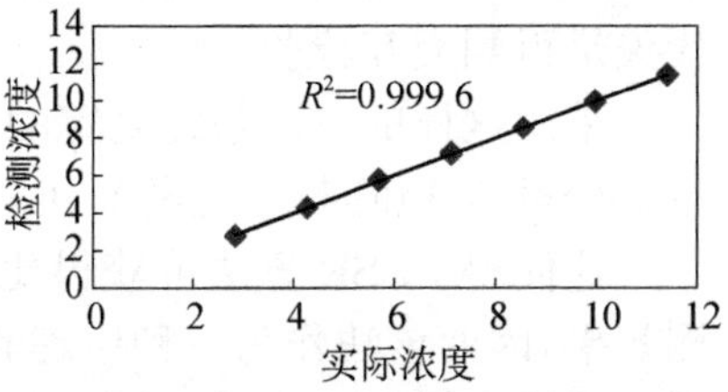

图6-15 对乙酰氨基酚浓度分析结果

图6-14与图6-15表明根据PCR所建模型回归得到的盐酸曲马多与对乙酰氨基酚浓度与实际值的线性相关系数均在0.99以上，说明该模型可以用于预测复方片的两种组分含量。

6.4 偏最小二乘回归(PLSR)

6.4.1 PLSR的原理

主成分回归的主要思想是直接对自变量矩阵 X 进行主成分分解，继而用因变量矩阵 Y 对得到的主成分进行回归，得到回归系数矩阵后用于预测未知样本的因变量值。在PCR中未对因变量数据矩阵 Y 进行主成分分解和信息压缩，因变量所包含的噪声及其之间的相关性影响无法消除，并且在主成分分解过程中并未考虑 X 与 Y 之间的相关性，因此PCR所建立的模型虽比MLR有所改善但还不是最佳的线性模型。

20 世纪 70 年代建立起来的偏最小二乘回归(Partial Least Square Regression, PLSR)方法则克服了 PCR 存在的不足,PLSR 既对自变量矩阵 X 进行主成分分解(设其载荷向量和得分向量分别为$\boldsymbol{v}$与$\boldsymbol{t}$),又对因变量矩阵 Y 进行主成分分解(设其载荷向量与得分向量分别为 $\boldsymbol{u}$ 与$\boldsymbol{s}$),并且在分解 X 和 Y 的同时考虑了$\boldsymbol{s}$ 与$\boldsymbol{t}$ 间应有的线性相关性(其回归系数记为 r)。PLSR 采用 NIPALS 方法对 X 和 Y 进行主成分分解,且通过迭代时交换 X 与 Y 迭代矢量使两个分解过程合二为一。这使得在分解 Y 时考虑了矩阵 X 的影响,而在分解 X 时又考虑了矩阵 Y 的影响,两类变量间的相互影响通过交换迭代矢量得到交互检验。

采用这样的方法最终确定的$\boldsymbol{t}$ 与$\boldsymbol{s}$ 间有最大的线性相关,从而使得自变量 X 矩阵与因变量 Y 矩阵的最大相关性得到了保证。

这使得 PLSR 方法可获得比 PCR、MLR 等方法更佳的回归预测效果,因而该法作为一种稳健的多元分析方法,在各个领域的数据回归建模中得到了广泛应用。

PLSR 有以下的优点。

(1) 与 PCR 相似,PLSR 也能排除原始变量的相关性。

(2) 既能过滤自变量的噪声,也能过滤因变量的噪声。

(3) 描述模型所需特征变量数目比 PCR 少,预报能力更强更稳定。

6.4.2 PLSR 的算法步骤

为方便起见,我们将自变量和目标(因)变量当作 X 块和 Y 块来叙述,并暂且省略表示 PLS 成分序号的下标 h。PLSR 算法涉及的变量、矢量、矩阵的符号与解释见表 6-10。

表 6-10 PLSR 原理的符号及说明

符号	解　释
a	PLS 主成分(潜变量)个数
k	待预测样本个数
$\boldsymbol{x}$	训练样本集(建模集)自变量行向量(大小为 $1\times p$)
$\boldsymbol{y}$	训练样本集(建模集)因变量行向量(大小为 $1\times q$)

续表

符号	解　释
X	训练样本集(建模集)自变量矩阵(大小为 $n \times p$)
Y	训练样本集(建模集)因变量矩阵(大小为 $n \times q$)
$\boldsymbol{t}_h$	X 块得分阵的第 h 列向量(大小为 $n \times 1$)
$\boldsymbol{v}_h$	X 块载荷阵的第 h 列向量(大小为 $p \times 1$)
$\boldsymbol{w}_h$	Y 块得分向量 $\boldsymbol{s}_{\mathrm{h}}$ 与 X 之间回归关系的权重向量(大小为 $p \times 1$)
$\boldsymbol{c}_h$	X 块得分向量 $\boldsymbol{t}_{\mathrm{h}}$ 与 Y 之间回归关系的权重向量(大小为 $q \times 1$)
T	X 块的得分阵(大小为 $n \times a$)
V	X 块的载荷阵(大小为 $p \times a$)
W	Y 块得分矩阵 S 与 X 之间回归关系的权重矩阵(大小为 $p \times a$)
$\boldsymbol{s}_h$	Y 块得分阵的第 h 列向量(大小为 $n \times 1$)
$\boldsymbol{u}_h$	Y 块载荷阵的第 h 列向量(大小为 $q \times 1$)
S	Y 块得分阵(大小为 $n \times a$)
U	Y 块载荷阵(大小为 $q \times a$)
E_h	减去 h 成分后 X 的残差(大小为 $n \times p$)
F_h	减去 h 成分后 Y 的残差(大小为 $n \times q$)
r_h	PLS 第 h 成分的回归系数
R	PLS 的回归系数构成的对角矩阵(大小为 $a \times a$)

(1) 取目标变量(因变量)Y 的任一列(通常取第一列)作为其得分的初值

$$\boldsymbol{s} \leftarrow \boldsymbol{y}_j \tag{6-49}$$

(2) 在自变量 X 块,让因变量 Y 块的得分 $\boldsymbol{s}$ 和自变量 X 进行回归,参照式(6-31)可求得 $\boldsymbol{s}$ 与 X 间线性关系的权重系数

$$\boldsymbol{w} = X^{\mathrm{T}}\boldsymbol{s}/(\boldsymbol{s}^{\mathrm{T}}\boldsymbol{s}) \tag{6-50}$$

(3) 归一化

$$\boldsymbol{w} = \boldsymbol{w} / \| \boldsymbol{w} \| \tag{6-51}$$

(4) 参照式(6-33)求 X 块的得分

$$\boldsymbol{t} = X\boldsymbol{w} / (\boldsymbol{w}^{\mathrm{T}}\boldsymbol{w}) \tag{6-52}$$

(5) 在因变量 Y 块,用自变量 X 块的得分向量 $\boldsymbol{t}$ 和因变量 Y 进行回归,参照式(6-31)可求得 $\boldsymbol{t}$ 与 Y 之间线性关系的权重向量

$$\boldsymbol{c} = Y^{\mathrm{T}}\boldsymbol{t} / (\boldsymbol{t}^{\mathrm{T}}\boldsymbol{t}) \tag{6-53}$$

(6) 归一化

$$\boldsymbol{c} = \boldsymbol{c} / \| \boldsymbol{c} \| \tag{6-54}$$

(7) 参照式(6-33)求 Y 块的得分

$$\boldsymbol{s} = Y\boldsymbol{c} / (\boldsymbol{c}^{\mathrm{T}}\boldsymbol{c}) \tag{6-55}$$

(8) 如第(4)步的 $\boldsymbol{t}$ 和前次迭代的 $\boldsymbol{t}$ 差别小于某一个阈值,转第(9)步;否则,转第(2)步。

(9) 计算 X 块的载荷

$$\boldsymbol{v} = X^{\mathrm{T}}\boldsymbol{t} / (\boldsymbol{t}^{\mathrm{T}}\boldsymbol{t}) \tag{6-56}$$

(10) 计算 Y 块的载荷

$$\boldsymbol{u} = Y^{\mathrm{T}}\boldsymbol{s} / (\boldsymbol{s}^{\mathrm{T}}\boldsymbol{s}) \tag{6-57}$$

(11) 计算标量 r 用以内部关联 $\boldsymbol{t}$ 和 $\boldsymbol{s}$

$$r = \boldsymbol{s}^{\mathrm{T}}\boldsymbol{t} / (\boldsymbol{t}^{\mathrm{T}}\boldsymbol{t}) \tag{6-58}$$

(12) 求残差矩阵并赋给 X 和 Y

$$X \leftarrow X - \boldsymbol{t}\boldsymbol{v}^{\mathrm{T}},\ Y \leftarrow Y - \boldsymbol{s}\boldsymbol{u}^{\mathrm{T}} \tag{6-59}$$

这样,完成了一个 PLS 成分,再回到第(1)步进行下一个主成分的求解,直到完成所需要的成分。一般是计算全部自变量数目(p 个)的 PLS,在抽取特征变量时再根据需要删去后面的成分。

在上述迭代中,因为有第(12)步 X 和 Y 阵用其残差代入,故可使得每次求得的 $\boldsymbol{t}_h$ 之间相互正交。

图 6-16 为 PLS 分解过程中涉及的变量及其示意图。

总结上述 PLS 分解过程，可简要地描述如下。

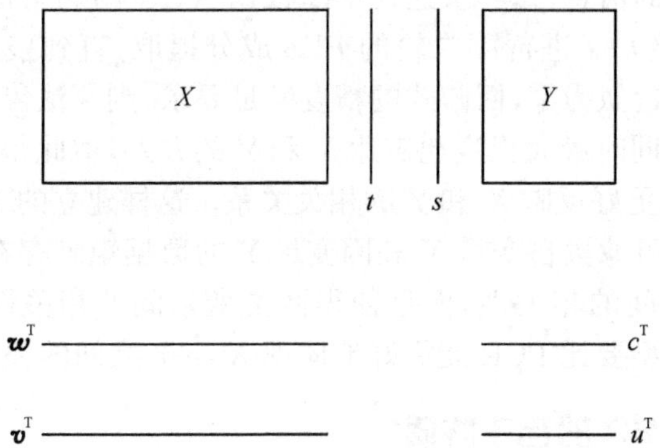

图 6-16　PLS 分解过程的相关变量与矩阵大小示意

(1) X 和 Y 自身变量间的关系

$$X = TV^T + E, \quad Y = SU^T + F \tag{6-60}$$

式中，E、F 为回归的残差；T、S 分别为自变量 X 与因变量 Y 的得分矩阵；V 与 U 分别为自变量 X 和因变量 Y 矩阵对应的特征向量矩阵。

(2) X 和 Y 的 PLS 成分之间的关系为

$$S = TR + e \tag{6-61}$$

式中，e 为 Y 的得分矩阵 S 与 X 的得分矩阵 T 之间进行回归的残差；R 是由各个主成分得分 $\boldsymbol{s}$ 与 $\boldsymbol{t}$ 之间的回归系数构成的对角阵，其大小等于最终确定的 PLS 成分个数。

(3) X 和 Y 的混合关系为

$$Y = \mathrm{TRU}^T + F \quad \min \| F \| \tag{6-62}$$

(4) PLS 回归分别在 X 和 Y 中提取各自的主成分(在 PLSR 中称为潜变量——latent variable, LV)，它们分别为自变量与因变量的线性组合。两者满足以下条件：①两组 PLS 潜变量分别最大程度地承载自变量和因变量的方差信息；②两组 PLS 成分之间的协方差最大化。

PLS 对每一维度的计算采用迭代的方法进行，在迭代计算中互相利用对方的信息，每一次迭代不断根据 X、Y 的剩余信息(即其残差矩阵)调整 $\boldsymbol{t}$、$\boldsymbol{s}$ 进行第二轮的 PLS 成分提取，直到残余矩阵中的元素绝对值近似为零，回归式的精度满足要求，则算法停止。此时得到的 $\boldsymbol{t}$、$\boldsymbol{s}$ 能同时最大程度地表达 X 和 Y 的方差，由此得到的回归系数矩阵 R 能更好反映 X 和 Y 的相关关系。这样建立的 X 与 Y 之间的回归模型可滤去自变量 X 和因变量 Y 的数据矩阵存在的噪声、消除同类变量间的相关性，而且使得两类变量间的相关性最大，因此 PLS 回归模型要比 PCR 能更好地体现 X 与 Y 之间的关系。

6.4.3 PLSR 的若干性质*

(1) 可以证明，矢量 $\boldsymbol{s}$、$\boldsymbol{c}$、$\boldsymbol{t}$、$\boldsymbol{w}$ 是对应如下矩阵的最大特征值的特征矢量

$$
\begin{aligned}
(YY^{\mathrm{T}}XX^{\mathrm{T}})\boldsymbol{s} &= \lambda\boldsymbol{s} \\
(Y^{\mathrm{T}}XX^{\mathrm{T}}Y)\boldsymbol{c} &= \lambda\boldsymbol{c} \\
(XX^{\mathrm{T}}YY^{\mathrm{T}})\boldsymbol{t} &= \lambda\boldsymbol{t} \\
(X^{\mathrm{T}}YY^{\mathrm{T}}X)\boldsymbol{w} &= \lambda\boldsymbol{w}
\end{aligned} \tag{6-63}
$$

(2) 矢量正交性

$$\boldsymbol{w}_i^{\mathrm{T}}\boldsymbol{w}_j = 0, \quad i \neq j \tag{6-64}$$

$$\boldsymbol{t}_i^{\mathrm{T}}\boldsymbol{t}_j = 0, \quad i \neq j \tag{6-65}$$

上述正交性表明，自变量的得分矢量 $\boldsymbol{t}$ 线性无关，作为新的特征变量，输入信息不重叠。

(3) PLS 成分

为节省内存，在 PLS 迭代中，自变量的得分矢量 $\boldsymbol{t}$ 一般不保存，在迭代收敛后再重新计算，需确定 X 的投影轴 $\boldsymbol{Q}$，称之为 PLS 成分。

由于
$$X = TV^{\mathrm{T}} \tag{6-66}$$

令
$$\boldsymbol{Q} = (V^{\mathrm{T}})^{-1} \tag{6-67}$$

则
$$T = X(V^{\mathrm{T}})^{-1} \tag{6-68}$$

与通常的投影公式比较，可以看到，PLS 方法的投影轴不是 X 的载荷 V，不能直接用 V 去求 X 的投影。

6.4.4 PLSR 的预测步骤

在一些统计研究中，希望直接用 PLSR 去预报样本的目标值。如有 k 个样本，设其自变量 $\widetilde{X}_{k\times p}$，要求用 PLSR 预报它们的因变量 $\widetilde{Y}_{k\times q}$。在 $\widetilde{X}_{k\times p}$进行自标度化处理后，根据上述原理，可以按下面步骤预测这 k 个样本的 $\widetilde{Y}_{k\times q}$值。

先根据未知样本的 $\widetilde{X}$ 值求得未知样本的得分

$$\widetilde{\boldsymbol{t}}_h = \widetilde{E}_{h-1}\boldsymbol{w}_h \tag{6-69}$$

$$\widetilde{E}_h = \widetilde{E}_{h-1} - \widetilde{\boldsymbol{t}}_h V_h^{\mathrm{T}} \tag{6-70}$$

其中　$\widetilde{E}_0 = \widetilde{X}$，则

$$\widetilde{Y} = \sum_{h=1}^{a} r_h \widetilde{\boldsymbol{t}}_h \boldsymbol{u}_h^{\mathrm{T}} \tag{6-71}$$

a 为所抽取的 PLS 成分数目。a 的大小应根据对应的 a 下预测效果来确定，将在 6.4.5 中进行研究。

6.4.5 PLSR 中潜变量个数的确定

建立 PLS 回归模型的主要目的是为了良好地预测未知样本的因变量，由式(6-71)可知，PLS 潜变量个数 a 的大小会影响到预测值 Y 的准确性。a 值过小，不能完全剔除原始数据中的噪声和原始变量间的相关性；而 a 值过大，又会将不必要的噪声引入 PLS 成分，这两种情况都会影响模型的预测性能。因此，在 X 和 Y 间有着良好线性关系的情况下，通常存在一个最佳 PLS 主成分个数 a，使得在这个主成分个数下，PLS 模型具有最佳的预测效果。

常用的确定最佳 a 值的方法如下。

(1) 根据 Y 的迭代残差确定最佳 a 值

从 PLSR 原理可知，在迭代过程中

$$\boldsymbol{t}_h = E_{h-1}\boldsymbol{w}_h \tag{6-72}$$

式中，$E_h = E_{h-1} - t_h v_h^T$；$E_0 = X$。

则 Y 的残差：$F_h = F_{h-1} - r_h t_h u_h^T$；$F_0 = Y$。 (6-73)

其中 Y 的残差矢量长度 $\|F_h\|$ 随着 h 的增加而减少，当它变化不大时，就可截断，如图 6-17(a)所示，抽取成分数目为 4 或 5，即 $a = 4$ 或 $a = 5$。

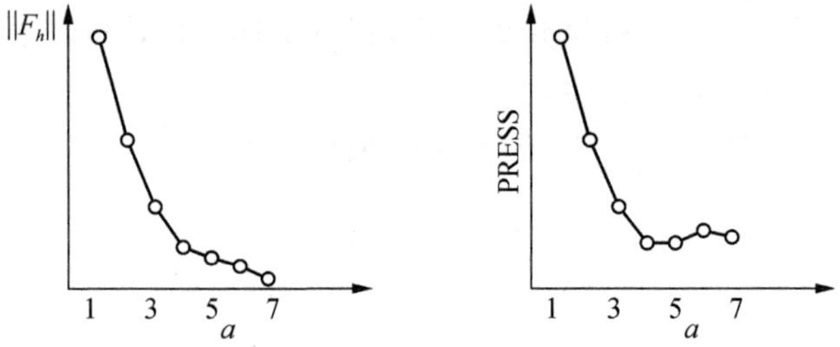

(a) 由$\|F_h\|$的变化判断 (b) 由PRESS判断

图 6-17 PLS 成分截取示意

(2) 根据模型交叉检验(Cross Validation)结果确定最佳 a 值

应用留 K 法(Leave-K-out)计算预报残差平方和 PRESS (Prediction residual error sum of squares)。在训练样本集中留下 K 个样本，用其余的训练样本建模，用模型预测留下的 K 个样本，计算它们的残差平方和。所有训练样本都被轮流作为这 K 个检验样本，并依次计算 K 个检验样本的残差平方和，最后总加起来，就是 $PRESS$。当取 K 为 1，即留一法。定义 PRESS 如下

$$PRESS = \sum_{i=1}^{n} \sum_{j=1}^{q} (y_{ij} - \hat{y}_{ij})^2 \tag{6-74}$$

式中，$\hat{y}_{ij}$ 为被留下的第 i 个样本的第 j 个因变量的模型值；y_{ij} 为该样本的第 j 个因变量的实际值。

比较每一 PLS 成分个数下的 PRESS 变化趋势，当 PRESS 降低到某一阈值不再随 PLS 成分数降低，或者以后的 PLS 成分数下对应的 PRESS 开始增加时，取这一临界点的 PLS 成分数作为最佳 a 值。如图 6-17(b)所示情况，取 PLS 成分数目为 4 或 5，即 $a = 4$ 或 $a = 5$。

6.4.6 PLSR 的 MATLAB 实施与应用

MATLAB 中自带函数 plsr 采用 NIPALS 算法进行偏最小二乘回归，该函数调用命令如下

```
>> [theta,w,cw,ssqdif,yres] = plsr(xreg,yreg,nu,lv,plotopt)
% plsr 函数输入变量的含义：
% xreg 与 yreg 分别为建模集中自变量和因变量矩阵；
% nu：自变量个数(即矩阵 xreg 的列数)；lv 为使 xreg 与 yreg 协方差最大的 PLS 向量个数(即潜变量-PLS 成分个数)；
% plotopt 默认值=0，此时无图形输出，
% plotopt =1，画出各样本的实际因变量（yreg)与 plsr 模型给出的因变量(yfit)；
% plotopt =2，画出 yreg、yfit 及因变量残差（yres).
% plsr 函数输出变量的含义：
% theta：n ×nu 维响应系数矩阵，第 i 列对应自变量 i 的响应系数。plsr 模型给出的因变量 yfit=xreg * theta '(n 为因变量个数，plsr 函数默认 n=1，n 大于 1 时该函数不能正常调用，故 theta 实际是一元素个数=自变量个数的行向量。
% w 及 cw 为确定 theta 的中间矩阵和向量。
% ssqdif：PLSR 解释的自变量和因变量方差百分率；
% yres：因变量残差
```

plsr.m 文件可以在 MATLAB\toolbox\mpc\mpccmds 目录下找到，根据 plsr 算法的源代码可以知道 MATLAB 中的 PLSR 是基于 NIPALS 进行的。但 plsr 函数中没有对偏最小二乘回归模型及回归系数进行显著性检验。下面为我们自编的 plsr 回归并对回归模型和系数进行检验的 m 文件

```
function [theta,ssqdif,yres,t,Tcrit,R,F,Fcrit,yu]=pls_test(xreg,yreg,LV,xpre,alpha)
% 偏小二乘回归建模、预测并对回归模型和回归系数进行检验的程序
```

```
% xreg 为建模集自变量;yreg 为建模集因变量;alpha 为置信水平,取 0.05 或 0.01
% LV 为潜变量个数(LV≤自变量个数)
% xpre 为预测集的自量矩阵(如果不做预测,xpre 输 xreg 即可)
% 输出变量:theta 为 plsr 回归系数组成的行向量,其个数=自变量个数+1
% ssqdif: PLSR 解释的自变量和因变量方差百分率;yres: 因变量残差.
% t 为按照 4 -19 计算的 LV 个潜变量的回归系数统计检验量,Tcrit 为 t 分布的临界值
% R 为 plsr 回归模型的复相关系数;
% F 为 plsr 回归所得回归模型的方差比值统计量,Fcrit 为 F 分布的临界值
% yu 为 plsr 回归模型给出的未知样本的因变量值
[nx,px]=size(xreg);
[ny,py]=size(yreg);
if nx ~= ny
    error('建模集的自变量与因变量的样本数必须相等! ');
    return
end
[ax,mx,s]=autoscaling(xreg);
% 对建模集自变量矩阵(每一列为一个自变量)进行自标度化处理并将结果赋给矩阵 ax,返回参数 mx 与 s 分别为各变量的均值与标准方差
% 自编函数 autoscaling 见 6.1.3 的 m 文件 autoscaling.m
[theta,w,cw,ssqdif,yres] = plsr([ones(nx,1) ax],yreg,px+1,LV);
% 以含常数列的 ax 为自变量,yreg 为因变量进行偏小二乘回归
Yc=[ones(nx,1) ax] * theta'; % 求建模集因变量并赋给 Yc
ym=mean(yreg); %求因变量的均值
Sc=sum(yres.^2);%求建模集残差平方和
```

```
Sh=sum((Yc-repmat(ym,ny,1)).^2);%求回归平方和
R=sqrt(Sh/sum((yreg-repmat(ym,ny,1)).^2));
%求plsr回归模型的复相关系数R
F=(nx-LV-1)*Sh/(LV*Sc); %求plsr回归模型的统计检验量F比值
Fcrit=finv(1-alpha,LV,nx-LV-1); %求F分布的临界值
R,F,Fcrit  %屏幕显示R,F,Fcrit的值
% 以下计算plsr回归系数(不含常数项)显著性检验的统计参数t值
cc=inv(xreg'*xreg);
B=theta(:,2:px+1)';
t=B./(sqrt(diag(cc))*sqrt(sum(yres.^2)/(nx-px-1)));
%根据式(4-19)计算实际统计量t所组成的列向量(不含常数项)
Tcrit=tinv((1-alpha/2),nx-px-1); %求t的临界值
t,Tcrit %屏幕显示t,Tcrit的值
% 下面根据建立的plsr回归模型预测未知样本的y值
[np,pr]=size(xpre);
%将矩阵xpre的行数和列数分别赋给变量np,pr
axp=(xpre-repmat(mx,np,1))./repmat(s,np,1);
% 将预测集样的自变量减建模集对应变量的均值并除以该变量的方差(对预测样本进行自标度化预处理)
yu=[ones(np,1) axp]*theta';
%求未知样本的因变量yu
% end of pls_test
```

plsr.m函数中没有优化潜变量LV的功能，需要每次调用时人为输入LV个数，当自变量个数nu较大时，依次选取LV=1～nu调用plsr并比较不同LV下的结果以选取合适的LV建模很麻烦。利用留一交叉验证原理，我们自编了优化LV的MATLAB函数如下

```
function [lv,theta,ycal,t,Tcrit,STATUS,ypre]=pressf(X,
```

```
Y,xpre,alpha)
    %  pressf(留一法确定潜变量个数)
    %  输入变量:
    %  X,Y:自变量与因变量矩阵;xpre为预测集自变量矩阵
    %  输出变量:
    %  lv:最佳PLS潜变量个数,theta:PLSR回归系数向量,含义同plsr.m
    %  ycal -根据优化的lv所确定的plsr模型给出的因变量值;
    %  t为对theta给出的各plsr回归系数进行显著性检验的统计量t(不含常数项),其大小=nox(X的列数);
    %  Tcrit为t双边分布函数在nox - lv - 1自由度下的临界值(置信水平=alpha)
    %  STATUS存储最佳lv值下所得plsr模型的评价指标:其第1个元素r为建模样本的模型值与实测值之间的相关系数;
    %  第2个元素为RMSEC(建模样本的均方根误差);第3个元素e为模型给出的因变量值与实际值的绝对平均残差;
    %  第4个元素R为plsr回归模型的复相关系数;
    %  第5个元素F为plsr回归模型检验的统计量F比,F大于第6个元素Fcrit(F的理论临界值)时模型可以通过显著性检验。
    [nrx,nox]=size(X);
    [nry,noy]=size(Y);
    ax=autoscaling(X);
    XX=[ones(nrx,1) ax;ones(nrx,1) ax];
    YY=[Y;Y];
    if nrx ~= nry
        error('自变量样本个数必须等于因变量的样本个数!');
        return
    end
    for j =1:nrx
        for i=j:(nrx+(j-2))
            xreg(i,:)=XX(i,:);
```

```
            yreg(i,:)=YY(i,:);
        end
            for lv=1:nox
                [theta,w,cw,ssqdif,yres] = plsr(xreg,yreg,
                nox+1,lv);
                ypredict(j,lv)=XX(nrx+(j-1),:) * theta';
    %计算每个 LV 下留一检验样本的 y 值
            end
        j=j+1;
    end
    for v =1:nox
        press(:,v)=sum((ypredict(:,v)- Y).^2);
    % 计算对应的潜变量下的留一检验样本的因变量残差平方和
press
    end
    plot(1:nox,press,'o') %画出 press 随 pls 潜变量个数的变化图
    [pressvalue,a]=min(press); % a=press 最小时的潜变量个数
    lv=a;
    [theta,ssqdif,yres,t,Tcrit,R,F,Fcrit,ypre]=pls_test(X,Y,
lv,xpre,alpha);
    % 调用 pls_test 自编函数计算最佳潜变量下的 plsr 回归系数并
对回归模型和回归系数进行统计检验
    ycal=[ones(nrx,1) ax] * theta';
    RY=corrcoef(Y,ycal);
    r=RY(1,2); %计算最佳 LV 下建模集模型值与实际值之的相
关系数
    RMSEC=sqrt(sum((Y-ycal).^2)/nry);%计算建模集均方残
差
    e=abs(yres);%计算建模集因变量的残差绝对值
    rmse=mean(e); %计算建模集因变量的平均绝对残差
    STATUS=[r RMSEC rmse R F Fcrit];
```

%将最佳 plsr 回归模型的评价指标赋给 STAUS 数组
% end of pressf

例 6－6 用 PLSR 求例 4－3 中的 4 个自变量与因变量间的回归关系并确定最佳潜变量 LV 值，对最佳 LV 对应的 PLSR 回归模型及模型参数进行统计检验。在输入自变量数据矩阵 X 与因变量矩阵 y 后，在 MATLAB 下输入如下命令

```
>> [lv,theta,ycal,t,Tcrit,STATUS ,ypre]=pressf(x,y,x,0.05)
```

可得如下结果

Percent Variance Captured by PLS Model

	----X-Block-----		----Y-Block-----	
LV#	This LV	Total	This LV	Total
1.0000	22.2941	22.2941	97.6988	97.6988
2.0000	42.9541	65.2481	2.2286	99.9274
3.0000	3.9391	69.1872	0.0227	99.9502

这表明，最终 pressf 函数根据留一交叉验证选取了 3 个 pls 潜变量，这 3 个 pls 成分体现了 69.2%的自变量信息、99.95%的因变量信息。图 6－18 为 PRESS 随潜变量个数 a 变化的趋势，根据该图，在 $a=3$ 时，PRESS 达到最低点，随后当 $a=4$ 时上升。故最佳潜变量个数 LV=3。

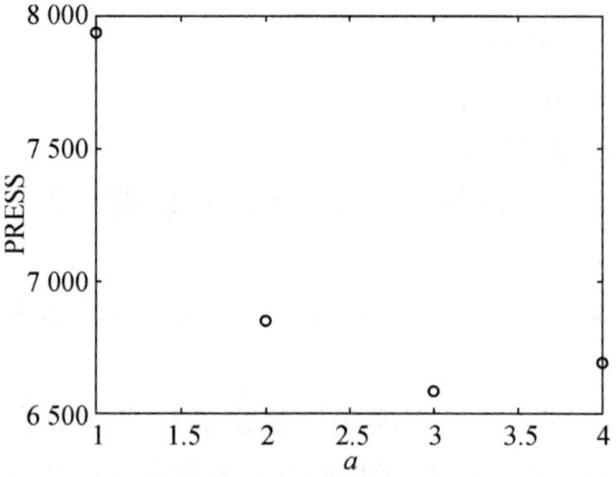

图 6－18 交叉验证预测残差平方和 PRESS 随潜变量个数 a 的变化

R =

0.9881

(3 个潜变量下获得的 plsr 回归模型的复相关系数为 0.9881)

F =

131.6395(>F(0.05，3，13−3−1)=3.8625，故 plsr 回归模型通过统计检验)

Fcrit =

3.8625

t =

36.8588

76.7963

−5.2900

−132.6781

4 个自变量前的 plsr 回归系数的统计量 t 的绝对值均大于 t 的临界值(2.306)，故该回归方程的回归系数均可通过显著性检验。

Tcrit =

2.3060

根据 theta 向量可知 LV=3 时的 plsr 回归方程为

$$y = 95.655 + 7.7773x_1 + 4.1931x_2 - 0.9610x_3 - 6.257x_4 \tag{6-75}$$

打开 STAUS 得

STATUS=

0.9888　2.16　1.8262　0.9881　131.64　3.8625

根据其第一个数值可知，回归模型(6-75)给出的因变量 y 值与 y 的实际值之间的相关系数 r=0.9888；由 STATUS 的第二个数值可知回归模型(6-75)的均方根残差 RMSEC=2.16；由 STATUS 的第三个数值可知模型(6-75)的因变量平均绝对残差=1.8262。

显然，LV=3 时 PLSR 回归模型(6-75)的误差比表 4-6 中方程(4-18)的误差略高，但比表 4-6 中只取 x_1、x_2 回归所得方程(4-21)的误差小，并且方程(6-75)所反映的自变量与因变量之间的关系与表 4-5 所体现出的 y 随 x_1、x_2 的增长而增大、随 x_3 和 x_4 的增大而减小的基本规律相符。表明偏最小二乘回归避免了例 4-3 中采用多元线性回归得到的回归方程(4-18)中 y 与 x_3 成正相关关系的谬误，并且取得了良好的回归精度。

6.5 本章小结

PCA 中的特征分解可看作是对原始坐标轴进行旋转获得变量方差最大的新坐标系的过程；对原始变量进行自标度化预处理可看作是对原始数据进行坐标平移(减均值)、尺度伸缩(除以标准差)的过程；处理后的变量在新坐标系下投影值即为新的变量——主成分得分。

主成分(得分)是一组方差由大到小排列的、以原始变量的线性组合(线性组合系数为特征向量的元素)表示的新变量，协方差矩阵特征向量构成了新的坐标空间，称为主成分轴，特征值即对应主成分的方差。因此，特征值大的主成分所含信息量也大，可根据特征值大小确定主成分个数，从而用较少的主成分代替原始变量，实现对原始数据的信息压缩和特征抽提。

PCA 技术由于具有上述特点，在很多领域得到了广泛应用，其主要用途如下。

(1) 变量评估

如果原来 p 个自变量之间存在相关性，那么这些变量的协方差矩阵的特征值必然会有等于 0 或接近于 0。大的特征值所对应的主成分，作用也越大。若将其引入数学模型，它能够解释的偏差量也越大；而小的特征值所对应的主成分在回归模型中起的作用也小。所以，主成分分析的结果可以作为变量评估和选择的依据，如例 6-2。

(2) 信息压缩

由于主成分可以起到数据简约与信息压缩的作用，因此可以用主成分得分来近似替代原始数据矩阵。例 6－2～例 6－6 就属于这种情况。当原始数据矩阵庞大时，这一技术非常有用。在利用光谱数据进行样品定量、定性分析的方法中大都采用 PCA 技术进行数据压缩和信息抽提。

(3) 多元分辨

在分析化学中，经常会碰到组分个数、组分种类不明确的多元混合物系。如果采用传统分析化学的办法进行掩蔽、分离来实现定性、定量分析非常困难。PCA 技术在这类问题的解决中得到了广泛应用。

(4) 特征抽提

在模式识别技术中，所用来描述分类对象的特征是否恰当、独立，对于分类结果的好坏起着决定作用，PCA 技术常用来对初选的特征进行分析后，用得到的主成分得分作为模式识别的特征，然后根据主成分得分再对样品进行分类研究。在第 8 章中将对这部分内容介绍。

(5) 数学建模

本章介绍了 PCR、PLSR 两种利用主成分分析进行回归建模的方法，下面将其与第 4 章介绍的多元线性回归(MLR)建模方法进行比较。

自变量矩阵 X 与因变量矩阵 Y 之间的线性数学模型可以用下式来表示

$$Y = XB \tag{6-76}$$

对于相同的数据矩阵 X 与 Y，以上三种建模方法的差异在于求解系数矩阵 B 的方法不同，得到的系数矩阵也不同，从而造成了所建数学模型的差异。表 6－11 对三种数学建模方法的系数矩阵及方法的优劣进行了对比。

表 6－11　三种线性回归建模方法的比较

项目	MLR	PCR	PLSR
系数矩阵 B	$(X^TX)^{-1}X^TY$	$(V^TX^TXV)^{-1}V^TXY$	$X(V^T)^{-1}RU^T$
优点	运算量小，简单	压缩了自变量信息，可消除 X 矩阵的噪声与共线性	对 X 与 Y 矩阵同时进行主成分分解，可剔除两类数据中的噪声及共线性

续表

项目	MLR	PCR	PLSR
缺点	X 矩阵病态时不适用,不能剔除原始数据中的噪声	未剔除 Y 数据矩阵中的噪声	计算过程复杂,涉及的变量与内存较多,X 与 Y 之间的关系抽象
n/m	最好大于 5	最好大于 5	未明确要求
自变量压缩时对 X、Y 的相关性	未考虑	未考虑	考虑
模型结果	自变量相互独立且样本数与自变量数之比大于 5 时较好	有时好于 MLR,但不及 PLSR	最好

注:m 为自变量个数或主成分数;V 为 X 的前 m 个主成分的特征向量矩阵;U 为 Y 的前 m 个 PLS 成分组成的特征向量矩阵。

PCR 由于对原始自变量进行主成分分析得到 m 个独立的主成分,消除了原始变量间的线性相关,再求新的变量主成分与因变量之间的回归关系。因此在建模回归过程中不存在病态矩阵求逆等问题,但在建模过程中有时会出现回归系数高的主成分的载荷系数很低,而载荷系数高的主成分在回归模型中的系数却很低,这时模型的性能就不太好。这是由于只是针对自变量去寻找有代表性的主成分而未充分考虑 X 与 Y 之间的相关性所致。

而 PLSR 则对自变量和因变量同时进行主成分分解,并且在求解主成分的过程中交换迭代矢量,考虑了两类变量间的相关性,在迭代求解 PLS 主成分过程中,对每一个 X 矩阵的主成分方向进行修改,使它与 Y 矩阵之间的协方差最大,选择了与因变量相关性较强而又能方便算得的自变量线性函数,克服了主成分回归的缺点。

此外,采用 PCA 对自变量进行信息压缩和抽提后,再利用神经元网络等方法建立定量、定性分析模型也很常见。

(6) 主成分分析前进行数据预处理的必要性

在 6.1.3 节中解释了对变量进行自标度化预处理的原因。下面通过分析例 6－2 中的数据观察不进行预处理会是什么结果。

例 6－2 中的三个自变量中 X_1 与 X_3 的量级为 10^3，而 X_2 的量级为 10^1，如果不对 X 进行预处理，直接采用调用 MATLAB 函数 princomp(X)进行主成分分析，会得到如下三个特征值：5 606.5，12.781 与 2.811 2，三个主成分的贡献率依次为 99.72%，0.23%和 0.05%。

按照这个结果，只要取第一个主成分就足以代表例 6－2 中的三个自变量信息。但实际上该例中独立的自变量应该是两个。之所以出现这种与事实不符的结果，是因为变量 X_1 与 X_3 的量级比 X_2 高两个量级，特征分解过程中这两个变量的贡献掩盖了变量 X_2 的贡献，而这两个变量自身又高度相关，造成主成分分解后只有第一个主成分的方差占据 99%以上的比例，得出只有一个独立变量的虚假现象。

而例 6－2 中对三个自变量进行自标度化预处理后再进行主成分分解，得到的特征值为：2.056，0.939，0.005，三个主成分的累积贡献率分别为 68.53%，30.87%和 0.16%，前两个主成分的累积贡献率达 99.83%。说明取前两个主成分就可以反映原始数据 99%以上的方差。显然，经过预处理后得到的结果符合实际情况。

例 6－3 中的两个变量（甲苯和二甲苯含量）量级相当，所以不进行自标度化预处理仍可得到合理的结果。

思考题

1. 主成分分析的目的是什么？它可以用来解决哪些问题？
2. 主成分分析在什么情况下应用比较合适？
3. 解释 PCA 中特征值、特征向量（载荷轴）、主成分得分的含义。
4. 主成分具有哪些特性？请就主成分的均值、方差、主成分之间的独立性或相关性几个方面开展讨论。
5. 主成分轴（载荷向量）的模（长度）、不同主成分轴相互间的点积有什么特点？

6. 对于原始数据矩阵 $X_{n\times p}$，其特征向量矩阵为 $U_{p\times p}$，由式(6－17)可知，其前 m 个主成分得分矩阵 $F_{n\times m}=\widetilde{X}_{n\times p}U_{p\times m}$，如用 m 个主成分得分矩阵 $F_{n\times m}$ 近似表述原始数据阵 X，写出其表达式。

7. 什么情况下可以用数目较少的主成分替代数目较多的原始变量？

8. 主成分回归 PCR 与主成分分析 PCA 有什么区别？

9. 主成分回归法(PCR)有哪些优点？与偏最小二乘回归(PLSR)相比有哪些不足？

练 习 题

一、填空题

1. 当变量间存在较强的相关性时，通过主成分分析(PCA)可以对变量进行信息压缩和抽提，消除原始变量间的相关性，得到新的变量及新坐标系。新的坐标系由________组成；新的变量称为________；其中主成分(得分)是原始变量的________、是原始变量在新坐标系(载荷向量、特征向量、主成分轴)上的________。

2. 第 i，j $(i\neq j)$个主成分之间________；主成分按照________从大到小依次排列；每个主成分的________为 0，其________为原始变量协方差矩阵(或相关矩阵)对应的特征值。

3. 在 m 个主成分中，第一主成分的方差________；第 m 个主成分的方差________。

4. 原始变量矩阵 $X_{n\times p}$ 的协方差矩阵的________反映了其对应主成分方差的大小。

5. 设数据矩阵 $X_{n\times p}$ 的协方差矩阵的特征值从大到小依次为 λ_1，λ_2，…，λ_p，则前 m 个主成分的累积贡献率 $\eta_m=$________，根据 η_m 的大小可以确定主成分的________，主成分的个数 m ________ $\min(n,\ p)$。

6. 对于原始变量矩阵 $X_{n\times p}$ 应用主成分分析的前提是________。

7. 根据相关矩阵 R 的特征分解关系 $R_{p\times p}=U\Lambda U^{\mathrm{T}}$，其中 U 是________矩阵，U 的列与列之间________；Λ 是由 R 的________组

成的对角阵。

8. 主成分的均值=________；方差等于________；主成分之间的协方差(相关系数)=________；每个载荷轴(主成分轴)都是________向量；不同的载荷轴(主成分轴、特征向量)之间的点积=________。主成分空间的坐标系由________构成。

9. PCR(主成分回归)是先对自变量进行________后，采用前 m 个________作为新的自变量代替原来的自变量，再进行________建立主成分得分与因变量之间的数学关系。

10. PLS 回归分析中，采用交叉迭代的方法同时对________矩阵 X 和________矩阵 Y 进行主成分分解，并且在迭代过程中考虑了 X 矩阵的 PLS 得分 t 与 Y 矩阵 PLS 得分 s 间的________。

11. PLS 回归分析中，最佳潜变量个数可根据留一交叉验证指标——预报残差平方和 $PRESS$(Prediction residual error sum of squares)来确定。$PRESS=\sum_{i=1}^{n}\sum_{j=1}^{q}(y_{ij}-\hat{y}_{ij})^2$，其中 $\hat{y}_{ij}$ 为留一样本 i 的第 j 个因变量________，y_{ij} 为该样本的第 j 个因变量________。当 $PRESS$ 降低到某一阈值________随 PLS 成分数降低或者以后的 PLS 成分数下对应的 $PRESS$ ________时，取这一临界点对应________作为最佳潜变量个数。

二、计算题

1. 在 MATLAB 下对例 4-3 中的自变量分别采用原始数据 X 及自标度化处理后数据矩阵 $\widetilde{X}$，调用 Princomp 函数进行 X 与 $\widetilde{X}$ 的主成分分析。

(1) 求每个主成分的均值、方差，分析主成分的均值与方差具有什么特点。

(2) 求主成分得分矩阵的相关矩阵，分析主成分的相关系数具有什么特点。

(3) 求第一、第二载荷轴(主成分轴、特征向量)间的点积和模(向量的长度)，分析主成分轴具有什么特点。

2. 某国进口原料总额 Y 与国民生产总值(X_1)、原料存储量(X_2)及消费量(X_3)三个因素的关系如下表所示。

某国 11 年间 GDP、原料存储量、消费量及进口原料总额

单位:亿元

年份	总产值 X_1	存储量 X_2	消费量 X_3	进口原料总额 Y
1	149.3	6.2	108.1	16.9
2	161.2	6.1	116.8	16.4
3	171.5	3.1	123.2	19.0
4	176.5	3.1	126.9	19.1
5	180.8	1.1	132.1	18.8
6	190.7	2.2	137.7	20.4
7	202.1	2.1	146.0	22.7
8	212.4	6.6	156.1	26.5
9	226.1	6.0	162.3	28.1
10	231.9	6.1	166.3	27.6
11	239.0	0.7	167.6	26.3

(1) 不对自变量进行自标度化处理,调用 pressf 函数建立自变量 X_1, X_2 与 X_3 与进口原料总额(Y)之间的 plsr 模型并计算模型给出的因变量平均绝对残差。

(2) 先调用 autoscaling 函数对自变量进行自标度化处理(处理后变量记为 x),然后调用 pressf 函数建立自变量 x_1, x_2 与 x_3 与进口原料总额(Y)之间的 plsr 模型并计算模型给出的因变量平均绝对残差。

(3) 比较(1)与(2)的结果,并讨论自变量的预处理对分析结果的影响。

3. 对例 4-3 中的数据,取置信水平 $\alpha=0.01$,累积贡献率$=0.99$。参照例 6-4 中的步骤用主成分回归求水泥凝固时释放热量(y)与水泥中四种化学成分含量间的回归关系并进行讨论。

参考文献

[1] 刘树深,易忠胜. 基础化学计量学. 北京:科学出版社,1999.

［2］ 陈德钊. 多元数据处理. 北京：化学工业出版社，1998.
［3］ 陈念贻，钦佩，陈瑞亮，等. 模式识别方法在化学化工中的应用. 北京：科学出版社，2000.
［4］ 余锦华，杨维权. 多元统计分析与应用. 广州：中山大学出版社，2005.
［5］ 李玉柱，王国东，崔景斌. 主成分回归分光光度法同时测定曲马氨酚缓释片中盐酸曲马多和对乙酰氨基酚的含量. 中国药学杂志，2006，41(20)：1594 - 1596.

第7章 化学校正理论及光谱定量分析技术

7.1 基本概念

校正理论是分析化学定量分析的理论基础。从数学、统计学的角度而言，分析化学中所谓的校正即相当于利用已有理论假设已知变量（自变量）与待求变量（因变量）之间的关系符合某种数学模型，然后利用化学量测数据和回归分析方法确定模型参数。对于未知的样本，则可根据建立好的数学模型预测所需的因变量值（如组分浓度等）。

经典分析化学中利用标准曲线法进行浓度测定的过程就属于单变量校正问题。以单点数据（标量）为基点，假设某一物理和化学的信号与分析体系中某一待测量存在某种对应的数学关系（一般为线性关系），分析工作者可借此关系与回归分析的方法对体系中的化学物质进行定量分析，即相当于采用一元线性回归模型建立检测数据与待测信息间的数学关系。

而经典分析化学的校正方法仅以单点数据（标量）为基点，如光谱以最大吸收点、色谱以面积等来表征仪器数据，这样势必会丢失很多有用的信息；对于矩阵类型的测试数据（如联用仪器分析数据，多波长下的光谱数据等），经典分析化学中的数据处理方法就更无能为力了。因此，针对多元物系定量分析的多元校正理论随着计算机技术和分析仪器的不断更新发展应运而生。

本章所介绍的多元校正理论和方法主要是以多通道光谱信息及混合物系的 Lambert-Beer 定律为基础进行其中物质浓度的预测。

校正理论中有一些通用的术语与基本概念，下面进行简要介绍。

校正（Calibration）：建立模型（求模型参数）的过程（即回归分析中的建模过程）。

预测(Prediction):预测未知样本信息的过程。

校正集(Calibration set):建立模型的已知化学量测数据的集合,该集合中自变量与因变量均已知,又称为建模集、训练集(Training set)。

检验集(Validation set):用于检验模型准确性的一组已知测定结果的样本集合。

预测集(Prediction set):用于预测的样本集合,该集合中自变量已知,因变量未知,需要根据自变量与建立的校正模型去预测集合中样本的因变量。

多元校正(Multivariate calibration):利用测得的多变量信息,来对未知混合物体系进行浓度校正的方法。

7.2 化学量测数据的矩阵表示

由式[2-4(b)]可知,由 m 个纯物质组成的 n 个混合物样本在 p 个波长下测得的吸光度矩阵与浓度矩阵满足 Lambert-Beer 定律

$$A_{n\times p} = C_{n\times m}B_{m\times p} + E_{n\times p}$$

其中 B_{kj} 是第 k 个组分在第 j 个波长下的灵敏度系数(如吸收系数)。

在化学校正理论中,上述矩阵常以 X,Y 表示成如下形式

$$Y_{n\times p} = X_{n\times m}B_{m\times p} + E_{n\times p} \tag{7-1}$$

其中

$$Y = A,\ X = C$$

式(7-1)就是多组分或多元校正体系的化学量测(线性)模型。当测试信号与待求信息间存在线性关系时,就可以运用式(7-1)表示的线性模型进行多元校正。

7.3 多元化学校正方法

7.3.1 分析化学中的 MLR 方法

化学计量学中的多元线性回归(Multiple linear regression,

MLR)校正方法不同于回归分析中的多元线性回归，它具有特定的意义：用纯组分灵敏度系数构成的矩阵直接代替式(7－1)中的系数矩阵 B，然后求未知样本的浓度矩阵 X。

设预测得到的浓度矩阵为 $\hat{X}_{n\times m}$，对(7－1)两边右乘矩阵 B^{T}，有

$$Y_{n\times p}B^{\mathrm{T}}_{p\times m}=\hat{X}_{n\times m}B_{m\times p}B^{\mathrm{T}}_{p\times m}$$

则

$$\hat{X}_{n\times m}=Y_{n\times p}B^{\mathrm{T}}_{p\times m}(B_{m\times p}B^{\mathrm{T}}_{p\times m})^{-1} \tag{7-2}$$

要想保证式(7－2)有唯一解，必须使变量个数 $p\geqslant m$ (m 为组分个数)，否则矩阵 BB^{T} 奇异而无法求逆。

由此可见，要根据式(7－2)求出混合物系中每个样本的浓度，必须提供响应值矩阵 Y 与灵敏度系数矩阵 B。由于 B 阵的每一行代表一个组分在 p 个波长下的吸收系数构成的一个行矢量。所以只需对每一个组分单独存在时按单变量校正方法以最小二乘法求出在 p 个波长下的灵敏度系数就可求出 B 矩阵中该组分对应的行矢量。

式(7－2)成立的前提是比尔定律描述的线性加和关系式(7－1)，用纯组分的灵敏度系数代替其在混合物系中的灵敏度系数是一种理想化的处理方式(假设组分间不存在相互干扰和作用)，因此，采用 MLR 法进行多元物系浓度预测适用于如下情形。

(1) 混合物系中定性组分已知的白色体系。

(2) 体系的响应值与组分浓度间呈线性关系。

(3) 各组分的光谱之间线性无关(即光谱曲线形状相差很大，如果不同组分光谱曲线间存在倍数关系或完全重叠，相当于 B 矩阵中存在相关的行，会造成矩阵 BB^{T} 奇异，无法求逆)。

(4) 各组分间无相互作用或相互作用很小。

例 7－1 对例 6－1 中的亮氨酸、异亮氨酸构成的显色体系。某分析工作者试图在不采用任何分离手段的情况下，通过测量亮氨酸(组分 1)、异亮氨酸(组分 2)构成的混合体系的吸光度来确定试样中 1、2 的含量。

首先配制各纯组分 1、2 系列浓度，在适当条件下与茚三酮反应，生成有色物质。在 546～590 nm 每隔 4 nm 测定一次溶液的吸

光度。应用单变量校正曲线方法，求得纯组分1、2的吸收系数，见表7－1。然后配制4个亮氨酸、异亮氨酸的混合物样本，采用与步骤1相同的方法显色，且在相同条件下分别测定4个样本的吸光度，吸光度值见表7－2。

表7－1　亮氨酸、异亮氨酸在不同波长下吸收系数

波长/nm	亮氨酸	异亮氨酸	波长/nm	亮氨酸	异亮氨酸
546	0.0693	0.0607	570	0.0794	0.0688
550	0.0725	0.0632	574	0.0791	0.0682
554	0.0752	0.0655	578	0.0777	0.0674
558	0.0774	0.0670	582	0.0757	0.0656
562	0.0787	0.0682	586	0.0734	0.0633
566	0.0795	0.0688	590	0.0702	0.061

表7－2　4个混合物样品在不同波长下吸光度

波长/nm	样品1	样品2	样品3	样品4
546	0.411	0.206	0.52	0.456
550	0.431	0.215	0.549	0.484
554	0.446	0.224	0.568	0.498
558	0.459	0.231	0.584	0.516
562	0.472	0.237	0.6	0.525
566	0.477	0.238	0.605	0.53
570	0.475	0.238	0.606	0.531
574	0.474	0.239	0.604	0.529
578	0.466	0.233	0.594	0.522
582	0.453	0.231	0.575	0.507
586	0.438	0.219	0.552	0.495
590	0.417	0.203	0.534	0.474

将表 7－1 的吸收系数组成矩阵 B

$$B_{2\times 12}=\begin{bmatrix}0.0693 & 0.0725 & \cdots & 0.0734 & 0.0702\\ 0.0607 & 0.0632 & \cdots & 0.0674 & 0.0656\end{bmatrix}$$

与表 7－2 中的 4 个混合物吸光度组成矩阵 Y

$$Y_{4\times 12}=\begin{bmatrix}0.411 & 0.431 & \cdots & 0.438 & 0.417\\ 0.206 & 0.215 & \cdots & 0.219 & 0.205\\ 0.520 & 0.549 & \cdots & 0.552 & 0.534\\ 0.456 & 0.484 & \cdots & 0.495 & 0.474\end{bmatrix}$$

代入根据 MLR 给出的式(7－2)可以求得 4 个混合物样品中组分 1(亮氨酸)、2(异亮氨酸)的浓度矩阵 X，计算结果见表 7－3。由该表可看出样本中组分 1、2 的预测结果与其实际浓度的差异极大，甚至出现了异亮氨酸浓度全为负的结果。

表 7－3 4 个混合物样品中亮氨酸、异亮氨酸的 MLR 模型预测浓度与实际浓度

单位：%

样品号	亮氨酸(实测)	亮氨酸(预测)	异亮氨酸(实测)	异亮氨酸(预测)
1	2	9.82	6	－4.44
2	2	6.24	2	－3.75
3	4	12.19	6	－5.3
4	6	12.52	2	－6.74

分析原因可能有两个：一是两个组分亮氨酸和异亮氨酸之间存在相互作用，直接采用各组分的吸光系数代替其在混合溶液中的吸光系数会带来较大误差；另一个原因是吸光系数矩阵 B 的两列之间高度线性相关(二者的相关系数 $r=0.9973$)，使式(7－2) 中矩阵 (BB^{T}) 为一病态矩阵，其求逆运算会带来很大误差。

在 MATLAB 下输入命令

```
>> r=corrcoef(B')
```

可得

```
r=
    1.0000    0.9973
    0.9973    1.0000
```

在 MATLAB 下输入命令

```
>> BB=B*B'
```

可得

```
BB=
    0.0689    0.0597
    0.0597    0.0518
```

在 MATLAB 下输入命令

```
>> det(BB)
```

可得

```
ans=
    4.9300e-006
```

显然本例中矩阵 BB^T 几乎是一个奇异矩阵，对其求逆误差势必十分巨大。

7.3.2 分析化学中的 K 矩阵法

将例 6-1 中的式(6-3)与式(6-5)中的吸光度系数矩阵 B 用 K 表示，则式(6-3)与式(6-5)的通用算式如下

$$K_{m\times p}=(X_{m\times n}^{T}X_{n\times m})^{-1}X_{m\times n}^{T}Y_{n\times p} \tag{7-3}$$

未知样本的浓度矩阵 $X_{n'\times m}^{u}$（n' 为未知样本个数）可以采用下式计算

$$X_{n'\times m}^{u}=Y_{m\times p}^{u}K_{p\times m}^{T}(K_{m\times p}K_{p\times m}^{T})^{-1} \tag{7-4}$$

根据式(7-3)、式(7-4)与多通道光谱信息进行多组分混合物浓度预测的方法称为 K 矩阵法。例 6-1 中没有直接采用单物质的吸光系数替代矩阵 B，而是利用回归分析中的多元线性回归的方法求出在混合体系中亮氨酸、异亮氨酸的吸光系数矩阵 B，即采用 K 矩阵法进行混合物系中亮氨酸与异亮氨酸的浓度预测。该例中采用式(7-3)与式(7-4)求解未知样本中的亮氨酸与异亮氨酸的浓度结果

比直接采用纯组分吸光系数进行 MLR 建模预测的表 7-3 有了改善,样品中亮氨酸和异亮氨酸的浓度值不再为负但误差仍比较大。说明两个物质光谱的相似造成式(6-3)或通式(7-3)计算得到的系数矩阵 K 仍旧接近奇异,仍会给由式(6-5)或通式(7-4)计算的预测浓度带来很大误差。

7.3.3 分析化学中的 P 矩阵法

6.3.1 中的式(6-44)与式(6-45)在多元化学校正理论中称为 P 矩阵法。其不足在 6.3.1 节中有讨论,主要是要求建模样本数 n 必须大于光谱点数 p,这点很难满足,除非对波长进行筛选。

7.3.4 基于主成分分析的 PCR 与 PLSR 多元校正方法

在利用光谱信息进行多元混合物系的定量分析中 PCR 和 PLSR 方法由于采用 PCA 技术进行了光谱信息的压缩,消除了光谱信息的重叠和冗余,使光谱变量个数(p)减少为主成分个数或潜变量个数($LV < p$),具有 K 矩阵、P 矩阵方法所不具备的优势,应用最为广泛,如例 6-5 采用 PCR 进行多元物系的定量校正,取得了良好效果。

化学计量学的发展与计算机技术的普及给现代分析仪器带来了新的发展契机与革命,使得传统上认为只可进行定性分析的红外光谱及无明显特征吸收峰的弱信号近红外光谱可用作定量校正分析。

下面我们结合近红外定量分析技术介绍多元校正理论在光谱定量分析中的应用。

7.4 多元校正方法在近红外定量分析技术中的应用

近红外光是 700～2 500 nm 的电磁波,近红外光谱(Near Infrared Spectra, NIRS)反映的是分子在近红外区的 R—H、O—H、N—H 和 C═O 键等基团的基频吸收与倍频吸收,可提供有机物的大量综合信息。与普通红外光(或称中红外光)相比,物质对近红外光吸收量低得多，这就使近红外可以较深地穿入样品，测定其反射光，因此对不透明的液态样品、固体、有机物等均可直接测定，而不必改变、破坏其原有成分，也不必进行稀释、澄清等预处理。

自 20 世纪 70 年代以来，随着化学计量学方法软件的在近红外仪器上配套使用，使得近红外光谱技术（NIRS）在农产品、食品、石油、医药等领域的质量控制和检测方面得到了广泛应用。

7.4.1　近红外多元校正方法的原理和应用

由于样品吸收及反射的近红外光量与样品中功能团成正比，仪器记录所得不同波长的反射值可转换成样品的浓度值。

为充分利用近红外光谱所提供信息，需使用合适的计算分析方法处理 NIRS 数据，一般在对未知样品进行分析前，必须建立一个校正集（亦称建模集），对校正集的每一个样品测量其光谱及其对应的组成或性质。与单波长测定建立标准曲线一样，事先必须用多元校正方法，即以样品的近红外光谱作为自变量，样品的化学值（物质含量）作为因变量，将测量的光谱与样品化学性质或组成数据进行关联，建立起样品近红外光谱与化学值之间的定量数学关系——校正模型，该关系通常无法用直观的数学表达式输出，而是以方法或模型名称保存在电脑中，便于以后随时调用，以预测未知样本的化学值。

本章前面所介绍的多元校正方法如多元线性回归（MLR）、K 矩阵、P 矩阵及主成分回归（PCR）、偏最小二乘回归（PLSR）等方法均可用于近红外多元校正，其中 PLSR 算法将多维光谱数据集（维数相当于波长数目）压缩降维，在降维的同时考虑了其与性质矩阵的相关性，通过对 PLS 潜变量的合理选取，去掉含有干扰组分或干扰因素的成分变量，仅取与因变量关系最大的光谱信息 PLS 成分变量参加回归，所建立校正集模型通常优于 MLR 与 PCR 法。因此，PLSR 是目前在近红外光谱中应用最多的一种多元校正方法，在所有近红外仪所配的化学计量学软件中均有该方法，甚至有些仪器商在近红外仪的定量分析方法中只配置 PLSR 算法。

下面我们通过一个例子来演示近红外技术进行化学多元校正（定量分析）时的步骤。

例 7－2 冰片缓释制剂由冰片、乙基纤维素和聚乙二醇 4000 按合适的配比制成，为优化缓释制剂的配方及包合条件，需要对配制的缓释样品在不同时间点下快速、准确测得其中冰片含量，采用传统 GC 方法需要进行样品预处理，耗时较长。本例通过测试样品溶液的近红外光谱，采用 PLSR 法建立近红外光谱与冰片浓度间的定量模型，实现快速、简便测试冰片缓释制剂中冰片含量的目的。

步骤 1：样品溶液的配制

由于冰片不溶于水，本例采用 50％乙醇作为溶剂，因辅料乙基纤维素不溶于 50％乙醇，故样品配制时只需选取冰片和聚乙二醇 4000，准确称取一定量的冰片和聚乙二醇 4000，溶于 50％乙醇溶液，配制出冰片浓度范围在 0.6～10 $mg \cdot mL^{-1}$ 的一系列标准溶液 44 个。

步骤 2：测试样品溶液的近红外光谱

以空气作参比，样品放入 2 mm 石英比色皿进行光谱扫描，扫描次数 80 次，仪器分辨率为 8 cm^{-1}，环境温度保持 25℃。样品近红外谱图如图 7－1 所示。

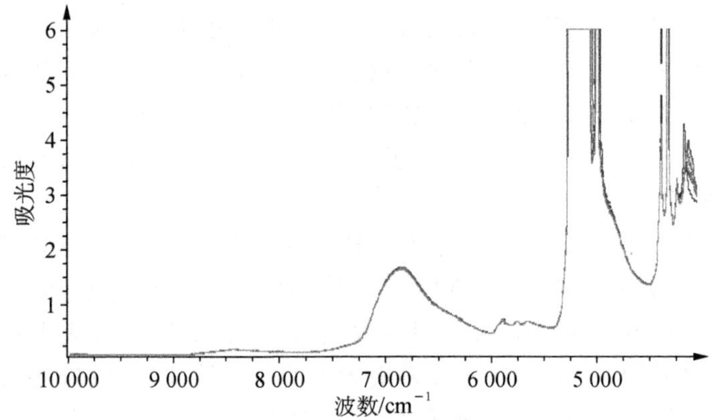

图 7－1　不同浓度冰片溶液的近红外光谱

步骤 3：PLSR 建模与模型评价

采用仪器自带软件进行 PLSR 建模，软件采用 6.4.5 节中介绍的内部交叉验证指标 PRESS 确定最佳潜变量(LV)个数，然后采用所建模型对未参加建模的预测集中样品进行定量预测，通过计算检验集样本的模型值与实际值的相关系数 r 或检验集的均方根差 RMSEV (Root Mean Square Error of Validation set, RMSEV)检验模型的预测功能、比较模型的决定系数(R^2)和建模集均方根差(Root Mean Square Error of Calibration set, RMSEC)来评价模型的模拟功能。

$$RMSEC = \sqrt{\frac{1}{n}\sum_{i=1}^{n}(\hat{y}_i - y_i)^2} \tag{7-5}$$

$$R^2 = 1 - \frac{\sum_{i=1}^{n}(\hat{y}_i - y_i)^2}{\sum_{i=1}^{n}(y_i - \bar{y})^2} \tag{7-6}$$

式中，$\hat{y}_i$，y_i 分别表示第 i 个建模样品的模型值与真实值；n 为建模样品数；$\bar{y}$ 为 n 个建模样品实际值的平均值。RMSEV 的计算与式(7-5)相似，只是其中的样本求和是对检验集样本求和而不是对建模集样本求和。

步骤 4：模型参数的优化

由图 7-1 可知，在 5 200 cm^{-1} 与 4 300 cm^{-1} 附近有两个饱和峰，这一区间不宜用于建模。在软件建议的建模波数范围(5 314～7 566 cm^{-1})基础上经过比较不同区间所建模型的 R^2、RMSEC，最终确定最佳波长范围为 5 314～7 032 cm^{-1}。

采用 5 314～7 032 cm^{-1} 的原始近红外光谱分别对全浓度、高浓度、中低浓度样品建立了模型 1(校正集 38 个样本，检验集样本数 6 个样本)、模型 2(校正集 22 个样本，检验集 5 个样本)、模型 3(校正集 29 个样本，检验集 8 个样本)。结果见表 7-4。

表 7-4　不同浓度范围样品建模效果比较

模型	样品浓度范围 /($mg \cdot mL^{-1}$)	模型决定系数 R^2	RMSEC	检验集样品真实值与模型值的相关系数 r
模型 1	0.6～10	0.821 38	1.49	0.718 7
模型 2	4～10	0.999 94	0.017 0	0.997 3
模型 3	0.6～6.0	0.999 46	0.013 1	0.990 2

可见，全浓度范围内建模模型参数与预测效果均不及划分浓度范围的结果，实际应用时应根据样品的浓度区间采用合适的模型预测样品中冰片含量。

步骤5：冰片缓释制剂体外释释药的考察

将冰片、乙基纤维素和聚乙二醇4000按两种不同配比制得两种缓释制剂（样品1与样品2），将其溶于一定量的乙醇中，在室温下不断搅拌使乙醇挥发，混合物再放置一段时间至没有乙醇味得到冰片固体分散物。

分别于5 min、10 min、20 min、30 min、40 min、60 min、100 min、120 min、180 min、240 min、300 min、360 min、480 min取样1 mL样品进行近红外光谱测试，选用模型2预测样品中冰片浓度，进行缓释制剂体外释药效果考察。

释放度的测定以冰片相对累积释放率为指标，其计算公式如下。

$$\text{相对累积释放率} = c_i/c$$

式中，c_i 为定时取样的样品浓度；c 为完全释放时样品浓度（以溶液超声0.5 h后样品浓度作为完全释放时浓度）。

制备的缓释样品1、2在不同时间下冰片的累积释放率见图7-2。

由图7-2可知缓释制剂1在30 min达到突释（释药41.02%），以后缓慢释放，8 h释放不完全（释药76.89%）。制剂2在10 min释药71.01%，100 min释药93.06%，480 min释药97.38%。制剂2 10 min达到突释，8 h后几乎释放完全。

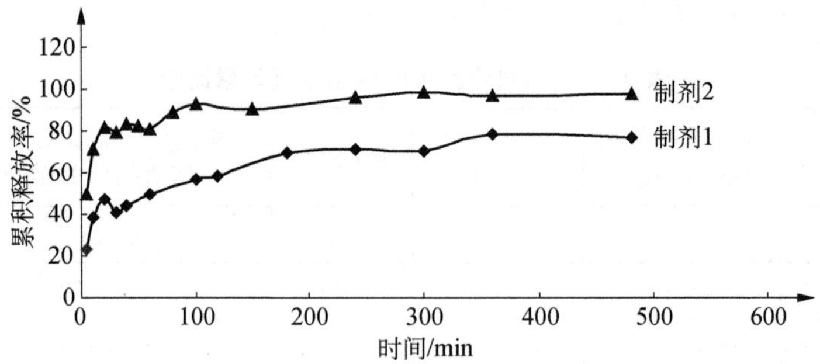

图7-2 缓释制剂的冰片释放曲线

通过本例可以总结出采用近红外技术进行定量分析的基本步骤如下。

(1) 构造和选取建模集样本，获取其因变量的数值矩阵。如果建模集样本像例7-2一样是自行配制的，则其化学值(浓度)不用测试，根据配制比例可以获得浓度数据；否则，需要采用传统分析测试方法获取相关性质。如文献[2]采用HPLC方法测试丹参提取液中丹酚酸B和丹参酮IIA的浓度，文献[3]采用流动注射分析方法获取烟叶主要成分的含量。假设建模样本数为n，因变量个数为q，则建模集因变量构成一个$Y_{n\times q}$矩阵。

(2) 测试建模集样本的近红外光谱，获取已知样本的自变量数据。假设建模样本数为n，近红外光谱点数为p，则建模集近红外光谱构成一个$X_{n\times p}$矩阵。

(3) 采用多元校正方法(如MLR、K矩阵、P矩阵、PCR及PLSR等)建立建模集自变量矩阵$X_{n\times p}$与因变量矩阵$Y_{n\times q}$间的数学关系。

(4) 对建立的近红外定量分析模型进行评价。对于近红外定量分析模型通常采用以下评价指标来考核模型的性能。

① 决定系数R^2。决定系数的计算公式见式(7-6)，该指标反映了建模样本的模型值与实测值之间的线性相关程度，R^2越接近于1，表示所有样本点在以模型值为纵坐标、实际值为横坐标的坐标系里距45°的直线越近，即实际值与模型值差异越小。决定系数反映了模型的拟合功能。

② 建模集均方残差$RSMEC$。$RSMEC$反映了样品实测值与模型拟合值之间的平均残差平方和的开方，其计算公式见式(7-5)。均方残差值越小，表明模型值与实测值之间的误差越小，该指标体现了模型拟合建模样品数据的程度。

③ 留一法预测均方残差$PRESS$。上述两个指标均描述了模型的拟合功能。建立模型的目的是为了预测未知样本的有关性质，如果一个模型对于已知样品的数据拟合很好但预测误差却很大，这个模型就没有实际应用价值。$PRESS$可在一定程度上体现模型的预测功能，其计算公式见式(6-74)。$PRESS$是最终决定模型参数(潜

变量个数、光谱区间、光谱预处理方法等）选择的决定性指标。

④ 检验集均方残差 *RSMEV*。检验集用于检验模型预测功能，不参加建模仅用来做预测，其样本的化学性质已知。设检验集样本个数为 nv，其检验集样本的因变量模型值与其实际值的均方根残差记为 *RSMEV*，其计算公式如下

$$RSMEV = \sqrt{\frac{1}{nv}\sum_{i=1}^{nv}(\hat{y}_i - y_i)^2} \qquad (7-7)$$

如果 *RSMEV* 偏大，说明该模型预测功能欠佳，即使模型决定系数 R^2、建模集均方根残差 *RSEMC* 均很理想，只表明模型可以很好地拟合建模样本的数据，但不能很好地预测未知样本，这个模型就不是成功的，不可用其预测相关的化学值。

(5) 根据建立的模型及预测集样本的近红外光谱预测其因变量。由于近红外光谱获取十分便捷、快速，只要采用性质已知样本建立近红外光谱与待求化学性质（这些化学性质应当与近红外吸收密切相关，最常见的化学性质就是物质浓度）间的数学模型，就可以根据未知样本的近红外光谱预测其物质浓度（含量）。近十年来，采用近红外定量分析技术进行混合物系中物性（主要是化学性质）快速预测的文献报道可谓汗牛充栋。

7.4.2 影响近红外定量分析模型的因素

近红外光谱技术的广泛应用得益于计算机技术与化学计量学建模方法的结合。要想很好地利用近红外光谱技术、提高分析效率、获得良好的分析结果，需要建立性能良好的近红外定量分析模型。近红外定量分析模型本质上仍是基于统计分析建立的模型，该模型是否能良好地反映近红外光谱与所要测得化学性质间的关系受到多重因素的影响。现对影响近红外定量分析模型评价指标（r、*RSMEV*、R^2 及 *RSMEC*）的主要因素总结如下。

(1) 近红外检测极限的影响。近红外光谱国际公认的检测极限为 0.1%，如果样品浓度低于该阈值，近红外检测器的灵敏度不足以反映出对象存在的性质差异，会导致近红外模型预测偏差较大。因

此，对于含量低于近红外检测极限的物质不宜采用近红外技术进行定量预测。

(2) 参考方法精度的影响。采用统计方法建立近红外定量分析模型，从数学上而言可以追求很小的 *RSMEC*、*RSMEV*，使模型具有很好的拟合与预测功能。但需要牢记的是近红外定量分析只是一个间接方法，其建模样本因变量的化学值仍需借助传统分析方法（如 HPLC、GC、流动注射分析等方法）获取。因此，用于建立近红外定量模型的因变量值本身就受传统分析方法的制约，存在有测试误差。作为一个间接方法，近红外模型的 *RSMEC*、*RSMEV* 值只要达到传统方法所对应的精度即可，追求过低的 *RSMEC*、*RSMEV* 只是数学上的游戏并不能使近红外模型实际精度高于参考方法的精度。

因此，在建立近红外定量模型之前，对所用参考方法的精度进行了解和评价对于选择合适的近红外模型参数、合理评价近红外模型是非常有益的。

(3) 建模样本的代表性及数目。要建立一个好的近红外定量预测模型，必须有足够数量的有代表性的建模样本。具体取多少建模样本合适，缺乏权威的数据与报道，理论上而言，建模样本越多，从统计意义上而言会提高统计模型的可靠性。但如果建模集样本的代表性不好，其化学性质分布在一个很小的区间中，以其为基础建立的近红外定量模型必定不具备广泛的代表性，只能在很窄的区域里使用。

文献[6—7]表明选择合适的校正集(建模集)样本并在校正集优化筛选过程中考虑建模集样本与预测集样本间的相关性有助于改进多元校正模型的预测功能。因此，一个好的近红外定量模型要求建模样品的覆盖范围要尽可能宽且尽可能避免化学信息基本相同的样品出现，而且建模样本数一般不能太多，以免在增加信息量的同时增加干扰信息，降低模型的预测性能。大多数近红外仪厂家所提供的定量分析软件里没有建模样本筛选的功能。如果用户对于样品化学值的分布事先不了解，这会给初次建模带来较大的困难和工作量。

文献[8]提出根据样品近红外光谱的第一主成分筛选校正集样本是一种比较简便可行的方法。

(4) 建模方法的影响。对于相同的建模集，采用不同的建模方法会得到不同的近红外定量分析模型，方法的不同会对模型性能产生影响。不进行实际运算和比较，很难判断何种方法会获得最佳模型。一般来说，PLSR 会给出比较稳健和良好的结果，但有些时候其他方法会给出比 PLSR 更好的结果。

(5) 预测样本性质波动与模型的维护。从近红外技术的原理不难得知，近红外定量分析模型只能对其建模集样本能够覆盖的预测集样本进行良好的预测——这犹如我们建立一个 HPLC 分析方法时会给出标准工作曲线的线性范围，即物质浓度在线性范围内的样本可以采用该工作曲线分析其对应物质的浓度，若分析结果超出工作曲线的线性范围，则结果不予采信。对于化学指标超出建模集样本覆盖范围的预测样本，近红外模型是否可以给出可靠和足够精确的分析结果很难判断。所以，在应用近红外技术进行定量或定性分析时，需要定时进行模型维护。即在模型使用一段时间后，定期将新的样本加入的建模集中并剔除建模集中一些老样本后重新建模，采用新的近红外模型进行预测。例如烟草行业采用近红外技术进行烟叶中主要物质化学值测试时，通常在每年采收新烟叶时进行模型的维护。将当年的新烟叶中有代表性的样本加入到建模集中，把建模集中比较老的样本(如几年前的)剔除后重新建模，以使模型能较好代表当年的新样本情况。

文献[9]采用 PLSR 方法建立近红外定量模型并根据模型的残差计算建模样品的主成分空间的统计参数 Q 与 T^2 的临界值 Q_{lim}，T^2_{lim}，在用所建模型进行新样品性质预测时，先将新样品近红外光谱在建模样品的近红外光谱的主成分空间投影，采用新样品主成分与设定的误差极限预测该样品的 Q 与 T^2 值，若 $Q < Q_{\text{lim}}$，$T^2 < T^2_{\text{lim}}$，则认为该样品与建模样本相似，可以采用所建近红外模型预测其性质；如新样品的 $Q > Q_{\text{lim}}$，$T^2 > T^2_{\text{lim}}$，则认为该样品与建模样本不相似，测试其对应的化学性质并将其加入建模集中重新建模。这一方法在日常模型运用时可及时发现异常的新样本并将其加入建模集，可起到对模型及时维护和更新的作用。

(6) 环境、样品状况的影响。不同的环境温度、湿度对物质近红外的吸收特性都有影响，因此应该保持环境温度、湿度的一致性，减小环境的影响，保证较小的系统误差。

此外，对于固体样品，样品的粒度会影响样品的近红外吸收特性，当样品粒度不均匀时，不同粒度样品的近红外散射系数不同，造成吸光度的变化，从而降低近红外光谱质量，影响近红外光谱分析数学模型的预测精度[10]。如文献[3]采用细粉末烟叶样品所建近红外烟碱预测模型的各项评价指标均较粗粉末样品所建模型好，且实际预测准确性高。

液体样品的澄清度、透明度也会影响到样品近红外光谱的质量。无论是固体还是液体样品，水分都会对近红外吸收产生很大影响，文献[11]研究表明面粉中水分与面粉的蛋白质、粒度、灰分含量均呈负相关且相关系数的绝对值均达到 0.95 以上。由此可见水分对样品中物质含量的影响很大，如果目标不是测样品的含水量，而待测物质浓度又不高并且低于样品中水分含量时，对样品含水量进行平衡处理是很重要的。

图 7-3 为我们对烟叶粉末样品进行水分平衡处理前后的样品连续多次重复测试的 n 根光谱的标准方差光谱 SVSRS(Standard Variance Spectrum of Repeat Spectra)，其计算公式见式(2-11)。显然，经水分平衡处理后烟叶样品的 SVSRS 降低，说明处理后样品

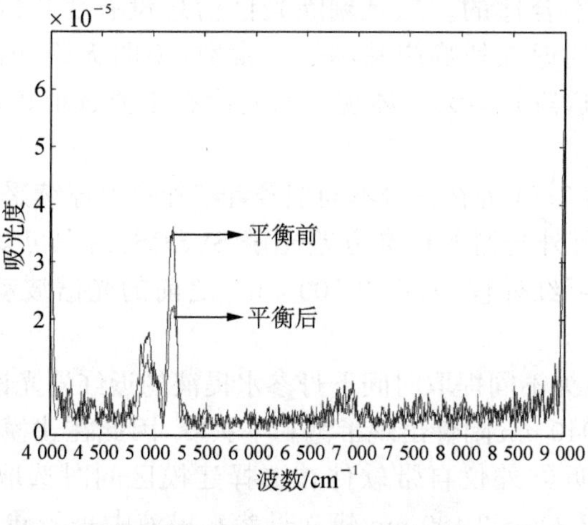

图 7-3　水分平衡处理前后烟末样品精密度测试近红外一阶导数光谱的标准方差

中水分造成的近红外响应的波动降低，提高了光谱质量。文献[12]考察了烟叶样品水分质量分数对近红外模型预测烟叶常规化学成分含量结果的影响，发现样品含水量>10%时，各常规化学成分的测定误差随样品含水量的降低而减小；当样品含水量<10%时，样品水分差异引起的近红外模型对总糖、总氮和烟碱的测试误差可以忽略不计。

(7) 光谱预处理方法及波长区间的影响。由于仪器、背景、样品性质及一些随机因素的影响，得到的样品原始近红外谱图一般都需经过适当的预处理以有效地去除噪声等干扰因素的影响，使有用信息凸现出来，从而提高建模质量。本书 2.5.3 介绍了几种常用的光谱预处理方法。

虽然光谱的预处理可以在一定程度上起到滤噪、去除背景干扰影响的作用，光谱区间的选择对近红外模型选定建模的性能仍有较大影响。通常近红外仪上自带软件也有区间优化功能。但在应用近红外光谱建模时掌握一些基本的区间选取原则仍是非常有益的。

一是应当剔除信号不稳定的光谱区间，不稳定的信号意味着该区间提供的信息不可靠，采用其作为自变量去预测样品的化学性质显然是不合适的。二是剔除光谱信息没有变化的平滑区间，因为该区间的近红外响应基本是一常数，说明无论样品中的物质有何变化在这段光谱无法体现。因此没有必要选取该区间光谱进行建模。

例如，图 7-4 为在三台不同型号近红外仪上连续采集的 n 根某烟末样品近红外光谱的标准方差光谱 SVSRS，由图可知，对于Ⅰ和Ⅱ两个型号近红外仪，其在 3 700 cm^{-1}之前的光谱波动很大，不宜采纳。

图 7-5 为不同提取时间下丹参水提液的近红外光谱，在水的特征吸收带 1 940 nm 附件出现了饱和平头峰，因此在建模时应剔除该饱和区间。近红外仪自带软件在选择建模区间时选取了 1 300～1 600 nm 和2 200～2 400 nm 建立丹参水提液中丹酚酸 B 和丹参酮 IIA 的定量分析模型。

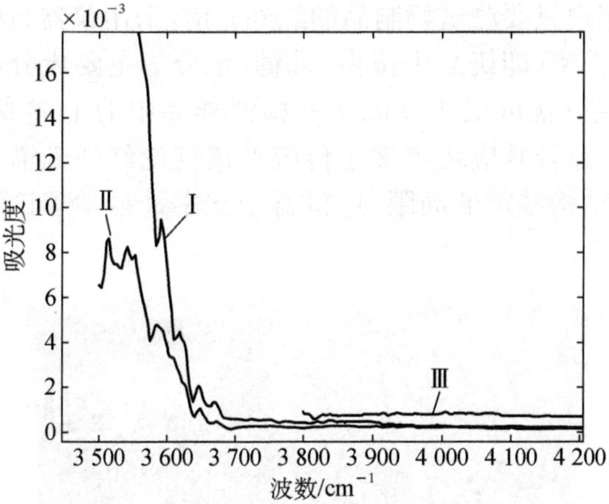

图 7-4　不同仪器同一样品精密度测试近红外一阶导数光谱的标准方差(局部)

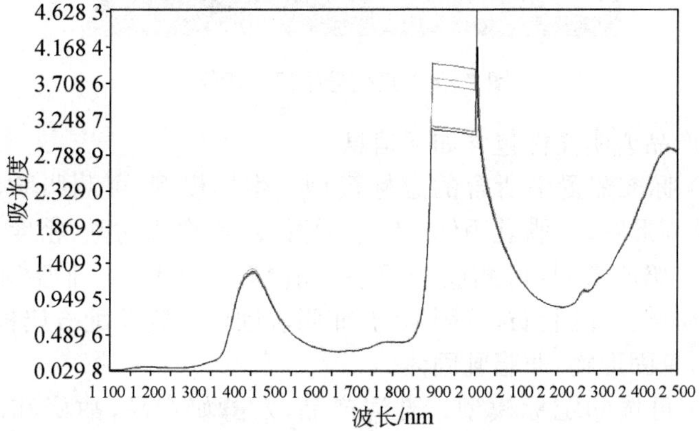

图 7-5　不同提取时间下丹参水提液的近红外光谱

7.5　光谱多元校正定量分析技术

多元校正理论和方法不仅可用于近红外光谱定量分析，对于其他类型的光谱，如紫外、红外也可以采用本章介绍的各种多元校正方法进行样品浓度或其他化学性质的定量测试。例如，图 7-6 为某公司出品的牛奶分析仪，其原理是基于红外光谱快速检测牛奶中主要成分含量，用户只要测试奶制品的红外光谱，采用仪器自带的软件中建好的定标模型(即奶品中蛋白、乳糖、水分等主要成分与红外光谱间的定量关系)就可很快预测出所检测样品中的上述成分的含量。显然，这类产品及其应用突破了传统波谱理论红外光谱只能提供基团信息进行结构鉴定的局限，这得益于化学计量学理论和方法与光谱仪器的结合。

图 7-6 某型号牛奶分析仪

该产品说明文件包含如下信息。

(1) 标准配置中所含的定标模型。牛奶模型：可测脂肪，蛋白，乳糖，总固形物，非脂乳固体，冰点，总酸度，游离脂肪酸，密度，尿素，酪蛋白。奶油模型：可测脂肪，蛋白，乳糖，总固形物，非脂乳固体。浓缩奶模型：可测脂肪，总固形物，非脂乳固体。婴儿配方奶模型：可测脂肪，总固形物，非脂乳固体。

(2) 可选的定标模型。乳清产品，发酵奶产品，甜奶和冰激凌产品。

(3) 模型的技术参数。定标浓度范围：脂肪 60%以下(奶油)，蛋白 15%以下(浓奶)，糖 25%以下(冰激凌)，总固形物 50%以下(浓奶)。分析时间：30 秒/样。

根据上述技术参数，可以判断牛奶分析仪所配模型预测各指标的适应范围。如果仪器给出的指标数据超出了定标浓度范围，则需要采用其他方法验证牛奶仪给出的对应指标的值是否准确。例如，如果仪器给出的某样品中蛋白含量为 25%，而蛋白的定标浓度为 15%以下，这说明定标模型中所有校正（建模）样品中蛋白含量均低于 15%，对于不在这个浓度范围内的样品，定标模型不能保证可以给出准确可靠的结果。

第 6 章例 6－1 及本章例 7－1 根据紫外光谱信息、利用 *K* 矩阵及分析化学中的多元线性回归（MLR）方法预测混合物系中物质浓度。该物系中两个化合物光谱性质的高度线性相关使得 MLR 与 *K* 矩阵法求逆运算时产生很大误差。但可以利用 PCR 和 PLSR 技术消除光谱信息的多重相关、取得良好的光谱定量分析结果。

利用其他光谱信息进行混合物系中物质性质的定量分析的报道还有很多，这些研究与实践表明化学计量学方法和理论拓宽了传统光谱分析及应用范围。只是在应用光谱进行多元校正定量分析时需要注意一点，应使样品光谱满足多元校正的理论基础——Lambert-Beer 定律成立的前提条件：吸光度＜1.5。

紫外光谱容易饱和，采用紫外信息进行混合物中物质浓度定量预测时，通常需要对样品进行稀释后使吸光度达到 1.5 以下再进行正式光谱测试。含水样品的近红外光谱在水的特征吸收带很容易出现饱和（图 7－5），这段饱和区间在建模时应当予以剔除，有时虽然没有出现饱和但吸光度大于 1.5 的区间不适合用于吸收光谱多元校正建模。

在利用其他光谱信息进行定量分析时，原理和模型的评价指标、方法与 7.4.1 节相同，7.4.2 节中讨论的影响近红外定量分析模型的很多因素对于其他类型的光谱也适用。

练 习 题

一、填空题

1. 建模集内部交叉验证均方根差（Root Mean Square Error of Calibration set，RMSEC）越小，表明回归模型对建模样本集拟合功能____________；模型决定系数 R^2 ____________，表明回归模型对建模样本集拟合功能越好。

2. 若对检验集样本，其模型值与实际值间的相关系数 r ________________，表明模型的预测功能越好；若对检验集的均方根差（Root Mean Square Error of Validation set，RMSEV）________________，表明回归模型的预测功能越好。

3. 评价一个定量模型的好坏，不仅要考察其对建模集的拟合功能，更重要的是考察其________________是否好；对于预测指标不佳的模型，即使 RMSEC 很小或者等于零或 R^2 非常接近于 1 或等于 1，该模型________________应用价值。

4. P 矩阵法中校正集（建模集）样本数目 n 应当________________光谱变量个数 p。

二、简答题

1. 写出校正集（建模集）均方根误差 *RMSEC* 及模型决定系数 R^2 的计算公式并解释各变量的含义，说明 *RMSEC* 在模型评价时的使用原则和作用。

2. 写出检验集均方根误差 *RMSEV* 及因变量模型值与其实际值之间相关系数 r 的计算公式并解释各变量的含义，说明 *RMSEV* 在模型评价时的使用原则和作用。

3. 本章所介绍的多元线性回归（MLR）方法与第 4 章介绍的 MLR 有什么异同？本章 MLR 方法的适用条件是什么？

参考文献

[1] 倪力军，朱静，张立国. 近红外光谱法测定缓释制剂中冰片释放量. 光谱学与光谱分析，2006，26(1)：67－69.

[2] 倪力军，史晓浩，高秀蛟，等. 近红外光谱分析技术在丹参提取质量控制的应用研究. 中国药学杂志，2004，39(8)：628－630.

[3] 段焰青，杨涛，孔祥勇，等. 样品粒度和光谱分辨率对烟草烟碱 NIR 预测模型的影响. 云南大学学报：自然科学版，2006，28(4)：340－344.

[4] 严衍禄，赵龙莲，韩东海，等. 近红外光谱分析基础与应用. 北京：中国轻工业出版社，2005.

[5] 于海燕，应义斌，刘燕德. 农产品品质近红外光谱分析结果影响因素研究综述. 农业工程学报，2005，21：160－163.

[6] Daszykowski M, Walczakl B, Massart D L. Representative subset selection, Anal. Chim. Acta, 2002, 468: 91 - 103.

[7] Filho H A D, Galvão R K H, Araújo M C U, et al. A strategy for selecting calibration samples for multivariate modelling. Chemometrics and Intelligent Laboratory Systems, 2004, 72: 83 - 91.

[8] 李彦周,闵顺耕,刘霞. 主成分分析在近红外定量分析校正集样本优选中的应用. 分析化学,2007,35:1331 - 1334.

[9] Kamaledin Setarehdan S, Soraghan John J, David Littlejohn, et al. Maintenance of a calibration model for near infrared spectrometry by a combined principal component analysis-partial least squares approach [J]. Analytica Chimica Acta, 2002, 452: 35 - 45.

[10] 陆婉珍,袁洪福,徐广通,等. 现代近红外光谱分析技术. 北京:中国石化出版社,2000.

[11] 胡新中,魏益民,张国权,等. 近红外谷物品质分析仪工作稳定性研究. 粮食与饲料工业,2001,(6):46 - 47.

[12] 段焰青,周红,李青青,等. 烟样水分质量分数对其常规化学成分近红外测定的影响. 云南大学学报:自然科学版,2005,27(5):424 - 428.

[13] 束茹欣,王国东,张建平,等. 国产烤烟烟叶的 NIRS 模式识别. 烟草科技,2006,8:12 - 15,20.

[14] 郝静. 化学计量学在氨基酸混合溶液同时测定中的应用. 华东理工大学硕士论文,2003.

[15] 崔厚欣. 吸收光谱法在实际应用中的关键问题的研究. 天津大学博士论文,2006.

第8章 化学模式识别及其应用

本书前几章中，我们关心的是如何根据某些实验数据（自变量）去获得另外一些数据或信息（因变量），或对得到的数据进行简化、综合分析，采用了多元统计与回归分析中的一些方法来建立变量间的定量关系或进行变量间的相关性分析，进一步根据分析结果或建立的模型来确定我们所关心的一些性质的具体的数值（如最佳实验条件，物质的组成或含量等）。

但是，在日常生活、科学研究或生产活动中，我们还经常碰到一些分类和识别的问题。如判断一个人的胖瘦；对烟、酒、茶叶进行分级或者鉴定化妆品、药品、文物的真伪等。这些问题的共同特点是研究对象通常采用多个指标来描述，而对研究对象的分类与识别无法根据其中的某个指标来简单判断。例如：判断人的胖瘦仅凭体重是不够的，还需要考虑身高、腰围等数据综合评价，对于更为复杂的问题，如茶叶分级传统的做法是根据色、香、味、气等因素由专业人员根据经验进行判定，整个过程难以量化和描述。若根据茶叶的理化性质进行分级，则需要检测茶叶中的氨基酸、咖啡碱、水浸出物、粗纤维、叶底、茶汤等理化指标，然后通过综合处理这些检测数据，对茶叶进行分级。再比如：一个人是属于高个还是矮个，只要我们给定一个界限 H，大于 H 者为高，小于 H 者为矮。而要判断一个人是否健康，就不那么简单了，要涉及心脏、肝、肺、四肢、五官等各项指标，以这些指标为特征，对人群进行健康程度划分，这时用人脑、眼直观判别分类就很困难。

这一类问题通常叫做定性分析，也叫做模式识别。在很多情况下，由于研究对象的特性不是由一种因素决定的，而是与多种因子有错综复杂的关系，单靠简单分析往往难于有效地抽提经验规律。借助于计算机信息处理技术往往能帮助我们总结规律，预报未知。计算机模式识别(Computational pattern recognition)技术就是一种解决这类问题的有用手段。

例如，在鉴定一种未知的化合物时，我们通常对它做各种红外光谱、核磁、极谱等图谱信息，并根据这些谱图综合判断化合物的结构及分子式。由于化合物及其谱图数据众多，进行这种综合判断即使是有经验的专家也非易事。人们通过建立各类化合物的各种红外光谱、极谱、质谱、核磁等谱图数据库，借助于计算机模式识别方法，可自动鉴定样品的结构。目前红外仪、质谱仪、核磁共振仪及气质联用等仪器均配有专门的数据库及对谱图进行模式识别的软件，软件可根据检测的样品谱图在所配备的数据库中寻找与其最接近的物质分子并给出匹配度指标。

再例如，人们已积累了大批物质的化学结构数据和物理、化学特性或生物活性的数据，却常常未能详尽地查明结构与性质关系的详细机理。为了掌握结构与性质关系的规律，以便更有效地合成、试制新材料、新药物，可用计算机模式识别方法总结经验规律，预报未知物的特性，有目的地研制新物质。

用计算机模式识别方法总结规律预报未知，虽然不如彻底的理论方法严格和有明确的机理及解释，但却有广泛的适应面，能够在现有知识、理论不够完善的情况下发挥作用。在用计算机模式识别方法解决问题时，我们仍需要借助于与研究对象相关的理论知识，去估计、判断影响研究对象的大致因素，用这些因素的参数构筑多维空间(即模式空间)描述研究对象的特征，才能用模式识别的方法总结规律。

另外需要指出的是，用模式识别的方法找出的规律都是经验规律，不同于基于理论推导产生的模型。使用这种方法需要大量实验数据作为信息来源，计算机本身不可能创造、产生信息，它只是信息的“加工厂”。人们根据已有的数据来“训练”计算机，使其“认识”规律，才能预报未知。

8.1 基本概念

8.1.1 化学模式识别

模式识别(Pattern Recognition)是一种从大量信息和数据出发，在专家经验和已有认识的基础上，利用计算机和数学推理的方法对形状、模式、曲线、数字、字符格式和图形自动完成识别、评价的过程。

从数学角度而言，模式识别也是一个数学建模过程。只不过它给出的是定性结论而不是定量指标。

模式识别包括两个阶段，即学习(建模)阶段和实现(预测)阶段，前者是对样本进行特征选择，寻找分类的规律，后者是根据分类规律对未知样本集进行分类和识别。

广义的模式识别属计算机科学中智能模拟的研究范畴，内容非常广泛，包括声音和语言识别、文字识别、指纹识别、声呐信号和地震信号分析、照片图片分析、化学模式识别等。计算机模式识别实现了部分脑力劳动自动化。

模式识别给出的是统计和经验的规律，无法提供关于样本的机理理论模型。

计算机模式识别可用来进行有机结构解析、研究定量构效关系、识别真伪商品、追踪污染源、进行药物分类、临床诊断、矿物普查、考古研究、材料设计等。这一类模式识别与化学有密切关系，都属于化学模式识别的研究范畴。

例如，中药材在特定产地种植并在特定采摘期采收时，其质量和药效才能得以保障，这样的中药材通常称为“道地”药材。分析化学家利用药材的色谱或光谱等化学谱图来表征中药材的品质，根据这些谱图利用模式识别的方法进行中药材的真伪及道地性鉴定，就是化学模式识别方法在中药材质量评价和管理中的应用。

图 8-1 是来自四个不同产地的穿心莲药材的色谱指纹图谱，显

然，四张图谱总体特征相似，但不同样品的某些具体的峰（如 8 号、17 号峰）面积或峰高仍有区别。正是这些差异构成了药材品质的不同，使我们能够借助化学图谱和模式识别方法进行药材的真伪或道地性鉴定。

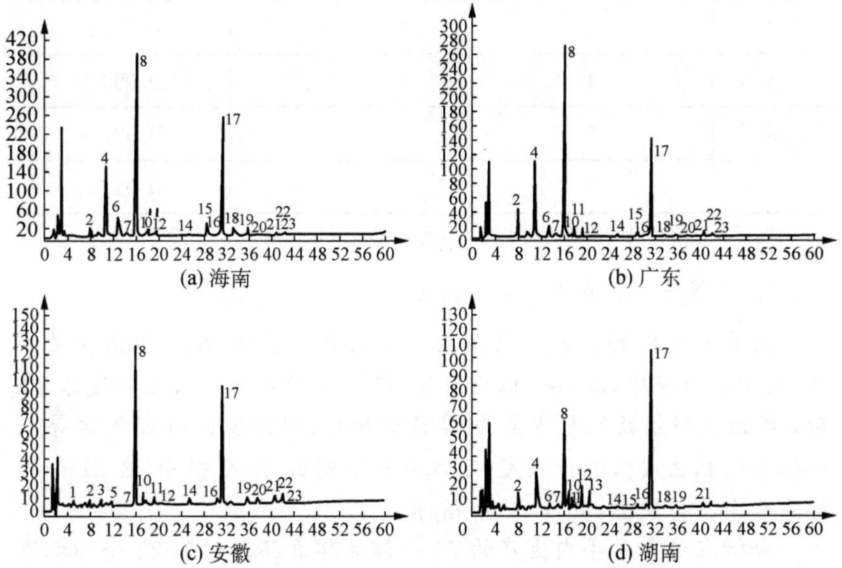

图 8-1　不同产地穿心莲药材的色谱指纹图谱（横坐标：保留时间/min；纵坐标：信号强度/μ Au）

例 8-1　用化学模式识别进行茶叶分级。

以 1988 年商业部颁布的 4 套 6 个等级的炒青绿茶作为标准样，选取茶叶中的氨基酸、咖啡碱、水浸出物、粗纤维、叶底、茶汤等 10 个理化指标作为特征量，建立模式识别模型，编成计算机茶叶品质评定软件包。

对未知等级的茶叶进行评定时，将其 10 个特征理化指标值输入计算机，计算机便按照建好的模式识别模型和这 10 个输入的特征量值，自动评定它们的等级。表 8-1 为对 6 个市售茶叶样品的分级结果。

表 8-1 6个市售茶叶样品模式识别分类结果

样品号	感官审评法定级	判别分析法定级	后验概率
1	1	1	0.843 4
2	6	6	0.978 4
3	2	2	0.922 2
4	4	4	0.999 8
5	5	5	0.991 9
6	3	3	0.917 7

注:后验概率指已知级别的样品落入应落入那一级别的概率。

例 8-2 用化学模式识别判别化妆品的真伪。

为鉴定送检的3瓶市售某品牌化妆品的真伪,从中取出少量样品,置于广口瓶中,放入一根吸附丝,在30℃吸附样品放出的气体2 h后,取出吸附丝放入居里点裂解器中加热,将吸附的挥发气体导入毛细管气相色谱仪进行测定,定性分析检测出21个组分,这21个指标再加上总挥发量,共计22个指标。

分析在过去一年内生产的24个该品牌真品。对其22个指标进行简单相关分析,发现有些指标之间的相关性很好,这样就不必将所有指标列出,只需在相关性好的一类指标中选择1个或2个贡献最大的指标。最终从22个指标中选择了1,2-二甲苯、萜烯、邻散化烃、对邻散化烃、苎烯、1,2-二甲基-2-乙基苯、萘和一个未定性的组分等8个指标作为该化妆品的特征指标。

将24个真品记为1～24号,3个市售样品记为25～27号。将27个样品的8个特征指标输入到计算机中,进行聚类分析,得到聚类谱系图(图8-2)。

由图8-2可知,在相似度低于0.98时编号为25、26和27的3个市售产品自成一类,与其他真品不同类。可以判定这3个化妆品均为赝品。

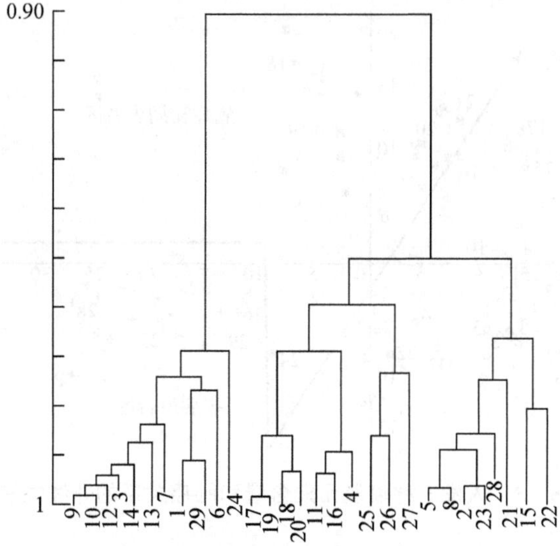

图 8－2　27 个化妆品聚类分析谱系

例 8－3　利用化学模式识别进行计算机辅助癌症诊断。

从云南个旧(肺癌高发区)地区采集 117 例人的头发样品，其中 67 例健康人，22 例肺癌早期患者和 28 例肺癌患者。用原子吸收分光光度法和示波催化极谱等方法测定发样中的硒、锌、铜、铬、镉、砷、铅和锡等 8 种痕量元素。

经考察，发样中痕量元素硒、锌、铬、镉、砷的含量与肺癌有关系。选取这 5 种元素的含量为特征，建立模式识别模型，得到痕量元素含量和肺癌关系非线性映射如图 8－3 所示。在该图中，健康人、癌症初期患者和癌症患者三种类型发样分别位于不同的区域。对肺癌早期诊断的正确率可达到 80%以上。借助于该模式识别模型，可以根据发样中痕量元素的含量，对个旧地区人群进行肺癌的早期诊断。

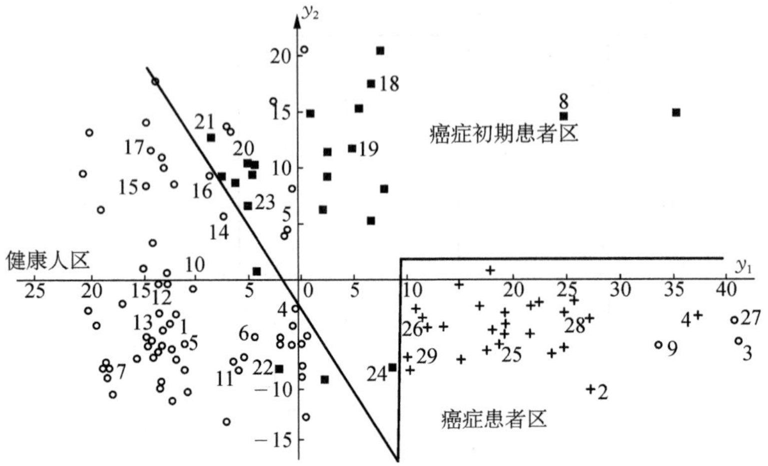

图 8-3 人发 5 种痕量元素含量和肺癌关系的非线性映射

8.1.2 特征(Features)

我们判断一个事物通常是根据其某些性质,如化合物的性质可用其结构、状态、组成及沸点、临界温度、临界压力等因素来表征,这些描述研究对象的因素就称为特征。不同类型的事物其特征的质与量是不同的,相似物质其特征也相似。特征可以是可测量的也可以是不可测量的。

特征在模式识别中起着十分关键的作用,只有选择的特征能够正确反映研究对象的类属特点时,才有可能对其进行正确的分类与识别。如果特征选择不当,无论采用什么方法都难以对研究对象进行正确分类和识别。特征的选取因研究对象的不同而变化,正确的特征选择需要经验和相关领域的专业背景知识。例如在例 8-1 中,选取了氨基酸、咖啡碱、水浸出物、粗纤维、叶底、茶汤等 10 个指标作为描述茶叶分类特点的特征;例 8-2 中从 22 个指标中选取了独立性强的 8 个指标作为化妆品模式识别的特征;例 8-3 中从发样中的 8 个痕量元素含量中选择了 5 个与肺癌有较强相关性的指标作为肺癌判别的特征。

在后面的章节中我们将结合具体例子分析特征的选择对模式识

别结果的影响。

8.1.3 模式(Patterns)与模式空间

模式从广义上讲是客观世界的总称，狭义上讲是各种可测量与不可测量事物的集合。在进行样本(研究对象)的定性分析-模式识别时，我们通常用描述这些样本的特征来作为“模式”，因而“模式识别”就是根据这些特征来对样本进行分类和判别的过程。

因此，由各特征元素构成的向量叫模式向量。例如，如果我们将人的外表特征分别用胸围 x_1，身高 x_2，体重 x_3，肤色 x_4 表示，则可用向量 $x = (x_1, x_2, x_3, x_4)^T$ 来描述人的外表。以模式的特征为坐标建立的多维坐标系叫模式空间，特征的数量即该模式空间的维数。从几何的角度看，样本集合可以用模式空间中的点来表示，一个样本对应一个点。由 n 个样本的模式向量 x_{ij} ($n = 1, 2, \cdots, n$; $j = 1, 2, \cdots, p$) 构成的数据矩阵 $X_{n\times p}$ 就构成了在 p 维模式空间下的 n 个点。这个矩阵包含两方面信息：一是样本性质的信息，二是变量(或特征) 之间的信息。

8.1.4 模式识别方法的分类

在模式识别中，我们要处理的关系有三个：变量和变量之间；样本和样本之间；变量与样本之间的关系。模式识别理论认为，p 个特征包含了所讨论样本分类性质的重要信息，样本在模式空间中的分布是“物以类聚”的，即不同性质的样本点分布在模式空间的不同区域中，相同性质的点聚集在同一区域。模式识别的任务就是要找出所研究对象的分布特点，根据其特征对其进行分类或预报未知样本的类属。

模式识别的数学方法很多，可以分成两大类：统计模式识别与句法模式识别(Syntactic Pattern Recognition)。句法模式识别是以模式结构信息为对象的识别技术，在图像处理、指纹分析、汉字识别等方面应用广泛。由于化学领域处理的大都是以数字方式存储的实验或者图谱数据，本章只介绍处理以数字为特征的模式识别方法——统计模式识别方法。

统计模式识别是将每个样本用若干个特征参数表示为模式空间的一个点，根据各点的距离或其他函数来对样本进行判别、分类，并利用分类结果预报未知。如按分类系统输出结果的性质，又可分为有监督分类和无监督分类两种。其过程如下

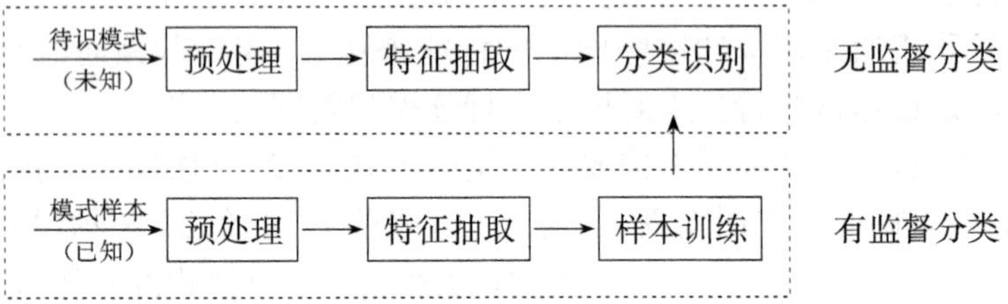

有监督分类(Supervised Classification)：事先规定分类的标准和种类的数目，通过大批已知样本和信息的处理找出规律(即得到判别函数)，再预报所要判定的模式(对象)属于何类。

无监督分类(Unsupervised Classification)：事先没有规定样本的类别标准，也没有规定分几类，要求通过信息处理找出合适的分类方法实现样本分类。

在工业优化、诊断、材料设计等应用中，主要使用有监督分类方法。而在化合物、矿石、地质勘探及某些需要集总分类的化学、化工问题中常采用无监督分类方法，如元素周期表分类、动植物分类都是典型的无监督分类实例。

统计模式识别又可分为**参数统计模式识别**与**非参数统计模式识别**。在参数统计模式识别中，要求各特征的概率分布类型是已知的(一般假设为正态分布)，只是其中某些参数未知，这时的模式识别就是对这些未知参数进行识别。而非参数统计模式识别不需要事先知道各参数的概率分布，只是根据模式空间中各模式点之间的差别和联系，对模式空间进行分割，从而对未知模式进行判别和归类。

两类分类：模式识别中最简单的分类问题是将样本分为互不相容的两类(即第一类包括具有某种特征的样本，第二类包括所有其余样本)。由于模式识别是以“物以类聚”为基本假设，即具有相似性质的模式在模式空间中所处的位置较近，在空间形成一个“簇”。因此若在模式空间中能找到一个或一组超平面(超曲面)将其划分为不同

的(簇),则称这个模式空间具有**可分性**。若模式空间可用一个超平面划分,则称这个模式空间为**线性可分**的,该超平面称为**判别平面**。

多类分类:需要将样本划分为多类的分类问题,在化学上也是常见的,如同一价型的化合物往往有多种晶型,这时晶型的分类就是**多类分类**。多类分类比两类分类复杂,有时可用多次两类分类处理以实现多类分类。也可采用其他专门方法进行多类分类,如 K 最近邻法。

8.1.5 分类方法的检验和评估

不同情况下,常采用不同的模式识别方法,分类方法效果的好坏没有统一的答案,只能通过对实际样本的分类效果来评估。

当对一样本集进行模式识别分类研究时,通常先将样本随机地分成两部分,一部分用来建立分类判据,称为**训练集**,另一部分是用来检验分类方法的,称为**检验集**,模式识别方法对训练集的正确率叫做**识别率**(**Recognition Rate**)。如识别率高,可认为已建立起了判别分类的方法。用建立的识别方法对训练集以外的检验集进行分类,此时的正确率称为**预测能力**(**Predictive Ability**),它反映建立的判别分类方法预测效果的好坏。

实际常用**留一法**(**Leaving One Method**)进行模式识别模型的检验。即每次取出一个样本作检验集,其余作训练集,用建立的判别方法对留出的样本进行预报。依次对每个样本都进行预报后,将预报成功率(平均值)作为预测能力的指标,当样本容量较大时可采用"留十法"、"留四分之一法"等。

8.1.6 模式识别研究中的几个重要问题

模式识别研究中有一定的规则,否则就会导致不可靠的结果,要注意的问题主要有以下几个。

(1) 训练集的数据一定要可靠。

(2) 训练集的样本数目要足够多,样本数 n 与模式空间维数 p 的比值至少应满足 $n/p \geqslant 3$,最好 $n/p \geqslant 10$。

(3) 模式空间特征的选择是成败的关键,要选取与样本分类有关的特征,如果不能包括与分类有关的主要特征,模式识别就不会有好的效果。

8.2 模式识别的数据准备

8.2.1 数据预处理

化学模式识别中，所有分类和识别过程都基于模式向量空间 $x_j = (x_{1j}, x_{2j}, \cdots, x_{nj})'$, $j = 1, 2, \cdots, p$，其中 n 为样本数目，p 为特征个数。模式向量可表示为 n 行 p 列的样本数据矩阵

$$X = \begin{bmatrix} X_{11} & X_{12} & \cdots & X_{1p} \\ X_{21} & X_{22} & \cdots & X_{2p} \\ \vdots & \vdots & \ddots & \vdots \\ X_{n1} & X_{n2} & \cdots & X_{np} \end{bmatrix} \tag{8-1}$$

该数据矩阵的质量直接影响到模式识别的结果。由于 p 个特征的量纲和变化幅度不同，其绝对值大小可能差很多倍。例如有的特征为谱图数据，有的特征为化合物的物理化学性质或结构方面的信息，特征间不仅量纲不一样，其绝对值大小也可能会有几个数量级的差别。如果不对原始数据进行预处理，一些数量级较小的特征的作用就无法在后面的分析过程中体现，而通过对原始数据的预处理，可以消除特征的量纲和数量级变化幅度不同带来的影响。2.5.2 节中介绍的中心变换、对数变换、正规变换、自标度化及标准化等预处理方法均可用于离散特征的预处理。对于以光谱为特征的模式，可采用 2.5.3 节中介绍的方法进行谱图预处理。

8.2.2 特征抽提

对于一个事物，与其分类性质有关的特征往往有多个，而且所研究的分类问题不同，有关特征的选择也不同。在化学模式识别中，所用的特征主要是化学量测数据或某些相关性能指标，一般需结合问题的背景及研究对象的特点，根据经验或相关化学理论加以选择。

目前常用化学特征大体可以分为六类。

(1) 拓扑特征：此类特征由分子平面拓扑结构派生出来，如原子及化学键的属性、原子的联接度及各类拓扑指数等。

(2) 几何特征：由分子的三维模型派生出来，包括惯性动量、分子体积、分子表面积和分子的立体参数等。

(3) 电子特征：如原子电荷、原子半径、键的强度等。

(4) 物理化学参数：如化合物的疏水性($\lg P$)、水醇分配系数等。

(5) 化合物的谱图特征：如核磁共振谱图中的化学位移、质谱中的峰位(即 m/e)、光谱或者色谱响应值等。

(6) 化学组成：如某类物质的无机化学组成及有机化学组成等。

特征参数的选取应从物理化学及数据处理两个方面考虑。即应对所研究对象的物理化学实质尽可能深入了解，以便将一切可能有关的因素的代表量列入特征参数范围。在对某些因子对目标影响的程度不清楚时，宁可多选一些，然后借助数学方法，根据各变量在分类中的作用大小，逐步淘汰次要的特征因素，保留对分类贡献大的特征。

如果某些特征对分类影响很大而未能选入，分类的结果就不会正确，所以一般是选出了尽可能完备的特征参数集后，采用数学方法筛选特征参数，以寻求一组数目少，但对分类有效的特征量。这一过程叫特征抽取(选择)，一般来说，特征数应大大小于样本数，如果以 n 和 p 分别表示样本数和特征数，则一般应满足 $n/p \geqslant 3 \sim 10$。

特征选取的方法主要是统计方法，如方差分析、相关分析、因子分析等，以所得结果为依据来选择比较重要的特征。另一些方法是测试特征对分类结果的影响，影响大的留下，否则弃之。特征的选择在模式识别中尽管是很重要的环节，但至今并无通用的理论可以遵循，需要根据实际问题的特点和有关背景知识进行特征抽提，常用的特征选择方法有以下几种。

1. 方差权规则

设原始样本数据有 p 个特征变量，对全部 n 个样品，可以计算第 j 个特征的样本方差

$$S_j = \frac{1}{n-1} \sum_{i=1}^{n} (x_{ij} - \bar{x}_j)^2, \ (j = 1, 2, \cdots, p) \tag{8-2}$$

对于一个在分类中起重要作用的特征，它在其样本的数据之间必然存在较大的差异，该特征的方差 S_j 必然大，而 S_j 小的特征在分类中没有多大作用，可以删去。

但是，方差大的特征不一定对分类贡献是最重要的，例如研究两组幼儿的智力与头发中多种微量元素的关系时，一组样品取自远离城市的山村，另一组样品取自闹市区。由于汽车废气排放等原因，城区样品与山村样品铅含量有显著差异，城区样品的铅方差显然较大，但没有根据说明发铅含量在幼儿智力问题的分类中有重要贡献(目前研究表明，在一定范围内，血液铅浓度过高会导致智力低下)。

2. 类别权函数

若利用已知分类的模式对特征进行选择，则这些特征中包含各模式的分类信息。类别权函数 g_i 即是已知分类模式的特征 i 的类间与类内方差之比，即

$$g_i = v_{i,\text{异类}} / v_{i,\text{同类}} \tag{8-3}$$

其中：$v_{i,\text{同类}} = \sum_{j,k} (x_{ji} - x_{ki})^2$　　　j, k 属同一类样本

$v_{i,\text{异类}} = \sum_{j,k} (x_{ji} - x_{ki})$　　　j, k 属不同类样本

$v_{i,\text{异类}}$ 表示不同类样本的特征 i 的方差，$v_{i,\text{同类}}$ 表示同类样本的特征 i 的方差。

在各类所含样本数相同的情况下，计算各特征的 g_i。g_i 越大，特征 i 对分类的贡献越大，g_i 越小，特征 i 对分类的作用越小，甚至可删除。

由于 g_i 是运用已知分类的模式得到的，用 g_i 进行特征选择比较可靠，但当模式分类情况全部未知时，此法不适用。

3. Fisher 权函数

Fisher 权函数是类别权函数的一种改进，对两类问题特征选取比较有效。它从已知分类信息的模式出发，计算特征 j 的 Fisher 权函数 F_j，以判断特征 j 对分类的贡献大小。其定义为

$$F_j = \frac{(\bar{x}_{j,1} - \bar{x}_{j,2})^2}{S_{j,1} + S_{j,2}} \tag{8-4}$$

或

$$F_i = \frac{|\bar{x}_{j,1} - \bar{x}_{j,2}|}{\sqrt{S_{j,1}} + \sqrt{S_{j,2}}} \tag{8-5}$$

其中 $\bar{x}_{j,1}$，$\bar{x}_{j,2}$分别为第一类和第二类模式特征 j 的均值，$S_{j,1}$，$S_{j,2}$分别为类 1 和类 2 中特征 j 的方差。显然 F_j 越大，表明第 j 个特征在分类中贡献越大，应优先选用。

4. 主成分分析法

初选的多个特征之间可能存在相关性，此时可通过第 6 章介绍的主成分分析将初选的多个变量变换为新的特征变量（主成分），并根据它们的特点，选取与问题有关的特征参与后面的判别与分类。如 8.4.1 节中的例 8－7 中将表 8－3(b)中的 7 个变量采用主成分分析压缩为 6 个独立的主成分后再求样本到各个类重心的马氏距离，根据马氏距离大小判别样本的类别。

在采用光谱作为样品的分类特征时，通常要先对光谱数据进行主成分分析，将 p 个光谱点的信息压缩为 m 个主成分 ($m < p$) 后再进行模式识别（详见 8.6.1 节）。

5. 相关性分析

对初始特征进行相关性分析，对相互间相关性强的多个特征只保留其中一个即可（如例 8－2 中化妆品鉴定时采用该方法将 22 个变量减少为 8 个）。

8.3 模式间相似程度的度量方式

要评价各个模式间的相似程度，必须根据得到的模式特征对其进行综合评价，得到能够度量模式间相似程度的量化指标。度量待分类模式间相似程度通常采用距离系数、相似性系数等指标。

8.3.1 距离系数

设样本 x_i 与 x_j 的距离为 D_{ij}，则距离满足如下性质。

(1) $i = j$ 时，$D_{ij} = 0$。

(2) $i \neq j$ 时，$D_{ij} > 0$。

(3) $D_{ij} = D_{ji}$。

(4) $D_{ij} \leqslant D_{ik} + D_{kj}$。

对 p 维模式空间的 n 个样本点,可用距离系数来度量两样本点之间的亲疏关系,样本间的空间距离越近,它们就越相似。常用的距离指标有以下几个。

1. 明考斯基距离(Minkowski distance)

$$D_{ij} = \left[\sum_{k=1}^{p} |x_{ik} - x_{jk}|^{q}\right]^{1/q} \qquad [8-6(a)]$$

当 $q = 1$ 时,又称**绝对距离**。

当 $q = 2$ 时,称为**欧氏距离(Euclidean distance)**

$$D_{ij} = \sqrt{\left[\sum_{k=1}^{p}(x_{ik} - x_{jk})\right]^{2}},\ i,\ j = 1,\ 2,\ \cdots,\ n \qquad [8-6(b)]$$

D_{ij} 越小,样品 i 与 j 之间的相似程度就越大。由所有样本的两两距离,可排列成实对称矩阵

$$D = \begin{bmatrix} D_{11} & D_{12} & \cdots & D_{1n} \\ D_{21} & D_{22} & \cdots & D_{2n} \\ \vdots & \vdots & \ddots & \vdots \\ D_{n1} & D_{n2} & \cdots & D_{nn} \end{bmatrix} \qquad (8-7)$$

2. 切比雪夫距离(Tschebxscheff distance)

$$D_{ij} = \max|x_{ik} - x_{jk}|,\ (1 \leqslant k \leqslant p) \qquad (8-8)$$

3. 马氏距离(Mahalanobis Distance)

$$D_{ij} = \sqrt{(X_i - X_j)Z^{-1}(X_i - X_j)^{\mathrm{T}}} \qquad (8-9)$$

其中 X_i 为样本 i 所有变量构成的 $1\times p$ 维向量,Z 为所有样本构成的协方差阵($p\times p$ 维)。由于式(8-9)要对协方差矩阵 Z 求逆,根据 Z 的计算公式(6-9)~式(6-12)可知,n 必须大于 p 对 Z 求逆才有意义;$n \leqslant p$ 时矩阵 Z 为奇异矩阵。以光谱信息为变量特征时,变量个数 p 即光谱点数,通常大于样本数 n,则协方差矩阵 Z 是奇异矩阵,

此时无法求根据式(8－9)求样本间的马氏距离。通常先对所有样本光谱矩阵 X 进行主成分分析，采用主成分得分向量 T_i 替代 X_i，由于主成分得分之间互不相关，主成分得分的协方差矩阵 Z 的非对角元为 0，对角元即为对应主成分的方差。由 6.1.6 节及 6.2 节可知主成分得分的方差为由原始数据协方差矩阵的特征值 $\lambda_1, \lambda_2, \cdots, \lambda_p$，因此，采用主成分得分代替原始数据矩阵 X 时，式(8－9)可化为

$$D_{ij} = \sqrt{\sum_{k=1}^{m} (T_{ik} - T_{jk})^2 / \lambda_k} \qquad (8-10)$$

式中，m 为主成分个数。

在 MATLAB 下编辑的 disf.m 函数可实现上述 4 种距离系数的计算。

```
function [ds]=disf(q,X)
% 输出变量 ds 当 q=1 时为绝对距离系数矩阵；q=2 时 ds 是欧式距离系数矩阵；
% q=3 时 ds 是切比雪夫系数矩阵；q=4 时 ds 是马氏距离系数矩阵
[n,p]=size(X)；%将原始数据矩阵的行数(样本数)赋给 n,列数(变量数)赋给 p
if q<3 %计算绝对距离或欧氏距离
    for i=1:n
        for j=1:n
        ds(i,j)=sum(abs(X(i,:)-X(j,:)).^q).^(1/q);
    end
    end
elseif q==3
    for i=1:n
        for j=1:n
        ds(i,j)=max(abs(X(i,:)-X(j,:)));%计算切比雪夫距离
```

```
            end
        end
    else
            if  n<=p
                error('样本数小于等于变量数，无法求出正确的马
                氏距离')
                end
            if n==p+1 '马氏距离为常数,建议增加样本数或减少
            变量数'
            mx=mean(X,1)；%求变量的均值(X矩阵的列均值)
            dx=(X-repmat(mx,n,1))；%X中的每一列的元素均
            减去列均值
            Z=dx'*dx/(n-1)；%求变量协方差矩阵Z(维数=p×p)
             condZ=cond(Z)；%求变量协方差矩阵Z的条件数
             for i=1:n
                for j=1:n
                    ds(i,j)=sqrt((X(i,:)-X(j,:))*inv(Z)*
                    (X(i,:)-X(j,:))')；
                end
            end
        end
    end
    % end of the M file
```

MATLAB 自带函数 pdist 也可以实现一些距离指标的计算,其调用格式如下

Y=PDIST(X, distance)

% 输入变量 X 为 n×p 矩阵,n 为样本数,p 为变量(特征)个数;输出变量 Y 是由以(1,2),(1,3), …, (1,n),(2,3),…, (2,n),…, (n−1,n)为序排列的两两间距离组成的行向量,由 n×n 距离系数矩阵的上三角元素构成;

% 当 distance='euclidean'时返回的 Y 为欧氏距离;

% 当 distance='mahalanobis '时返回的 Y 为马氏距离;

由于根据 Y 不方便确定样本 i 与 j 之间的距离对应 Y 中哪一个元素,可以调用 MATLAB 自带函数 squareform,可以得到 $n\times n$ 的距离系数矩阵。下面来看一个在 MATLAB 下计算距离系数的例子。

```
>> X=
    1.0000    2.0000    3.0000    4.0000
    1.2000    1.8000    3.1000    3.9000
    1.1000    2.2000    2.7000    4.2000
    0.9000    2.0000    3.2000    4.1000
    1.0000    1.9000    2.9000    4.1000
```

>> Y=pdist(X) *%求 X 中 4 个样本间的欧氏距离(pdist 函数默认选项是欧氏距离)*

得

```
Y=
  Columns 1 through 9
   0.3162    0.4243    0.2449    0.1732    0.6481    0.4243
0.3606    0.5831    0.3873
  Column 10
    0.3317
```

>> Z=squareform(Y) *%将 Y 转化成 n×n 的距离矩阵*

得

```
Z=
        0         0.3162    0.4243    0.2449    0.1732
        0.3162    0         0.6481    0.4243    0.3606
        0.4243    0.6481    0         0.5831    0.3873
        0.2449    0.4243    0.5831    0         0.3317
        0.1732    0.3606    0.3873    0.3317    0
```

8.3.2 相似系数

除了用距离系数度量样本间的相似程度外，人们还经常用相似系数来反映样本间的异同程度。与距离系数相反，当两个样本的相似系数越接近于 1 时，样本间的相似性越好，若相似系数接近于 0，则说明两者差距甚大。常用的相似系数有以下几种。

1. 夹角余弦

如果把任何两个样品 x_i, x_j 看成 p 维空间的两个向量 $x_i(x_{i1}, x_{i2}, \cdots, x_{ip})'$ 和 $x_j(x_{j1}, x_{j2}, \cdots, x_{jp})'$，则这两个向量的夹角余弦可用来表示这两个向量的相似性程度

$$\cos\theta_{ij} = \frac{\sum_{k=1}^{p} x_{ik}x_{jk}}{\sqrt{\sum_{k=1}^{p} x_{ik}^2 \cdot \sum_{k=1}^{p} x_{jk}^2}}, \quad i, j = 1, 2, \cdots, n \qquad (8-11)$$

显然，样本 i, j 的模式向量间的夹角 θ_{ij} 越小，两样本在模式空间中靠得越近，因而相似性越大，则 $\cos\theta_{ij}$ 越接近于 1。反之，当样本的模式向量分得很开，相互垂直时，则 $\cos\theta_{ij} = 0$，表明这两个样本完全不相似。

2. 相关系数

根据式(8-1)可得任意两样本间的相关系数定义如下

$$r_{ij} = \frac{\sum_{k=1}^{p}(x_{ik} - \bar{x}_i)(x_{jk} - \bar{x}_j)}{\sqrt{\sum_{k=1}^{p}(x_{ik} - \bar{x}_i)^2 \sum_{k=1}^{p}(x_{jk} - \bar{x}_j)^2}} \qquad (8-12)$$

$$\bar{x}_i = \frac{1}{p}\sum_{k=1}^{p} x_{ik} \qquad [8-12(a)]$$

其中 $\bar{x}_i$ 与 $\bar{x}_j$ 分别为样本 i, j 的均值。r_{ij} 的意义与 $\cos\theta_{ij}$ 相同。当 $i = j$ 时，无论采用上面哪个式子所得的相似系数均为 1，而且 $\cos\theta_{ij} = \cos\theta_{ji}$，$r_{ij} = r_{ji}$。因此，由相似系数组成的矩阵为一实对称矩阵。

注意：本节所介绍的相似系数式(8-11)及相关系数计算式(8-12)是对所有 p 个变量(特征)求和，其中的 $\bar{x}_i$ 为数据矩阵式(8-1)中的第 i 行的均值；而第 3、6 章的相关系数计算时是对所有 n 个样本求和，其中的 $\bar{x}_j$ 为数据矩阵式(8-1)的第 j 列的均值。本节的相关系数反映的是两个样本间的相似性而第 3、6 章的相关系数反映的是两个变量间的相似性。因此，在对变量进行分类和评价时，相似系数、相关系数的计算应该采用第 3、6 章的公式。

下面为在 MATLAB 下编辑的 coscoef. m，可计算样本间或变量间的相似系数。

```
function [xs]=coscoef(ID,X)
% 输出变量 xs 当 ID=0 时为 n×n 矩阵(n 为样本数)，是样本间的相似系数；ID 非零时是一 p×p 矩阵(p 为变量或特征个数)
[n,p]=size(X);
if ID==0   %ID=0 时计算样本间的相似系数
    for i=1:n
        for j=1:n
        xs(i,j)=X(i,:)*X(j,:)';
        xs(i,j)=xs(i,j)/sqrt(sum(X(i,:).^2)*sum(X(j,:).^2));
    end
    end
else %ID 不等于 0 时计算变量间的相似系数
    for i=1:p
        for j=1:p
            xs(i,j)=X(:,i)'*X(:,j);
            xs(i,j)=xs(i,j)/sqrt(sum(X(:,i).^2)*sum(X(:,j).^2));
        end
    end
end
```

下面为在 MATLAB 下编辑的 corcoef. m，可计算样本间或变量间的相关系数。

```
function [xs]=corcoef(ID,X)
% 输出变量 xs 当 ID=0 时为 n×n 矩阵(n 为样本数),是样本
间的相关系数;ID 非零时是一 p×p 矩阵(p 为变量或特征个
数),是变量间的相关系数
[n,p]=size(X)
if ID==0
    mx=mean(X,2);%求样本的均值(X 矩阵的行均值)
    for i=1:n
        dx=(X-repmat(mx,1,p)); %X 中的每一行的元素
        均减去行均值
        for j=1:n
        xs(i,j)=dx(i,:) * dx(j,:)';
        xs(i,j)=xs(i,j)/sqrt(sum(dx(i,:).^2) * sum(dx
        (j,:).^2));
      %求不同样本间的相关系数
    end
    end
else
    mx=mean(X,1); %求变量的均值(X 矩阵的列均值)
    for i=1:p
        dx=(X-repmat(mx,n,1)); %X 中的每一列的元素
        均减去列均值
        for j=1:p
            xs(i,j)=dx(:,i)' * dx(:,j);
            xs(i,j)=xs(i,j)/sqrt(sum(dx(:,i).^2) * sum
            (dx(:,j).^2));
          %求不同变量间的相关系数
        end
    end
end
```

例8-4 有5个样本，每个样本由4个变量描述，见表8-2(a)。

表8-2(a) 原始数据矩阵

序号	X_1	X_2	X_3	X_4
1	0.26	1.56	4.32	5.45
2	0.37	0.94	3.68	8.21
3	0.31	0.53	3.19	4.07
4	0.47	0.64	5.36	4.23
5	0.72	0.61	4.46	4.49

表8-2(b) 夹角余弦系数

序号	1	2	3	4	5
1	1	0.96	0.99	0.97	0.98
2		1	0.97	0.89	0.93
3			1	0.97	0.99
4				1	0.99
5					1

表8-2(c) 相关系数

序号	1	2	3	4	5
1	1	0.93	0.98	0.91	0.95
2		1	0.94	0.74	0.85
3			1	0.93	0.98
4				1	0.98
5					1

表8-2(d) 绝对距离

序号	1	2	3	4	5
1	0	4.13	3.59	3.39	2.51
2		0	5.10	6.06	5.18
3			0	2.60	2.18
4				0	1.44
5					0

表8-2(e) 欧氏距离

序号	1	2	3	4	5
1	0	2.90	2.06	1.86	1.43
2		0	4.19	4.33	3.83
3			0	2.18	1.40
4				0	0.97
5					0

表8-2(f) 切比雪夫距离

序号	1	2	3	4	5
1	0	2.76	1.38	1.22	0.96
2		0	4.14	3.98	3.72
3			0	2.17	1.27
4				0	0.90
5					0

表8-2(g) 马氏距离

序号	1	2	3	4	5
1	0	2.83	2.83	2.83	2.83
2		0	2.83	2.83	2.83

3			0	2.83	2.83
4				0	2.83
5					0

在 MATLAB 下输入 xs=coscoef(0,X),打开输出变量 xs 可得表 8-2(a)中 5 个样本间的夹角余弦矩阵[表 8-2(b)]。

在 MATLAB 下输入 xr=corcoef(0,X),打开输出变量 xr 可得表 8-2(a)中 5 个样本间的夹角余弦矩阵[表 8-2(c)]。

在 MATLAB 下输入 ds1=disf(1,X),打开输出变量 ds1 可得表 8-2(a)中 5 个样本间的绝对距离系数矩阵[表 8-2(d)]。

在 MATLAB 下输入 ds2=disf(2,X),打开输出变量 ds2 可得表 8-2(a)中 5 个样本间的欧式距离系数矩阵[表 8-2(e)]。

在 MATLAB 下输入 ds3=disf(3,X),打开输出变量 ds3 可得表 8-2(a)中 5 个样本间的切比雪夫距离系数矩阵[表 8-2(f)]。

在 MATLAB 下输入 ds4=disf(4,X),可得表 8-2(a)中 5 个样本间的马氏距离系数矩阵[表 8-2(g)],同时屏幕显示

ans=

马氏距离为常数,建议增加样本数或减少变量数

从表 8-2(b)~表 8-2(g)可知,夹角余弦度量相似性程度时,对样本间的差别不敏感,相关系数对样本间的差别比夹角余弦敏感,但对样本间的区分不及距离系数。显然,前 5 个指标对相似性程度的排序比较一致,仅在细分程度上有所不同,而本例中各个不同样本间的马氏距离都相等。实际上这 5 个样本的 4 个变量值差异还是较大的,另外三个距离系数均能区分不同的样本,为何本例中马氏距离系数为常数呢?

在 MATLAB 下输入如下命令

>> x=rand(p+1,p); *%随机生成一个(p+1)×p 的矩阵(p 值可设大于 3 的任一整数)*

>> dms=disf(4,x); *%求随机生成矩阵 x 的马氏距离矩阵 dms*

会发现无论 p 取何值,输出变量 dms 中所有非对角元的值$=\sqrt{2p}$,如本例中 $p=4$,马氏距离系数均为$\sqrt{8}=2.8284$;如取 $p=5$,则无

论生成的 6×5 随机矩阵 x 是什么数据组成的，马氏距离系数都为 $\sqrt{10}=3.1623$；如取 $p=10$，则对任一 11×10 的随机矩阵 x，其马氏距离系数均为 $\sqrt{20}=4.4721$。

为什么会出现这样奇怪的现象？从直观来说，大致上可以有如下解释。

n 次样本观测，可以看作是 p 维空间中的 n 个点。求各点之间的马氏距离，相当于先做一个空间线性坐标变换，让这些点在各个坐标方向上尽量均匀地分散开，成为一个大致上是球形的分布，然后求变换后各点之间的欧氏距离，就是要求的马氏距离。

当 $p=2$ 时，如果只有 $n=3$ 个样本点，变换后，正好成为平面中一个正三角形的 3 个顶点，显然，这 3 个顶点两两之间的欧氏距离都相等，所以，这时各个样本之间的马氏距离都相等。

当 $p=3$ 时，如果只有 $n=4$ 个样本点，变换后，正好成为空间中一个正四面体的 4 个顶点，显然，这 4 个顶点两两之间的欧氏距离都相等，所以，这时各个样本之间的马氏距离都相等。

当 p 更大时，依次类推，也会出现类似的情况。

这一有趣现象在统计上可以作为一个定理，用代数方法给予严格证明，具体证明过程有兴趣的读者可以看本书附录 1。

因此，在进行马氏距离计算时，样本数 n 至少要大于 $p+1$，而其他的相似度指标虽然不会出现马氏距离计算时这种奇异结果，但当样本数少于、等于或者非常接近变量个数 p 时，从统计意义上来说根据这样的数据矩阵评价样本相似程度没有意义，模式识别方法是基于多元统计原理和各种算法进行的，这也是 8.1.6 节中要求 $n/p \geqslant 3$ 的主要原因。

本例仅仅是演示如何进行各类相似度评价指标的计算，实际应用时要尽量避免在样本数偏少的情况下进行模式识别。

例 8-5　当研究对象是变量或进行特征抽提时，需要对变量间的相似程度进行评价和计算，夹角余弦和相关系数是常用的评价指标，本例计算表 8-2(a) 中 4 个变量间的相似系数与相关系数

在 MATLAB 下键入 xs=coscoef(1,X)，打开输出变量 xs 可得表 8-2(a) 中 4 个变量间的夹角余弦矩阵

xs=

1.0000	0.7768	0.9461	0.8707
0.7768	1.0000	0.9036	0.9241
0.9461	0.9036	1.0000	0.9314
0.8707	0.9241	0.9314	1.0000

在 MATLAB 下键入 xr=corcoef(1,X),可得表 8-2(a)中 4 个变量间的相关系数矩阵

xr=

1.0000	−0.5375	0.4229	−0.2642
−0.5375	1.0000	0.0398	0.4063
0.4229	0.0398	1.0000	−0.3009
−0.2642	0.4063	−0.3009	1.0000

从夹角余弦看,除变量 1,2 之间的夹角余弦为 $0.7768 < 0.8707$ 外,其他变量间的夹角余弦均大于 0.87。但根据相关系数矩阵可看出,各变量的相关性并不高,可见相关系数对于变量间的差异更敏感。

8.4 判别分析(Discrimination Analysis)

判别分析是多元统计中的一个重要分支。它是在已知分类模式的基础上,通过建立判别函数的方法对未知样本进行分类和判别。判别分析在生物考古、疾病诊断、地质勘探、天气预报及产品评估等方面有广泛应用。在模式识别中,判别分析属于有监督分类(即根据已知模式分类结果判别待识模式应属何类)。本节介绍两种常用的判别分析法。

8.4.1 KNN 法及其衍生方法

KNN(*K* Nearest Neighbor)法,亦称 *K* 最近邻法,是模式识别有监督分类方法的标准算法之一。其基本思想是先将已分好类别的

训练样本点"记入"多维空间中,然后将待分类的未知样本亦记入空间。考察未知样本点的 K 个近邻(K 为单整数),若近邻某一类样本最多,则可将未知样本判为该类。其基本假设是"同类样本在模式空间中相互较靠近"。在多维空间中,各类间的距离通常规定为欧氏距离。

为了进行定量判别,可先找出待分类样本的最近邻,并事先约定最近邻区域中的训练集样本数。如果只取一个最近邻样本点,即样本数为 1,则称 $1NN$ 法;如果取 3 个最近邻样本点,即样本数为 3,则称 $3NN$ 法;如果样本数为 K,则称 K 近邻法,简称 KNN 法。为了找到这个含有 K 个训练集中的样本的最近邻,需要计算该未知样本点和所有训练集样本点之间的距离。然后从最小距离开始计样本数,一直计到有 K 个样本数为止,此时所对应的距离就为最近邻的最小距离。如果在这个最小距离中,距某一类训练集中的样本数多,距离又小,则可将待分类样本划到该类中。

此法对数据结构无特殊要求,简单易行,不需要训练过程,但未对训练点进行信息压缩,因此每判断一个点都要将其对所有已知点的距离全部算一遍,计算工作量较大。

一种简化的算法称为**类重心法**,即将训练集中每类样本点的重心求出,然后判别未知样本点与各类重心的距离。未知样本点距哪一类重心距离最近,未知样本就属于哪一类。这一方法有时可使结果可靠性降低。

若用几个特征对模式进行分类,则对一个 g 类问题,第 j 类模式的重心为 $c_j(c_{j1}, c_{j2}, \cdots, c_{jp})$

$$c_{ji} = \frac{1}{n_j}\sum_{k=1}^{n_j} x_{ki}, \ (i = 1, 2, \cdots, p; \ j = 1, 2, \cdots, g) \tag{8-13}$$

其中 i 是特征序号,j 为类序号,n_j 是第 j 类模式的样本数目。

例 8-6　有两种地层,用 7 种指标的分析数据判别,先从已经准确判断的地层中各取 9 个样本,测得的数据见表 8-3(a)。

表 8-3(a) 不同地层的样本的原始分析数据

	x_1	x_2	x_3	x_4	x_5	x_6	x_7
地层Ⅰ	6.6	39	1	6	6	0.12	20
	6.6	39	1	6	12	0.12	20
	6.1	47	1	6	6	0.08	12
	6.1	47	1	6	12	0.08	12
	8.4	32	2	7.5	19	0.55	25
	7.2	16	1	7	28	0.3	30
	8.4	95	3.5	6	18	0.15	75
	7.5	52	1	6	12	0.16	40
	7.5	52	3.5	7.5	6	0.16	40
地层Ⅱ	8.4	32	1	5	4	0.35	75
	8.4	32	2	9	10	0.35	75
	8.4	32	2.5	4	10	0.35	75
	6.3	11	4.5	7.5	3	0.2	15
	7	8	4.5	4.5	9	0.25	30
	7	8	6	7.5	4	0.25	30
	7	8	1.5	6	1	0.25	30
	7.2	6	3.5	4	12	0.3	30
	7.2	6	1	3	3	0.3	30

由于表 8-3(a)中各变量的量级相差 10^2，对表中变量求自然对数后得下列数据矩阵

表 8-3(b) 求自然对数后的不同地层样本数据

	x_1	x_2	x_3	x_4	x_5	x_6	x_7
地层Ⅰ	1.89	3.66	0.00	1.79	1.79	−2.12	3.00
	1.89	3.66	0.00	1.79	2.48	−2.12	3.00

续表

	x_1	x_2	x_3	x_4	x_5	x_6	x_7
地层Ⅰ	1.81	3.85	0.00	1.79	1.79	−2.53	2.48
	1.81	3.85	0.00	1.79	2.48	−2.53	2.48
	2.13	3.47	0.69	2.01	2.94	−0.60	3.22
	1.97	2.77	0.00	1.95	3.33	−1.20	3.40
	2.13	4.55	1.25	1.79	2.89	−1.90	4.32
	2.01	3.95	0.00	1.79	2.48	−1.83	3.69
	2.01	3.95	1.25	2.01	1.79	−1.83	3.69
地层Ⅱ	2.13	3.47	0.00	1.61	1.39	−1.05	4.32
	2.13	3.47	0.69	2.20	2.30	−1.05	4.32
	2.13	3.47	0.92	1.39	2.30	−1.05	4.32
	1.84	2.40	1.50	2.01	1.10	−1.61	2.71
	1.95	2.08	1.50	1.50	2.20	−1.39	3.40
	1.95	2.08	1.79	2.01	1.39	−1.39	3.40
	1.95	2.08	0.41	1.79	0.00	−1.39	3.40
	1.97	1.79	1.25	1.39	2.48	−1.20	3.40
	1.97	1.79	0.00	1.10	1.10	−1.20	3.40

然后计算两类的重心得

$$C_1 = [1.96 \quad 3.75 \quad 0.36 \quad 1.86 \quad 2.44 \quad -1.85 \quad 3.25]$$

$$C_2 = [2.00 \quad 2.51 \quad 0.90 \quad 1.67 \quad 1.58 \quad -1.26 \quad 3.63]$$

地层Ⅰ、Ⅱ的每一个矢量与 C_1 和 C_2 的欧氏距离分别如表8-4(a)和表8-4(b)所示。

表8-4(a) 地层Ⅰ的样本到两个地层类重心的欧氏距离

样本序号	1	2	3	4	5	6	7	8	9
距 C_1	0.84	0.53	1.28	1.10	1.44	1.52	1.68	0.61	1.22
距 C_2	1.83	2.03	2.37	2.52	1.88	2.02	2.63	2.01	1.64

表 8-4(b) 地层Ⅱ的样本到两个地层类重心的欧氏距离

样本序号	10	11	12	13	14	15	16	17	18
距 C_1	1.79	1.46	1.56	2.31	2.13	2.50	3.00	2.30	2.60
距 C_2	1.51	1.51	1.43	1.32	1.02	1.11	1.74	1.26	1.39

从上面两个表中可以看出，1～9 号样本距 C_1 的距离均小于距 C_2 的距离，应属于地层Ⅰ；而 10～18 号样本除样本 11 外，其余样本距 C_2 的距离均小于距 C_1 的距离，应属于地层Ⅱ。因此，本例采用简化的 KNN 方法类重心法对绝大部分样本均能正确分类。

将表 8-3(a)的数据导入矩阵 X 中，本例的 MATLAB 命令如下

XG=log(X)

% 对 X 中的数据求自然对数，XG 即为表 8-3(b)

C1=mean(XG(1:9, :))

% 求地层Ⅰ中各列的均值并赋给向量 C1，C1 即地层Ⅰ的类重心

C2=mean(XG(10:18, :))

% 求地层Ⅱ中各列的均值并赋给向量 C2，C2 即地层Ⅱ的类重心

d1=sqrt(sum((XG-repmat(C1,18,1)).^2,2))'

% 求每个样本到地层Ⅰ类重心 C1 的欧氏距离并赋给 d1，d1 即为表 8-4(a)与表 8-4(b)的第 1 行

d2=sqrt(sum((XG-repmat(C2,18,1)).^2,2))'

% 求每个样本到地层Ⅱ类重心 C2 的欧氏距离并赋给 d2，d2 即为表 8-4(a)与表 8-4(b)的第 2 行

例 8-7 以表 8-3(b)为基础，采用马氏距离分析 18 个样本到两个地层重心的距离。

解：根据式(8-9)可知求马氏距离需要求数据矩阵 XG 的协方差矩阵 Z 的逆矩阵 Z^{-1}，有必要先考察一下矩阵 Z 是否奇异。在 MATLAB 下输入命令

>> **Z=cov(XG)**; *%求 XG 中的 7 个变量的协方差矩阵 Z，Z 是一个 7×7的矩阵*

>> **det(Z)** *%求 Z 的行列式值*

可得

ans＝5.8095e-008

显然，Z是一个奇异矩阵，求表 8-3(b)中的 7 个变量间的相关系数，在 MATLAB 下输入

r＝corrcoef(XG)

可得

r＝

1.0000	0.2102	0.1711	−0.0169	0.2669	0.7037	0.9060
0.2102	1.0000	−0.3151	0.3694	0.4521	−0.4585	0.1577
0.1711	−0.3151	1.0000	0.1506	−0.0580	0.2784	0.2048
−0.0169	0.3694	0.1506	1.0000	0.1375	−0.1165	−0.0992
0.2669	0.4521	−0.0580	0.1375	1.0000	0.0076	0.1179
0.7037	−0.4585	0.2784	−0.1165	0.0076	1.0000	0.5535
0.9060	0.1577	0.2048	−0.0992	0.1179	0.5535	1.0000

从上面矩阵可知，变量 x_7 与变量 x_1 之间有很强的相关性，其相关系数 $r(1, 7) = r(7, 1) = 0.906$；而 $r(1, 6) = r(6, 1) = 0.704$，说明变量 x_1 与变量 x_6 间也有较强的相关性。这 3 个变量间存在的强线性相关及较强的线性相关使得 XG 的协方差矩阵 Z 是个奇异矩阵。

在模式识别时，所选的模式特征应该是独立的，即各模式特征之间应当互不相关。变量间的强相关会导致马氏距离的计算不准确或无法进行。本例采用第 6 章介绍的主成分分析方法对表 8-3(b)中的数据进行信息压缩，采用独立的主成分替代表 8-3(b)中的 7 个变量后再计算各样本到两个地层中心的距离。

MATLAB 命令如下

[pc,sc,lm]＝princomp(XG)；

%对 XG 进行主成分分析，sc 为主成分得分矩阵，lm 为 XG 的协方差矩阵的特征值，即对应主成分得分的方差

yt＝cumsum(lm)./sum(lm)

% 求累积贡献率向量 yt，yt 的第 j 个元素为第 j 个主成分的累

计贡献率,yt 为含有 7 个元素的列向量

```
T=sc(:,1:6);
% 将前 6 个主成分得分赋给矩阵 T,T 为一 18×6 的矩阵
lmd=lm(1:6)'
% 将前 6 个主成分得分的方差赋给向量 lmd,lmd 为一行向量
T1=mean(T(1:9,:))
% 求地层Ⅰ的前 6 个主成分得分的平均值 T1,T1 为含有 6 个变量的行向量
T2=mean(T(10:18,:))
% 求地层Ⅱ的前 6 个主成分得分的平均值 T2,T2 为含有 6 个变量的行向量

md1=sqrt(sum((T-repmat(T1,18,1)).^2./repmat(lmd,18,1),2))'
% 求 18 个样本到地层Ⅰ类重心的马氏距离 md1,md1 为含有 18 个变量的行向量
md2=sqrt(sum((T-repmat(T2,18,1)).^2./repmat(lmd,18,1),2))'
% 求 18 个样本到地层Ⅱ类重心的马氏距离 md2,md2 为含有 18 个变量的行向量
```

上述 MATLAB 命令运行结果如下

```
yt=
0.43502
0.68107
0.82906
0.95432
0.98752
0.9999
1
```

由此可以确定取 6 个主成分即可反映 99.99%矩阵 XG 的信息。

lmd=

1.1229　0.6351　0.3820　0.3233　0.0857　0.0320

T1=

−0.8337　0.2241　0.1422　0.0358　−0.0378　0.0004

T2=

0.8337　−0.2241　−0.1422　−0.0358　0.0378

−0.0004

T1、T2 即为地层Ⅰ、Ⅱ用主成分得分表示的类重心坐标。

打开向量 md1 与 md2 可得下表所示的 18 个样本到地层Ⅰ、Ⅱ类中心的马氏距离。表 8－5(a)中的 9 个样本到地层Ⅰ类重心的马氏距离均小于到地层Ⅱ类中心的马氏距离；表 8－5(b)的 9 个样本到地层Ⅰ类重心的马氏距离均大于到地层Ⅱ类中心的马氏距离。

表 8－5(a)　地层Ⅰ的样本到两个地层重心的马氏距离

样本序号	1	2	3	4	5	6	7	8	9
距 C_1	1.06	0.90	1.71	1.53	3.65	2.97	2.65	1.18	1.96
距 C_2	1.99	2.18	2.76	2.86	3.97	3.31	3.04	2.06	2.16

表 8－5(b)　地层Ⅱ的样本到两个地层重心的马氏距离

样本序号	10	11	12	13	14	15	16	17	18
距 C_1	2.72	2.76	2.70	2.73	2.56	2.86	3.30	2.86	3.29
距 C_2	2.27	2.66	2.32	2.36	1.82	2.01	2.34	2.16	2.42

由此可看出，采用主成分分析消除原始数据矩阵[表 8－3(b)]中变量间的相关性后，以主成分得分为基础所求各样本到各地层类重心的马氏距离与个样本自身所属的地层情况相符。

简化的 *KNN* 算法的通用和完整的 M 文件及其应用本例数据运算例子见附录 3，读者可以采用本例命令或附录 3 中的 M 文件验证本例。

8.4.2　二元线性分类器及其训练

作为模式识别中决策分类的一种方法，该法希望通过某种方法，在模式空间中到找到一个**判别面**(**此面叫做分类器**),使不同类的模式点分别位于判别面的两侧。未知模式的分类可根据它位于判别面的哪一侧来定。若判别面是一个线性超平面,就叫**线性分类器**。

将已知分类的样本随机地分为两部分,一部分作为建立分类器的训练集,另一部分作为检验分类器的检验集,当判别面(分类器)确定后,则可用该平面的法向量与未知模式的点积来确定待定模式的类别。如图 8-4 所示,设判别面 P 的法向量为$\boldsymbol{w}$,未知模式的向量为 $\boldsymbol{x}$,则点积

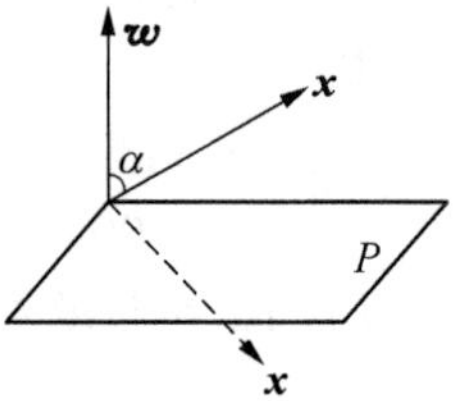

图 8-4　线性判别函数

$$D = \boldsymbol{w} \cdot \boldsymbol{x} = |\boldsymbol{w}| \cdot |\boldsymbol{x}| \cos\alpha$$

即为**线性判别函数**。

当 $\boldsymbol{x}$ 在平面 P 的上方时,

$D = \boldsymbol{w} \cdot \boldsymbol{x} > 0$,$\boldsymbol{x}$ 属第一类。

当 $\boldsymbol{x}$ 在平面 P 的下方时,

$D = \boldsymbol{w} \cdot \boldsymbol{x} < 0$,$\boldsymbol{x}$ 属第二类。

对于 p 维空间向量点积为

$$D = w_1x_1 + w_2x_2 + \cdots + w_px_p = \sum_{i=1}^{p} w_ix_i$$

因此,只要找出(或求得)法向量$\boldsymbol{w}$,就可以确定线性判别函数。根据这个原理,可以提出如下的**线性学习机法**(linear learning machine, LLM)。此法的目的是找出法向量$\boldsymbol{w}$,其思路是:从一任意初始法向量$\boldsymbol{w}_0$出发,将已知分类的模式逐个地进行分类。若对已知的 $\boldsymbol{x}$,当前的$\boldsymbol{w}$可正确分类,保留此$\boldsymbol{w}$用来对下一个已知模式分类;若$\boldsymbol{w}$不能对已知的 $\boldsymbol{x}$ 正确分类,则对$\boldsymbol{w}$进行修正,继续检验其分类正确性,直至全部模式可正确分类。

步骤 1　选两类重心间的对称区的法向量作初始法向量

$$w_i = c_{i1} - c_{i2} (i = 1, 2, \cdots, p) \tag{8-14}$$

c_{i1}, c_{i2}分别为两类的重心坐标。

步骤 2　检验 $D = \boldsymbol{w} \cdot \boldsymbol{x}$ 符号与已知 $\boldsymbol{x}$ 所属类别是否相吻合,若

不吻合，则对$\boldsymbol{w}$进行修正，修正后的法向量为$\boldsymbol{w}^*$。

$$\boldsymbol{w}^* = \boldsymbol{w} + c\boldsymbol{x} \tag{8-15}$$

c 为系数，$D^* = \boldsymbol{w}^* \cdot \boldsymbol{x}$ 与 D 符号应相反。即

$$D^* = -D \Rightarrow \boldsymbol{w}^* \cdot \boldsymbol{x} = -\boldsymbol{w} \cdot \boldsymbol{x}$$

$$(\boldsymbol{w} + c\boldsymbol{x}) \cdot \boldsymbol{x} = -\boldsymbol{w} \cdot \boldsymbol{x}$$

$$c = -\frac{2\,\boldsymbol{w} \cdot \boldsymbol{x}}{\boldsymbol{x} \cdot \boldsymbol{x}} = -\frac{2\sum_{i=1}^{p} w_i x_i}{\sum_{i=1}^{p} x_i^2} \tag{8-16}$$

步骤 3　用修正后的$\boldsymbol{w}^*$对 $\boldsymbol{x}$ 继续判别，若 $D = \boldsymbol{w}^* \cdot \boldsymbol{x}$ 符号与 $\boldsymbol{x}$ 所属类别吻合，则继续下一个模式的判别，否则返回到步骤 2。

数学上可证明，这样选择 c 可使法向量$\boldsymbol{w}$ 收敛。但此分类器的位置常常与初始法向量和训练集模式输入顺序有关，有时会得到不理想的分类器，另外当训练集不是线性可分时，训练过程不能收敛。

例 8-8　现有甲状腺病人(记为类 1)和正常人(记为类 2)各 10 例，分别测试 5 项功能指标(以 x_1，x_2，x_3，x_4，x_5 表示)，测试结果见表 8-6(a)和表 8-6(b)所示。以每一类的前 8 个样本作为训练集[表 8-6(a)]，后 2 个作为测试集[表 8-6(b)]。用 LLM 法对其进行判别。

表 8-6(a)　患甲状腺病人与正常人 5 项指标 16 个训练集样本的原始数据

序号	x_1	x_2	x_3	x_4	x_5	原类别
1	−1.31	0.80	0.78	−0.70	−0.61	1
2	−0.63	0.75	1.94	−0.61	−0.42	1
3	0.70	1.48	1.04	−0.66	−0.73	1
4	−0.97	0.87	0.01	−0.64	−0.61	1
5	−1.42	0.63	0.78	−0.65	−0.71	1
6	−1.31	1.50	−0.63	−0.70	−0.58	1

续表

序号	x_1	x_2	x_3	x_4	x_5	原类别
7	−0.97	1.09	0.91	−0.70	−0.57	1
8	−0.28	0.58	1.43	−0.69	−0.52	1
9	0.74	−1.10	−0.89	0.51	−0.21	2
10	0.17	0	0.66	0.04	1.54	2
11	0.06	−0.73	−0.63	1.01	−0.43	2
12	2.56	−0.30	0.27	−0.06	0.09	2
13	1.19	−1.29	−1.27	0.20	−0.60	2
14	−0.06	−0.78	−0.12	0.13	2.15	2
15	0.17	−1.19	−1.14	0.66	0.67	2
16	0.06	−1.46	−1.14	3.58	0.52	2

表 8-6(b) 患甲状腺病人与正常人 5 项指标 4 个检验集样本的原始数据

序号	x_1	x_2	x_3	x_4	x_5	原类别
1	−0.74	0.31	0.40	−0.48	−0.65	1
2	0.40	0.70	0.01	−0.70	−0.64	1
3	0.51	−0.30	−0.63	0.29	2.60	2
4	0.85	−1.53	−1.78	0.17	−0.24	2

解：选择初始权矢量

$$w^{\mathrm{T}} = (c_1 - c_2)^{\mathrm{T}} = (-0.77-0.61, 0.96+0.86, 0.78 + 0.53, 0.67-0.76, -0.59-0.47)^{\mathrm{T}} = (-1.38, 1.82, 1.31, -0.09, -1.06)^{\mathrm{T}}$$

对第一个样本

$$D_1 = \sum_{i=1}^{p} w_i x_{i1} = (-1.38)\times(-1.31) + 1.82\times 0.80 + 1.31 \times 0.78 - 1.43\times(-0.70) - 1.06\times(-0.61) = 5.94$$

同理，可得

$D_2=6.10$，$D_3=4.81$，$D_4=4.40$，$D_5=5.82$，$D_6=5.33$，$D_7=6.13$，$D_8=4.86$，$D_9=-4.70$，$D_{10}=-1.06$，$D_{11}=-3.23$，$D_{12}=-3.75$，$D_{13}=-5.31$，$D_{14}=-3.96$，$D_{15}=-5.55$，$D_{16}=-9.90$。

这一步相当于用重心法分类。由此可见，1～8号样本的判别函数均大于0，为第一类，而9～16号样本的判别函数值均小于0，为第二类。所有样本分类正确，可选此权矢量判别四个检验集的样本，得到四个样本的判别函数值为：3.49，2.41，−5.25，−6.29。可见前两个样本为第一类，后两个样本为第二类，与原归属相符。

如果初始权矢量选得不好，则需要进行修正，例如，取 $w^{\mathrm{T}}=(-1,-1,-1,-1,-1)^{\mathrm{T}}$，可得 $D_1=1.04$，样本1为第1类，与实际情况相符，不需修正权值。继续求得 $D_2=-1.03$，判为第二类，与实际结果不符，需修正权矢量

$$\boldsymbol{w}^*=\boldsymbol{w}+c\boldsymbol{x}=w^{\mathrm{T}}+\frac{-2D_2}{\sum_{j=1}^{5}x_{2j}^2}\cdot\{x\}$$

$$=\begin{Bmatrix}-1\\-1\\-1\\-1\\-1\end{Bmatrix}+\frac{-2\times(-1.03)}{(-0.63)^2+0.75^2+1.94^2+(-0.61)^2+(-0.42)^2}$$

$$\begin{Bmatrix}-0.63\\0.75\\1.94\\-0.61\\-0.42\end{Bmatrix}=\begin{Bmatrix}-1.25\\-0.71\\-0.24\\-1.24\\-1.16\end{Bmatrix}$$

以新的权值计算下一个样本的判别函数，依次类推，直至所有样本分类结果正确时所得的权值作为最终所要的权值，各次迭代所得的权值结果见表8-6(c)。采用该表最后权矢量判别四个检验集样本的类别，判别函数的值依次为2.20，1.10，−4.26，−0.21，与实

际结果相符。

表 8-6(c) 初始权值为“$(-1,-1,-1,-1,-1)^T$”时权值迭代的结果

迭代次数	w_1	w_2	w_3	w_4	w_5
1	−1	−1	−1	−1	−1
2	−1.25	−0.71	−0.24	−1.24	−1.16
3	−1.10	−0.39	−0.02	−1.38	−1.32

由此可见，选择不同的初始权矢量所得的最终判别函数的权值不同，初始权值的选择对迭代次数、迭代结果有较大影响。

8.4.3 Fisher 判别法

Fisher 判别分析是在两类样本点群之间寻找一个最优分割面(平面或超平面，其数学表达式即为判别函数)，使得样本点在该分割面上的投影达到最大限度的分离，并且使每类样品内部的离散度最小。满足这个使类间距离最大而类内距离最小的准则，即 **Fisher 准则**。其与现象学习机法的区别在于判别面的建立准则不同。

将样本点的特征记为 $x_{ik,g}$，此处 $i=1, 2, \cdots, p$ (p 为特征个数)，$g=1, 2$(g 表示类别)，$k=1, 2, \cdots, m_g$(k 为模式类序号，m_g 为 g 类样本数)，样本总数 $n=n_1+n_2$，m_1 为类 1 的样本总数，m_2 为类 2 的样本总数，Fisher 判别函数

$$D_{gk}(x)=\sum_{i=1}^{p}w_i x_{ik,g} \qquad g=1, 2;\ k=1, 2, \cdots, n_g \tag{8-17}$$

式中，$\boldsymbol{w}=(w_1, w_2, \cdots, w_p)^T$。

令 $a(D)$ 与 $b(D)$ 分别代表线性变换后同一类和不同类间的均差

$$a(D)=\sum_{g=1}^{2}\sum_{k=1}^{n_g}(D_{gk}-\overline{D}_g)^2 \tag{8-18}$$

$$b(D)=\sum_{g=1}^{2}n_g(\overline{D}_g-\overline{D})^2 \tag{8-19}$$

可以证明

$$a(D) = \sum_{i=1}^{p} \sum_{j=1}^{p} a_{ij} w_i w_j \tag{8-20}$$

$$b(D) = \sum_{i=1}^{p} \sum_{j=1}^{p} b_{ij} w_i w_j \tag{8-21}$$

其中

$$a_{ij} = \sum_{g=1}^{2} \sum_{k=1}^{n_g} (x_{ik,g} - \bar{x}_{i,g})(x_{jk,g} - \bar{x}_{j,g}) \tag{8-22}$$

$$b_{ij} = \sum_{g=1}^{2} n_g (\bar{x}_{i,g} - \bar{x}_i)(\bar{x}_{j,g} - \bar{x}_j) \tag{8-23}$$

$$\bar{x}_{i,g} = \frac{1}{m_g} \sum_{k=1}^{m_g} x_{ik,g} (g = 1, 2; i = 1, 2, \cdots, p) \tag{8-24}$$

$$\bar{x}_i = \frac{n_1 \bar{x}_{i,1} + n_2 \bar{x}_{i,2}}{n_1 + n_2} \tag{8-25}$$

为使 D 的类间及类内方差比 $\lambda = b(D)/a(D)$ 达到极值,应使 $\partial\lambda/\partial w_i = 0$ 即

$$\frac{\partial b(D)}{\partial w_i} - \lambda \frac{\partial a(D)}{\partial w_i} = 0$$

将 $a(D)$与 $b(D)$代入上式,有

$$\sum_{j=1}^{p} b_{ij} w_{ij} - \lambda \sum_{j=1}^{p} a_{ij} w_j = 0 \tag{8-26}$$

记由 a_{ij}, b_{ij} $(i, j = 1, 2, \cdots, p)$ 构成的矩阵分别为 A, B, 则上式可写为

$$(B - \lambda A) w = 0 \tag{8-27}$$

求出$\boldsymbol{w}$ 即可得到 Fisher 线性判别函数 $D(X)$,方程(8 - 26)与(8 - 27)是一个广义特征值问题,求出特征值后,求最大特征值所对应的特征向量,即得判别函数的待定向量$\boldsymbol{w}$。然后根据判别函数进行判别与分类。

例 8-9 采用 Fisher 法对例 8-8 中的样本进行判别分析。

解：将例 8-8 中表 8-6(a)中第 1～8 个样本数据导入矩阵 x_1，作为类 1 的建模数据；将表 8-6(a)中第 9～16 个样本数据导入矩阵 x_2，作为类 2 的建模数据；将表 8-6(b)中 4 个样本数据导入矩阵 xpre，作为检验集。用式(8-22)计算可得建模样本的类内方差

$A =$

9.10	1.33	2.70	−2.83	−2.73
1.33	2.70	1.43	−2.48	1.17
2.70	1.43	8.09	−2.88	2.84
−2.83	−2.48	−2.88	10.00	−0.85
−2.73	1.17	2.84	−0.85	6.64

用式(8-23)计算可得建模样本的类间方差

$B =$

7.67	−10.08	−7.29	7.91	5.87
−10.08	13.23	9.57	−10.39	−7.71
−7.29	9.57	6.92	−7.51	−5.58
7.91	−10.39	−7.51	8.15	6.05
5.87	−7.71	−5.58	6.05	4.49

将 A，B 代入式(8-27)求出该方程的广义特征值(按绝对值从大到小顺序排列)

$18.972,\ 4.8\times10^{-15},\ 4.1\times10^{-16},\ 0,\ 0$

最大特征值为 18.972，所对应的特征向量为

$$\boldsymbol{w}=[-0.3396\quad -0.5315\quad -0.2387\quad -0.0042\quad 0.4083]^{\mathrm{T}}$$

由式(8-17)得 Fisher 线性判别函数为

$$D(X)=-0.3396x_1-0.5315x_2-0.2387x_3-0.0042x_4+0.4083x_5 \tag{8-28}$$

将 x_1 中的每一行依次代入式(8-28)，可得 1～8 号建模样本的 Fisher 判别函数值依次为

−1.302 5　−1.244 6　−1.092 5　−1.040 6　−1.290 5
−1.325 7　−1.355 8　−0.954 2

将 x_2 中的每一行依次代入式(8-28)，可得 9～16 号建模样本的 Fisher 判别函数值依次为

0.960 6　0.528 8　0.379 0　1.001 5　1.147 2　1.300 1
1.233 2　1.265 9

由于 1～8 号样本的 Fisher 判别函数值均小于 0，而 9～16 号样本的 Fisher 函数值均大于 0，表明式(8-28)可对 16 个建模样本正确分类。

将 x 中的四个样本的数据代入式(8-28)，可得四个样本的 Fisher 判别函数值为

−0.775 0　　−0.497 0　　1.543 4　　1.428 1

前两个样本被判别为类 1，后两个样本被判别为类 2，即对检验集四个样本，Fisher 函数判别式(8-28)均可正确分类。

对 2 类分类问题实现 Fisher 判别分析的 MATLAB 程序见附录 3。

在 MATLAB 下输入命令

```
>> [d,d1,d2,w,A,B]=fisher_eig(x1,x2,x);
```

依次打开输出矩阵 A, B, w 及 $d1$、$d2$ 与 d，即可得到上述结果。

8.4.4 偏最小二乘判别分析(PLS-DA)方法

偏最小二乘判别分析(Partial Least Square Discrimination Analysis，PLS-DA)方法基于 PLS 回归方法进行样本的分类识别，是一种常用的有监督统计模式识别方法。该法将样品的特征数据看做自变量 X(其行为样本序号、列为特征变量序号)、样品的类别信息作为因变量 Y，Y 是一个以 0，1 为元素的矩阵，其行对应样本序号、列对应类别序号，当样品属于某一类时则该样本在 Y 中对应列的元素值=1，否则为 0。PLS-DA 将 X 与 Y 的每一列分别进行 PLS 回

归分析，得到回归的类别信息矩阵 Ypls，然后根据 Ypls 的每一列与 1 接近的程度判别样本属于哪类。其基本算法和 MATLAB 源代码见附录 3 的 PLS_DA. m 文件，下面对具体思路进行介绍。

(1) 建立训练集样本的分类变量 $y1$，$y1$ 是行数为建模样本数、列数为类别数的矩阵，当训练集样本属于某类时则样本在这类的值为 1，否则为 0(相关说明见 PLS_DA. m 文件的第 4～5 行)。

(2) 将 $y1$ 的每一列与训练集样本特征数据 $x1$ 进行 PLS 回归分析，建立训练集分类变量 $y1$ 与 $x1$ 间的 PLS 回归模型，根据 PLS 模型输出的回归系数，分别计算建模集和检测集(未知样本)的分类变量的值 yc、yp 和模型 y 值与实际样本类别值的偏差 ysc 与 ysv(这一步骤的 MATLAB 命令及注释见 PLS_DA. m 文件的 30～40 行)。

(3) 根据 yc(或 yp)的值与偏差判断建模集和检验集样本的类别。具体判别方法是：若 yc 或 $yp>0.5$，且对应类的偏差(Deviation)<0.5，判定样本属于该类；若 yc 或 $yp<0.5$，且对应类的偏差<0.5，判定样本不属于该类；若对应类的偏差$\geqslant 0.5$，表明判别结果不稳定，将这样的样本定义为灰色(即不确定)样本。(这一判别步骤的 MATLAB 命令及注释见 PLS_DA. m 文件的 41～107 行)。

该方法的 MATLAB 函数为

[ccr, cvr, ypredict, ycredict, yc, yp, ys]＝PLS_DA_nlj(x1, y1, x2, y2, lv)

其详细代码和说明见附录 3。其中输入变量 lv 为潜变量个数(应小于等于特征个数)；x_1 和 x_2 分别为建模集和检验集样本的特征变量矩阵(行为样本序号，列为特征序号)；y_1 与 y_2 分别为训练集和检验集的类别信息矩阵。输出变量中 ccr、cvr 分别为模型对建模样本和检验集样本预测的正确率；ypredict、ycredict 分别为模型给出的检验集和建模集类别信息；yc 和 yp 分别为模型给出的建模集和检验集的判别值。

例 8-10 以例 8-7 中表 8-3(b)为原始数据，分别选择第 1、10 号样本为检验集 $x2$，其类别信息矩阵为 $y2$；剩余样本为训练集(建模集)$x1$，其类别信息矩阵为 $y1$。输入数据文件如下

x1 =

1.8900	3.6600	0	1.7900	2.4800	−2.1200	3.0000
1.8100	3.8500	0	1.7900	1.7900	−2.5300	2.4800
1.8100	3.8500	0	1.7900	2.4800	−2.5300	2.4800
2.1300	3.4700	0.6900	2.0100	2.9400	−0.6000	3.2200
1.9700	2.7700	0	1.9500	3.3300	−1.2000	3.4000
2.1300	4.5500	1.2500	1.7900	2.8900	−1.9000	4.3200
2.0100	3.9500	0	1.7900	2.4800	−1.8300	3.6900
2.0100	3.9500	1.2500	2.0100	1.7900	−1.8300	3.6900
2.1300	3.4700	0.6900	2.2000	2.3000	−1.0500	4.3200
2.1300	3.4700	0.9200	1.3900	2.3000	−1.0500	4.3200
1.8400	2.4000	1.5000	2.0100	1.1000	−1.6100	2.7100
1.9500	2.0800	1.5000	1.5000	2.2000	−1.3900	3.4000
1.9500	2.0800	1.7900	2.0100	1.3900	−1.3900	3.4000
1.9500	2.0800	0.4100	1.7900	0	−1.3900	3.4000
1.9700	1.7900	1.2500	1.3900	2.4800	−1.2000	3.4000
1.9700	1.7900	0	1.1000	1.1000	−1.2000	3.4000

y1=

1	0
1	0
1	0
1	0
1	0
1	0
1	0
1	0
0	1
0	1
0	1

```
    0      1
    0      1
    0      1
    0      1
    0      1
x2=
    1.8900   3.6600   0   1.7900   1.7900   -2.1200   3.0000
    2.1300   3.4700   0   1.6100   1.3900   -1.0500   4.3200
y2=
    1      0
    0      1
```

在 MATLAB 下输入命令

\>> **[ccr, cvr, ypredict, ycredict, yc, yp, ys]=PLS_DA(x1, y1, x2, y2, 6);**

屏幕显示如下结果

Percent Variance Captured by PLS Model

	----X-Block------		----Y-Block------	
LV#	This LV	Total	This LV	Total
1.0000	94.0722	94.0722	59.0855	59.0855
2.0000	3.2315	97.3037	30.5486	89.6341
3.0000	0.6071	97.9107	0.7762	90.4103
4.0000	0.8683	98.7790	0.2035	90.6138
5.0000	0.7424	99.5214	0.0890	90.7028
6.0000	0.4203	99.9417	0.0069	90.7098

Percent Variance Captured by PLS Model

	----X-Block------		----Y-Block------	
LV#	This LV	Total	This LV	Total
1.0000	92.9936	92.9936	43.0263	43.0263
2.0000	4.2715	97.2652	43.8514	86.8777

3.0000	0.6934	97.9586	2.6021	89.4798
4.0000	1.0416	99.0002	0.5325	90.0123
5.0000	0.5120	99.5123	0.0994	90.1117
6.0000	0.2918	99.8041	0.1311	90.2428

（上面为 $y1$ 的第 1、2 列与 $x1$ 在取 6 个潜变量时 PLS 回归给出不同潜变量 LV 下涵盖的 X 与 Y 矩阵的信息）

rp=

　　1

ans=

rp 为检验集预测 y 值和实际 y 值的相关系数

rc=

　　1

ans=

rc 为训练集预测 y 值和实际 y 值的相关系数

依次打开输出变量可得

ccr=1(即 PLS_DA 模型对 16 个建模集样本均判别正确)

cvr=1(即 PLS_DA 模型对 2 个检验集样本均判别正确)

打开 ycredict 和 ypredict 数组可得与 $y1$、$y2$ 相同的结果，说明模型给出的建模集和检验集类别信息与其实际类别一致。

打开 yc、yp 可得

yc=

1.0050	−0.0002
1.0949	−0.1145
1.2214	−0.2283
0.8640	0.0513
0.7676	0.2446
0.7950	0.2634
0.8970	0.1272

```
  0.6119    0.3958
  0.4714    0.5661
  0.3157    0.6649
  0.2217    0.7300
  0.0416    0.9617
 -0.0755    1.0933
 -0.1518    1.1498
  0.0170    0.9875
 -0.0878    1.0661
```

显然，*yc* 中前 8 个样本的第 1 类判别值均大于 0.5，而后 8 个样本的第 2 类判别值均大于 0.5 且两个类的平均偏差<0.5。故前 8 个训练集样本判别为类 1、后 8 个样本判别为类 2，与实际类别相吻合。两个检验集样本的模型 *y* 值

```
yp=
    0.8785    0.1136
    0.3224    0.6695
```

两个类的平均偏差 *ys*=0.3330　0.3204

yp 的第 1 个样本的第一列值大于 0.5 而第 2 个样本的第 2 列值大于 0.5 且 2 个类的平均偏差<0.5。故模型判别检验集第 1 个样本属于类 1，而第 2 个样本属于类 2。

还有许多其他的判别分类方法，限于篇幅，就不再一一介绍，有兴趣的读者可参考有关文献或教材。

8.5 无监督模式识别法

判别分析需要有已知分类的模式作为训练集，获得判别函数（依据）后，用其判断未知模式的类属，是有监督的模式识别法。对于另一类不需要训练集，对所研究的模式进行适当分类的问题则需要用无监督模式识别方法，聚类分析法（Clustering analysis method）是一

种无监督的模式识别方法。

聚类分析法是根据研究对象（样品或变量）的多种特征在数值上存在的相似程度，将它们聚合为不同点群的一种多元统计法。其基本思想是，从一批样品的多个观测指标中，找出能度量样品之间相似程度的统计量，构成一个对称的相似矩阵。在此基础上进一步寻找各样品和变量之间的相似程度，并按其相似程度的大小，将样品或变量逐一归类。关系密切的聚集到一个小的分类单位，关系疏远的聚集到一个大的分类单位，直到所有样品或变量都聚集完毕，形成一个亲疏关系**谱系图**，用来直观地显示被分类对象的差异和联系。

聚类分析可以和其他统计方法结合使用，例如变量很多时，在进行回归分析前，可以先对变量进行聚类，再从每类中挑选一个最有代表性的变量参加回归分析。又如在进行判别分析以前先对特征变量进行聚类，再从中挑出有代表性的变量用于判别分析。聚类分析按其研究对象的不同可分为两类。一类是对样品进行分类，称为 **Q 型聚类分析**；另一类是对变量进行分类，称为 **R 型聚类分析**。

如例 8－2 中对化妆品进行化学模式识别前，先对检测到的 21 个化学组分含量进行相似性分析，从相似度高的变量中抽出 1 个变量作为模式特征，就是先对变量进行聚类分析（R 型聚类分析）后再对样品（化妆品）进行模式识别（Q 型聚类分析）。

聚类分析的基本步骤如下。

步骤 1：数据预处理

常用的特征变量预处理公式见式（2－24）～式（2－29）。

步骤 2：相似性统计量（量度）的计算

相似性统计量的计算公式见式（8－6）～式（8－12）。

步骤 3：聚类分析

根据步骤 2 计算而得的相似性统计量，可对模式样本进行相似归类，方法有很多，本节仅介绍以下三种。

8.5.1　一次计算形成法

该法根据相似矩阵直接按相似性的大小连接成聚类谱系图。

首先选出最相似的一对样本，连接成组，并随时把有关连接顺序、被连接的样品号和相似性水平记入连接顺序表中，连接完一对样本后，再选择相似性大的一对，如此依次进行，直到把所有点都聚合为一群并得到一个连接顺序表，根据此表按以下原则作出谱系图。

(1) 若选出的一对样本在已形成的组中均未出现过，则将它们形成一个独立的新组。

(2) 若选出的一对样本中有一个在已经分好的组中出现过，则把另一个样品加入该组中。

(3) 若选出的两个样品分别出现在两个组中，则把这两个组合并为一个组。

(4) 若选出的一对样品都在同一组中则不需再分。

根据以上原则反复进行，直到把全部样品分类完毕，形成一个分类谱系图。

例 8-11 根据某铜镍矿床钻孔中元素的平均含量[表 8-7(a)]，用相关系数作为相似性统计量，用一次计算形成法对 6 个矿石样本进行分类。

表 8-7(a) 某铜镍矿钻孔中元素含量($\mu g \cdot g^{-1}$)

样品号	样品组成	岩性及矿化	Ni	Co	Cu	Cr	S	As
1	A孔 16 个样平均	蛇纹岩 A组矿化	1 903	273	160	1 178	8 163	4
2	B孔 11 个样平均	蛇纹岩 无矿	2 328	79	6	3 175	586	14
3	C孔 11 个样平均	蛇纹岩 无矿	744	26	1	841	425	3
4	D孔 12 个样平均	滑镁岩 B组矿化	2 782	273	150	2 400	8 231	37
5	E孔 10 个样平均	滑镁岩 无矿	1 775	94	13	3 140	54	1
6	F孔 12 个样平均	滑镁岩 无矿	1 046	44	6	2 093	104	1

由于表 8－7(a)中不同元素的含量数量级相差 1～3 个级别，故对表 8－7(a) 中的数据求对数，以消除量级差异较大的影响。MATLAB 命令如下

A=log10(X)； *%X 为表 8－7(a)中的数据矩阵，A 的数据见表 8－7(b)。*

表 8－7(b)　某铜镍矿床元素含量($\mu g \cdot g^{-1}$)的对数值

样品号＼元素	Ni	Co	Cu	Cr	S	As
1	3.279 4	2.436 2	2.204 1	3.071 1	3.911 8	0.602 1
2	3.367 0	1.897 6	0.778 2	3.501 7	2.767 9	1.146 1
3	2.871 6	1.415 0	0.000 0	2.924 8	2.628 4	0.477 1
4	3.444 4	2.436 2	2.176 1	3.380 2	3.915 5	1.568 2
5	3.249 2	1.973 1	1.113 9	3.496 9	1.732 4	0.000 0
6	3.019 5	1.643 5	0.778 2	3.320 8	2.017 0	0.000 0
	(1)	(2)	(3)	(4)	(5)	(6)

表 8－7(b)中原始数据的量纲一致，数量大小在同一级别，在 MATLAB 下输入

```
>> c=corcoef(0,A);
```

可得 6 个样本间的相关系数矩阵 c 如下

$$c=\begin{bmatrix} 1.000 & & & & & \\ 0.7401 & 1.000 & & & & \\ 0.7837 & 0.9897 & 1.000 & & & \\ 0.9599 & 0.8594 & 0.8990 & 1.000 & & \\ 0.7363 & 0.8817 & 0.8343 & 0.7477 & 1.000 & \\ 0.7995 & 0.9444 & 0.9143 & 0.8409 & 0.9835 & 1.000 \end{bmatrix} \tag{8-29}$$

根据上面矩阵元素的数值，可知

最大的相关系数 $r(3,2)=0.9897$，即 3，2 号元素在相似水平

为 0.989 7 时可划分到同一组中，记 $j(1)=3$，$k(1)=2$ 为第一组。

第二大的相关系数 $r(6, 5)=0.983\,5$，即 6，5 号元素在相似水平为 0.983 5 时可划分到同一组中，与第一组连接的元素不同，记 $j(2)=6$，$k(2)=5$ 为第二组。

第三大的相关系数 $r(4, 1)=0.959\,9$，即 4，1 号元素在相似水平为 0.959 9 时可划分到同一组中，与第一、第二组所划分的元素均不同，记 $j(3)=4$，$k(3)=1$ 为第三组。

第四大的相关系数 $r(6, 2)=0.944\,4$，其中 6 号元素在 0.983 5 相似水平下已与 5 号划分在第二组中，2 号元素在 0.989 7 相似水平下已与 3 号元素划分在第一组中，故记 $j(4)=6, 5$；$k(4)=2, 3$。根据第(3)条，在 0.944 4 相似水平下 2，3，5，6 四个元素可划分到同一组里。

第五大的相关系数 $r(6, 3)=0.914\,3$，此时 $j(5)=6$，$k(5)=3$。由于 6，3 两元素在 0.944 4 水平下已划分为同一组中，由第(4) 条可不必再分，因此表 8－7(c) 中不再出现这组连接。

对应第六大相关系数 $r(4, 3)=0.899\,0$，$j(6)=4$，$k(6)=3$。由于 3 号元素已与 2，5，6 号元素合并，4 号元素已与 1 号元素合并，根据第(3) 条，在 0.899 0 相似水平下，可将第一组与第四组合为一个大组。

其样品连接顺序表如下。

表 8－7(c) 根据相关系数矩阵得到的某铜镍矿床样品点连接顺序

连接顺序	(j) 被连接的两群点号 (k)		相似性水平
1	3	2	0.989 7
2	6	5	0.983 5
3	4	1	0.959 9
4	6, 5	2, 3	0.944 4
5	2, 3, 5, 6	1, 4	0.899 0

按照表 8－7(c)可得图 8－5 所示聚类分析谱系

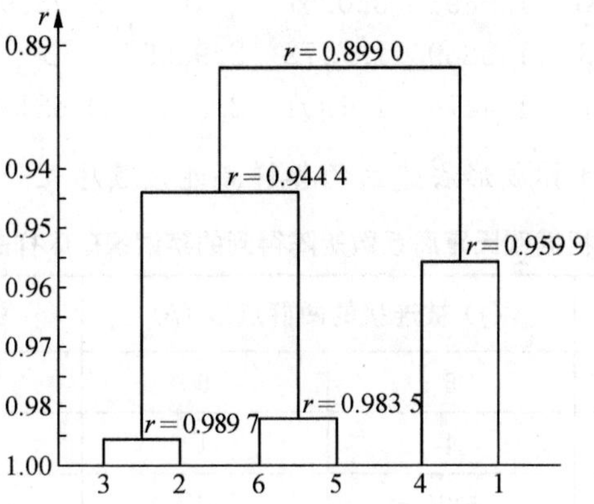

图 8-5　由相关系数作出的某铜镍矿床的样品聚类分析(Q 型)谱系

这个谱系图客观反映了各组样品的地球化学特征。在较低的相似程度(0.944 4)下把无矿的 2，3，5，6 号样品聚集为一组，矿化的 1 号、4 号样品聚集为另一组(相似水平 0.959 9)，进一步在较高相似水平(>0.98)下按岩性特征将蛇纹岩(2，3 号)和滑镁岩(5，6)分成两个小组，根据该谱系图可直观看出各样品之间的相似性或亲疏关系。

例 8-12　以表 8-7(b)为基础，用欧氏距离系数作为 6 个矿石样本相似性评价指标，用一次计算形成法对 6 个矿石样本进行分类。

解：在 MATLAB 输入命令

```
>> y=pdist(x);  %求两两样本间的欧氏距离向量 y
>> yy=squareform(y);  %将样本间欧氏距离向量 y 转化为距离矩阵 yy
```

结果如下

yy=

0	2.03	2.7841	1.0281	2.588	2.597
2.03	0	1.3725	1.9391	1.5869	1.4476
2.7841	1.3725	0	3.0267	1.7472	1.1991

1.0281	1.9391	3.0267	0	2.9359	2.9716
2.588	1.5869	1.7472	2.9359	0	0.6214
2.597	1.4476	1.1991	2.9716	0.6214	0

采用一次计算成形法建立的各样品连接顺序表如下

表 8-7(d) 根据欧氏距离系数矩阵得到的某铜镍矿床样品点连接顺序

连接顺序	(j) 被连接的两群点号 (k)		欧氏距离(d)
1	6	5	0.621 4
2	4	1	1.028 1
3	5，6	3	1.199 1
4	3，5，6	2	1.372 5
5	4，1	2，3，5，6	1.939 1

根据表 8-7(d)可作出图 8-6 所示聚类谱系

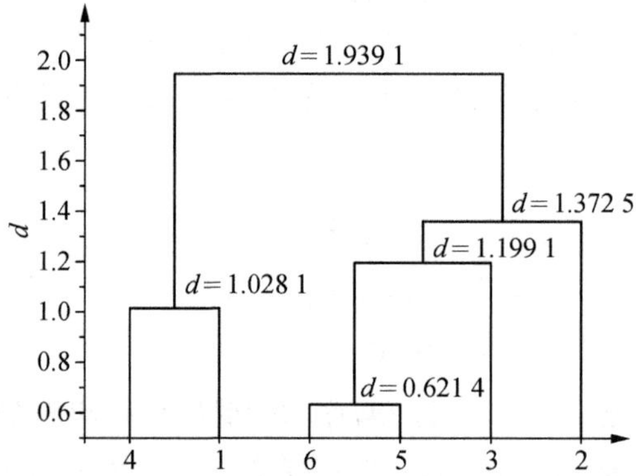

图 8-6 由欧氏距离系数作出的某铜镍矿床的样品聚类分析(Q 型)谱系

图 8-6 与图 8-5 在细微处有所不同：在欧氏距离=0.621 4 时，滑镁岩 5 与 6 号样本最为接近，可归为一类，当距离增大到1.028 1 时，矿化样本 1 与 4 归为一类，距离增大到 1.199 1 时，3 号蛇纹岩与 5，6 号样本归为一类，距离增大到 1.372 5 时，2 号样本与 3，5，6 合并为一类。

手工画图 8-5、图 8-6 比较费力，在 MATLAB 下利用距离指标和 linkage 函数可创建聚类图。具体命令如下

>> Y=pdist(A)； *%计算 A 矩阵中 6 个样本间的欧氏距离向量并返回给 Y*

可得

```
Y=

  Columns 1 through 9
    2.0300   2.7841   1.0281   2.5880   2.5970   1.3725   1.9391
  1.5869   1.4476

  Columns 10 through 15
    3.0267   1.7472   1.1991   2.9359   2.9716   0.6214
```

然后输入命令

>> Z=linkage(Y)；*% 使用最短距离创建一个系统聚类树，输入矩阵 Y 是一距离向量，长度为(n−1)×n/2(n 是原始数据矩阵 A 中的样本个数)，是 pdist 函数的输出向量*

可得

```
Z=
      5.0000      6.0000      0.6214
      1.0000      4.0000      1.0281
      3.0000      7.0000      1.1991
      2.0000      9.0000      1.3725
      8.0000     10.0000      1.9391
```

Z 中的每一行相当于表 8-7(d)中的每一行，反映了根据距离最小准则确定的样本间的连接关系。

然后再输入命令

>> H=dendrogram(Z)；*%生成系统聚类树 Z 的冰柱图，Z 是一*

个(n—1)×3 的矩阵(n 是原始数据矩阵 A 中的样本个数),Z 由 linkage 函数生成,反映由距离远近决定的样本间的连接关系,其作用类似于表 8-7(c)。

最后得到如图 8-7 所示的聚类图。

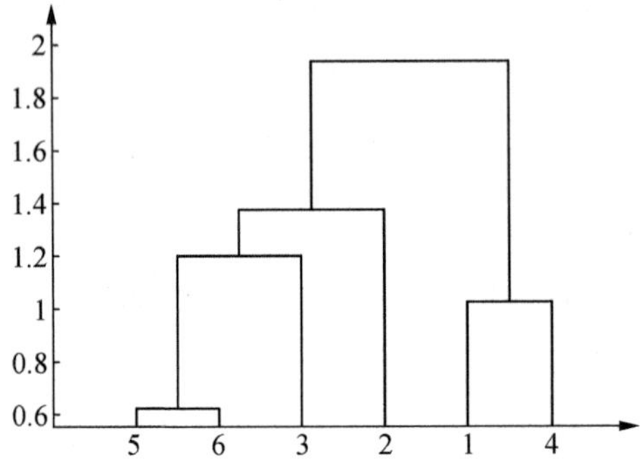

图 8-7 根据 MATLAB 的 linkage 函数作出的某铜镍矿床的样品聚类分析(Q型)谱系

显然,图 8-7 与图 8-6 类同。但 linkage 和 dendrogram 函数只能以距离指标作样品相似性度量(评价)指标,如果采用夹角余弦及相关系数则无法利用这两个函数作聚类谱系图。

由例 8-11 与例 8-12 可看出,采用相关系数度量样本的相似度所得聚类分析谱系图(图 8-5)与采用距离系数度量样本相似程度所得的聚类分析谱系图(图 8-6)不相同。两者的不同是由相似度度量指标不同造成的,与采用何种作图方法无关。

8.5.2 最大生成树法(Largest Spanning Tree)

例 8-13 假设某 5 个样本间的相似系数矩阵

$$\tilde{R} = \begin{bmatrix} 1.0 & 0.8 & 0.0 & 0.1 & 0.2 \\ 0.8 & 1.0 & 0.4 & 0.0 & 0.9 \\ 0.0 & 0.4 & 1.0 & 0.0 & 0.0 \\ 0.1 & 0.0 & 0.0 & 1.0 & 0.5 \\ 0.2 & 0.9 & 0.0 & 0.5 & 1.0 \end{bmatrix} \tag{8-30}$$

如将上面矩阵表示的样本间相似关系用图论方式表示为 $G=(X, \widetilde{R})$, $X=\{(X_1, X_2, \cdots, X_5)\}$，可用下图直观表示5个样本间的关系，该图点与点之间的数据叫作**路径强度**，表示两样本点间的相似程度，用 $S(x_i, x_j)$ 表示。如果一个路径 $X_0-X_1\cdots X_n$，$(X_0=X_n)$，称这条路径构成一个**回路**，对于无环的图叫**树**，对于图中砍去某些边得到的树叫**生成树**。

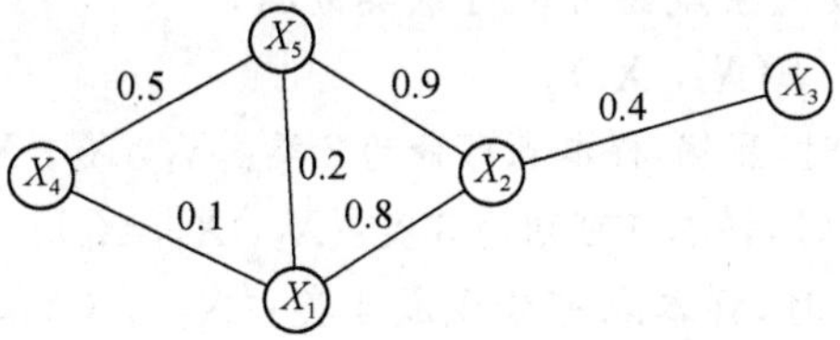

图8-8 5个样本间的相似关系

若某生成树所有路径的强度都大于或等于其他生成树的路径强度，则称此生成树为**最大生成树**。只要找到相似关系的最大生成树，就可以根据最大生成树进行聚类分析，其分类准则是：对于规定的阈值水平 λ，路径强度大于 λ 的顶点可归为一类。

相似关系的最大生成树建立步骤如下。

(1) 先连接路径强度最大的两点。

(2) 继续连接所剩下点的最大路径强度的两点，当新连接的点与其他点形成回路时则放弃此点，在剩下点中寻找下一个与已经连接的点不形成回路的路径强度最大的点，直到所有的点都被连接，则最大生成树建立完毕。

然后根据最大生成树进行聚类分析：对最大生成树进行检查，找到最小路径的边，将其割断，就得到两类，如此继续分割，直至类数已达到所要分的类数。

例如，对图8-8所示的相似关系图，X_5 与 X_2 的连接强度最大(为0.9)，将这两点连接并在连线上标明路径强度0.9。X_2 与 X_1 连接强度第二大(0.8)，将 X_2 与 X_1 连接。依次连接 X_5 与 X_4(0.5)、X_2 与 X_3(0.4)，这时所有点均已连接，得到图8-9所示的最大生成树。

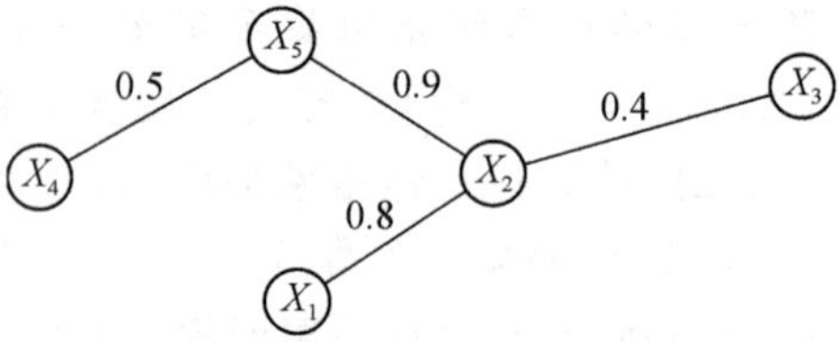

图 8-9 相似关系图 8-8 的最大生成树

由上面的最大生成树可进行聚类分析。

令阈值 $\lambda = S(X_i, X_j)$。

当 $\lambda > 0.4$ 时，显然，样本点可分为 2 类：$\{X_1, X_2, X_4, X_5\}$ 与 $\{X_3\}$。

当 $\lambda > 0.5$ 时，样本点可划为 3 类：$\{X_1, X_2, X_5\}$；$\{X_3\}$ 与 $\{X_4\}$。

当 $\lambda > 0.8$ 时，样本点可分成成 4 类：$\{X_1\}$；$\{X_2, X_5\}$；$\{X_3\}$ 与 $\{X_4\}$。

当 $0.9 < \lambda \leqslant 1$ 时，最大生成树所有的路径强度都小于 0.9，不满足要求，因此，5 个样本点分成 5 类。

可见，此法的优点是直接、简明，但不易在计算机上实施。

本例为了说明生成树的概念将样本间的相似关系用图 8-8 表示，根据图 8-8 演示了式(8-30)所表示的相似关系的最大生成树的建立过程。实际上最大生成树时可以直接从式(8-30)所示的相似系数矩阵出发建立。

由于 $R(5, 2) = R(2, 5) = 0.9$ 是最大的相似系数，故先连接样本 5 与 2 并标明其路径强度为 0.9。

$R(1, 2) = R(2, 1) = 0.8$ 为第二大的相似系数，则连接样本 2 与 1 并标明其路径强度为 0.8。

$R(4, 5) = R(5, 4) = 0.5$ 是第三大的相似系数，则连接样本 4 与 5 并标明其路径强度为 0.5。

而 $R(2, 3) = R(3, 2) = 0.4$ 为第四大的相似系数，连接样本 2、3 并标明其路径强度为 0.4，此时 5 个样本全部连接完毕并且没有形成回路，得到的最大生成树与图 8-9 相同。

8.5.3 最小生成树法(Minimal Spanning Tree)

从图论的角度讲，最小生成树的路径强度均小于或等于其他生成树的强度，在这里路径强度 $S(X_i, X_j)$ 不是相似系数，而是两点间的距离。距离最小的样本之间最相似。因此根据最小生成树进行聚类分析时，与最大生成树的准则恰好相反：路径强度小于给定的阈值水平 λ 时，可归为一类。

根据距离系数矩阵建立的最小生成树的步骤如下。

(1) 连接路径强度最小的两点。

(2) 继续连接所剩下点的最小路径强度的两点，当新连接的点与其他点形成回路时则放弃此点，在剩下点中寻找下一个与已经连接的点不形成回路的路径强度最小的点，直到所有的点都被连接，则最小生成树建立完毕。

然后根据最小生成树进行聚类分析。

对最小生成树进行检查，找到最大路径的边，将其割断，就得到两类，如此继续分割，直至达到所要分的类数。

例 8-14 在 MATLAB 下输入命令[ds]＝disf(2,A)可求得例 8-12 中的 6 个样本间的欧氏距离矩阵为

ds＝

0						
2.0300	0					
2.7841	**1.3725**	0				(8-31)
1.0281	**1.9391**	3.0267	0			
2.5880	1.5869	1.7472	2.9359	0		
2.5970	1.4476	**1.1991**	2.9716	**0.6214**	0	

在该矩阵中，ds(6, 5) ＝ 0.621 4 最小，则连接 5,6 号样本并标明其路径强度 ＝ 0.621 4；在剩下的矩阵元素中 ds(4, 1) ＝ 1.028 1 最小，则连接 1、4 号样本并标明其路径强度＝1.028 1；其次是 ds(6, 3) ＝ 1.199 1 ＜ ds(3, 2) ＝ 1.372 5，则连接 6 号与 3 号样本，标明其路径强度 ＝ 1.199 1，然后连接 3 号与 2 号样本并标明其路径强度 ＝ 1.372 5；虽然 ds(6, 2) ＝ 1.447 6 在剩下的距离系数中最小，但如果连接 6 号样本与 2 号样本，则 6-3-2-6 号样本会形成一个回路，不满足生成树的要求，同理，尽管 ds(5, 2) ＝ 1.586 9 ＜ ds(4, 2) ＝

1.939 1，不能连接 5 号与 2 号样本，否则 5－6－3－2－5 将形成一个回路；最后连接 2 号与 4 号样本并标明其路径强度＝1.939 1。得到如图 8－10 所示的最小生成树。

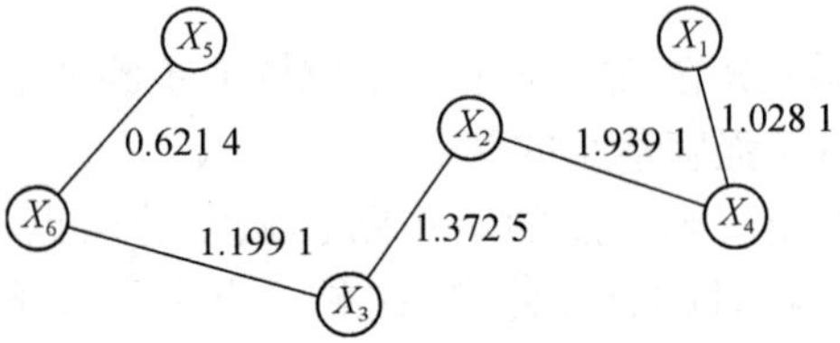

图 8－10 根据欧氏距离矩阵(8－31)作出的最小生成树

令阈值 $\lambda = ds(X_i, X_j)$，由图 8－10 可知以下情况。

当 $\lambda \leqslant 0.6214$ 时，样本 6 与 5 可归为一类，其他样本间距离不满足此关系，各自为一类，共有 5 类。

当 $\lambda \leqslant 1.0281$ 时，样本 6 与 5 可归为一类，样本 1 与 4 归为一类，其余路径强度不满足此关系，相应的端点 3 和 2 各成一类，样本可划分为 4 个类。

当 $\lambda \leqslant 1.1991$ 时，由样本 3、6 和 5 组成的生成树满足此关系，这 3 个样本为一类；1 与 4 为第 2 类，样本 2 自成一类，样本可划分为 3 个类。

当 $\lambda \leqslant 1.3725$ 时，由样本 3、6、5 和 2 组成的生成树满足此关系，这 4 个样本为一类；1 与 4 为第 2 类，样本可划分为 2 个类。

当 $\lambda \leqslant 1.9391$ 时，所有样本均可划分成一个类中。

上述分类结果如果表示成谱系图即为图 8－7。

本节介绍了几种常见的聚类分析方法，从上述例子我们可以看出，不论采用何种方法(一次计算形成法还是最大或最小生成树方法)进行聚类分析，只要获得了描述分类对象的相似性度量矩阵，当采用的相似度指标相同时，在相同阈值水平下，得到的分类结果(谱系图)是一样的。

但是，对于同一问题，如果提取的特征不同或采用的相似性度量公式不同，则会得到不同的相似性度量矩阵，分类结果会出现差异。

在实际应用时，难点与重点不在于选择何种方法进行聚类或在什么水平上聚类，而是针对具体问题和背景，如何提取能够描述分类特征的物理量或化学性质，然后根据提取的特征获得相似性度量。

除了上面介绍的两种聚类分析方法外，还有很多其他聚类分析方法，限于篇幅，本章不再一一介绍，详细请看相关参考文献。

8.5.4　特征投影的模式识别方法

对于用 p 个特征描述的对象，其模式向量含有 p 个元素，如果 $p=2$ 或 3，可以在二维或三维空间直观地查看样本在模式空间里的分布情况及相互间的亲疏关系，以便对研究对象进行分类和判别。当 $p>3$ 时，则无法直观地根据图形显示来进行判别。

如果 p 个模式特征可以压缩到二维或者三维空间来表示又不损失太多的信息时，则可以利用第 6 章介绍的主成分分析、偏最小二乘分解等信息压缩技术将原来的 p 维空间变量投影到二维或三维空间显示。最常用的就是基于主成分分析的投影判别法。下面以例 8-15 对该法的基本步骤进行介绍。

例 8-15　表 8-8 是 Fisher 在 1936 年发表的判别两种鸢尾花的测量数据，用四个变量 x_1、x_2、x_3 和 x_4 分别表示花瓣长、花瓣宽、花萼长和花萼宽来区分毛鸢尾花(A)和变色鸢尾花(B)。其中 21 号样本类别未知，待判别。

表 8-8　两种鸢尾花的原始测量数据

样品号	属类	花瓣		花萼	
		长 x_1	宽 x_2	长 x_3	宽 x_4
1	A	5.0	3.5	1.3	0.3
2	A	4.5	2.3	1.3	0.3
3	A	4.4	3.2	1.3	0.2
4	A	5.0	3.5	1.6	0.6
5	A	5.1	3.8	1.9	0.4
6	A	4.8	3.0	1.4	0.3
7	A	5.1	3.8	1.6	0.2

续表

样品号	属类	花瓣		花萼	
		长 x_1	宽 x_2	长 x_3	宽 x_4
8	A	4.6	3.2	1.4	0.2
9	A	5.3	3.7	1.5	0.2
10	A	5.0	3.3	1.4	0.2
11	B	5.5	2.6	4.4	1.2
12	B	8.1	3.0	4.6	1.4
13	B	5.8	2.6	4.0	1.2
14	B	5.0	2.3	3.3	1.0
15	B	5.6	2.7	4.2	1.3
16	B	5.7	3.0	4.2	1.2
17	B	5.7	2.9	4.2	1.3
18	B	8.2	2.9	4.3	1.3
19	B	5.1	2.5	3.0	1.1
20	B	5.7	2.8	4.1	1.3
21	未知	5.1	3.4	1.5	0.2

解:(1) 对表 8-8 中的数据进行预处理。

在 MATLAB 下键入命令

>>[ax,mx,sx]=autoscaling(xx(1:20,:)); *%对建模集中 20 个样本的原始变量进行自标度化预处理,使每个新变量 ax 的均值为 0,方差为 1,mx 为原始变量的均值,sx 为原始变量的方差*

(2) 对 ax 中的前 20 个样本(建模集)进行主成分分解。

在 MATLAB 下键入命令

>> [pc,score,lmd,tq] = princomp(ax(1:20,:)); *%对建模集中预处理后 20 个样本的变量进行主成分分析*

打开 pc 矩阵,其第 1, 2 列即为第 1、2 载荷轴

pc(:, 1:2)=

0.4447　　−0.6172

−0.3727　−0.7848

0.5748　　−0.0525

0.5770　　0.02115

打开 lmd 可得主成分方差

lmd=

2.8642

0.88885

0.22561

0.02134

1.

在 MATLAB 下键入命令

```
>> varpercent=cumsum(lmd/sum(lmd))
```

%计算各主成分的累积贡献率并返回给向量 varpercent。

可得

varpercent=

0.7161

0.9383

0.9947

1.0000

由此可见前两个主成分的方差占总方差的93.83%，可以反映原来四个变量的绝大部分信息。

(3) 求未知样本的前两个主成分得分。

在 MATLAB 下键入命令

```
>>  axu=(xx(21,:)-repmat(mx,1,1))./repmat(sx,1,1)
```

% 将未知样本的变量减去建模集样本对应变量的均值并除以方差

可得

axu=
−0.3575　　0.7944　−0.9169　−1.1274

在 MATLAB 下键入命令

```
>> scu=axu*pc(:,1:2)   %求第 21 个(未知)样本的前 2 个主成分得分
```

可得

scu=
−1.6326　−0.3784

即样本 21 的第一、二主成分分别为−1.6326 与−0.3784。

(4) 将 21 个样本投影在第一、二主成分轴上。

在 MATLAB 下键入命令

```
plot(score(1:10,1),score(1:10,2),'*',score(11:20,1),score(11:20,2),'+',
scu(:,1),scu(:,2),'.')
```

可得如下投影图

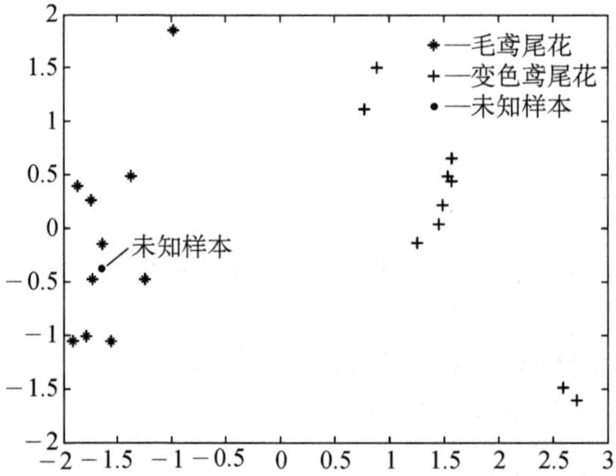

图 8-11　21 个鸢尾花主成分投影

由图 8-11 可看出，两类鸢尾花样本在第一、二主成分投影图中明显分成左、右两个区间，左边为毛鸢尾花样本，右边为变色鸢尾花

样本，未知样本落在毛鸢尾花样本区，应该是毛鸢尾花。

总结本例，利用主成分投影进行模式识别的主要步骤如下。

(1) 对原始数据的特征(变量)进行自标度化预处理。

选择自标度化预处理而不选择其他预处理方法是因为主成分分解的原理是基于方差最大化原则进行，将原始特征变量处理成均值为0、方差为1的变量可以消除原始变量因方差量级和大小不同所造成的差异，使每个变量在进行主成分分析之前都具有相同的权重和作用。

(2) 对预处理后的数据矩阵进行主成分分析。

(3) 求每个主成分的累计贡献率，根据累计贡献率判断前两个(或三个)主成分所包含的信息量。

(4) 当前两个(三个)主成分的累计贡献率足够高(如大于90%或85%)时，计算已知样本和未知样本的第一、第二主成分得分并将其在第一、第二主成分轴投影。根据投影图各样本的分布情况判断该投影图可否良好区分已知样本并判别未知样本的归属。

另外还有基于主成分分析的SIMCA方法和基于偏最小二乘的投影判别方法，感兴趣的读者可以参阅相关文献和书籍，本章不再赘述。

8.6 模式识别方法在近红外定性分析技术中的应用

近红外光谱易于获得、使用简单及其弱吸收、光谱不易饱和的特点不仅使其在混合物系的定量分析领域得到了广泛应用，在模式识别领域内也得到了广泛应用。人们利用近红外光谱进行药材产地识别、真假商品识别、假药识别、不同产地农产品(橄榄油、烟叶等)的识别，均取得了良好效果。

与近红外技术用于样品化学性质的定量分析相似，近红外技术用于模式识别时也需要根据已知样品的近红外光谱和样品的分类信息建立判别模型，然后根据所建立的模式识别模型对未知样本的类别进行判别。这种近红外模式识别方法属于有监督的模式识别方法。采用近红外技术进行无监督聚类分析的效果通常不及有监督的模式识别效果，本节只对常用的有监督的近红外模式识别方法进行介绍。

8.6.1 简化与改进的 KNN 模式识别方法(IS-KNN)

8.4.1 节介绍了 *KNN* 及其简化的类重心法进行未知样本的模式识别。例 8-6 中类重心法对 11 号样本未能正确归类，在例 8-7 中分析了 7 个描述地层样本的变量间的相关性，发现有 3 个变量间存在强线性相关和较强线性相关。采用独立的主成分作为地层样本的特征后结果得以改进，可对所有样本进行正确分类。

因此，在模式识别中特征变量的独立性非常重要。采用近红外光谱信息进行模式识别有两个问题需要解决。

(1) 特征变量的个数 p(光谱点数)往往是大于样本数 n 的，不满足特征个数应大大小于样本数的要求。

(2) 很多光谱点的信息间存在强相关，即特征变量间并不独立。

这两个特点使得直接运用光谱信息进行模式识别很难获得好的分类效果，为了保证样本数 n 能大于特征个数并消除光谱信息间的相关性，在利用近红外光谱进行模式识别时，通常采用主成分分析来压缩样本光谱信息并抽提独立的特征变量。

但此时又带来了一个新的问题：引入多少个主成分才能建立一个好的模式识别模型，Marina Cocchi 等在采用近红外光谱建立面粉分类模型时，根据留一样本的最小 *PRESS* 确定模型中的主成分个数，指出特征的选取比光谱的预处理更为重要。在很多文献中，主成分个数 m 通常根据前 m 个主成分的累积贡献率来确定而不是根据模式识别的结果选取合适的主成分个数，按照这种方法选择的主成分不一定能保证最好的分类效果。而选择过多的主成分会导致引入噪声、使近红外模型产生过拟合的风险(即对建模样本可以获得很好的分类效果但对于检验集样本模型的分类识别准确率很差)，而主成分选取过少会丢失一些重要的光谱信息。

从误差分析角度而言，主成分个数应当限制在一个合理的范围，不宜取得太多又不宜取得太少，应该能够反映足够和有效的原始光谱的信息同时又尽量避免引入不必要的噪声和误差。在近红外分析中总体误差(Overall Error，OE)可表示如下

$$\text{OE} = \text{来自参比的误差} + \text{近红外模型的误差} + \text{实验误差} \tag{8-32}$$

来自参比的误差很大程度上可以通过对近红外光谱的预处理消除；改进模式识别算法及模型参数可以减少由近红外模型产生的误差；实验误差通常与仪器噪声、操作误差及仪器的精密度有关，仪器的精密度在出厂前就已经确定，其对 OE 的贡献和影响是确定的，因此可以不考虑精密度对总体误差的影响。由于操作误差很难事先估计，因而主成分的范围(即最大主成分个数)通过比较所有样本剩余主成分的标准方差(Standard deviation，SD)与仪器噪声水平(Noise level，NL)来确定。

剩余的 $p-m$ 个主成分(p 为光谱点数，m 为选取的主成分个数)的标准方差计算公式如下

$$SD(PC) = \sqrt{\frac{1}{p-m-1}\sum_{k=m+1}^{p}\lambda_k^2} \tag{8-33}$$

式中，λ_k^2 是第 k 个主成分的方差。

由于噪声的干扰，即使在很短间隔下在同一仪器上测试同一样品的近红外光谱间也会有细微的差异。连续测试 q 次同一样品，可获得 q 条样品近红外精密度测试光谱，采用精密度测试近红外光谱的标准方差来度量仪器噪声水平，则

$$NL = \sqrt{\frac{\sum_{i=1}^{q}\sum_{j=1}^{p}(x_{ij}-\bar{x}_j)^2}{(p-1)(q-1)}} \tag{8-34}$$

其中 x_{ij} 是第 i 条精密度测试光谱在光谱点 j 处的吸光度。

$$\bar{x}_j = \frac{1}{q}\sum_{i=1}^{q}x_{ij} \tag{8-35}$$

最大主成分的阈值可由下式确定

$$\rho = SD(PC)/NL \tag{8-36}$$

如果不考虑操作误差，则 $SD(PC) = NL$，$\rho = 1$。实际上操作误差是不可能避免的，$SD(PC)$ 通常应比 NL 高，故定义 $\rho = 1.5$。满足式(8-33)～式(8-36)的主成分个数 m 则为允许选择的最大主成分个数 m_{max}。

在所有可能的主成分个数 m $(1 < m < m_{max})$ 下，对建模样本采用 8.4.1 介绍的类中心 KNN 法进行判别，统计不同主成分下的判别正确率，选取正确率最高时的主成分个数为最佳模型参数，这样建立的近红外模式识别模型既可包含足够的有效信息又可避免过拟合并避免引入不必要的噪声。

本书作者等提出在主成分空间比较各样本到不同类中心的马氏距离判别样本归属的模式识别方法，采用上述准则确定最大主成分个数及最佳主成分个数。这一方法命名为简化与改进的 KNN 方法(Improved and Simplified KNN method，IS-KNN)。

IS-KNN 方法的主要步骤如下。

(1) 采用建模集样本进行主成分分析(PCA)，根据样品的精密度测试近红外光谱确定最大主成分个数 m_{max}，保留前 m_{max} 个主成分得分及其载荷向量。

(2) 从建模样本中依次轮流选取 1 个样本作为检验集，在 m 维 $(1 < m < m_{max})$ 主成分空间下计算各样本到每个类中心的马氏距离。

(3) 样本距哪个类中心的马氏距离最小则认为该样本属于哪一类。

(4) 统计不同主成分个数 m $(m = 1 \sim m_{max})$ 下留一交叉检验样本的判别正确率 $\zeta(m)$，取 ζ 最大时对应的 m 值为最佳主成分个数。

(5) 在最佳主成分个数下计算各样本(建模集、检验集或预测集)样本到不同类重心下的马氏距离，样本距哪类的类重心距离最小则判别为该类样本。

(6) 统计整体正确率和预测正确率。

根据式(8-10)可知在 m 维主成分空间下样本 i，j 之间的马氏

距离计算公式为

$$D_{ij} = \sqrt{\sum_{k=1}^{m}(T_{ik} - T_{jk})^2/\lambda_k}$$

其中 T_{ik}、T_{jk} 分别为样本 i、j 的第 k 个主成分得分，λ_k 为第 k 个主成分的方差。

设类 j 的中心在主成分空间的坐标为 $\overline{T}_{jk}(k=1, 2, \cdots, m)$，则样本 i 到第 j 个类重心的马氏距离为

$$D_{ij} = \sqrt{\sum_{k=1}^{m}(T_{ik} - \overline{T}_{jk})^2/\lambda_k} \tag{8-37}$$

例 8-16 不同产地烟叶具有不同的香气风格，本例收集 2003 年 125 个国产烤烟烟叶样本，分别来自云南(17 个)、陕西(17 个)、山东(32 个)、黑龙江(24 个)和重庆(35 个)。将烤烟烟叶磨成粉，在低于 50℃下烘 0.5 h，使含水率达到 10%～12%。过 60 目筛，取适量烟末(高度约占样品杯总高度的 1/5)，放入样品杯中，取一固定重量砝码放置在样品上方，使其自然压实后进行近红外扫描，NIR 仪分辨率设定为 8 cm^{-1}，扫描次数 64。最终获得 125 条近红外光谱，以这些样品的近红外光谱为基础采用 IS-KNN 法进行样品的产地识别。

图 8-12 为采用一阶导数预处理后 5 个产地样品前 10 个主成分得分的平均值示意图。该图显示，不同产地烟叶的主成分有明显的差异，说明可用烟叶近红外光谱的主成分作为模式特征来描述烟叶的产地风格，进一步以主成分得分为基础进行产地的识别和分类。然而，取多少个主成分合适，近红外仪上所带商业软件不能像定量分析一样根据交叉验证结果提供最佳主成分数。采用留一交叉验证法考察预测准确率与主成分个数的关系时发现，预测准确率随主成分个数的增大而增大，到后期呈锯齿状跳动(见图 8-13)。但主成分数过多会引入仪器噪声和误差，太少则信息量不足，难以完全体现不同产地的风格特征。

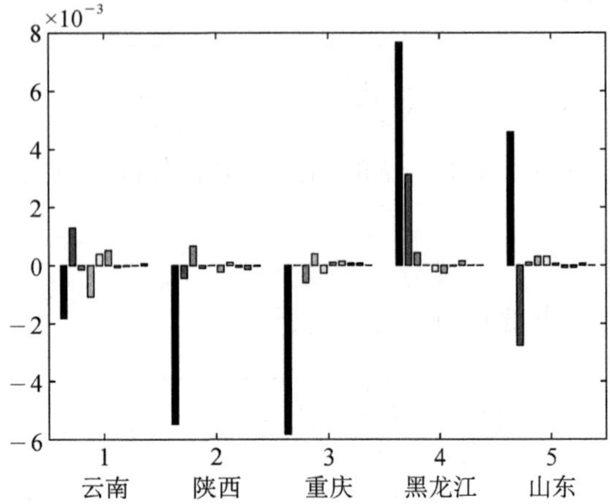

图 8-12　5 个产地烤烟一阶导数 NIRS 的前 10 个主成分得分柱状

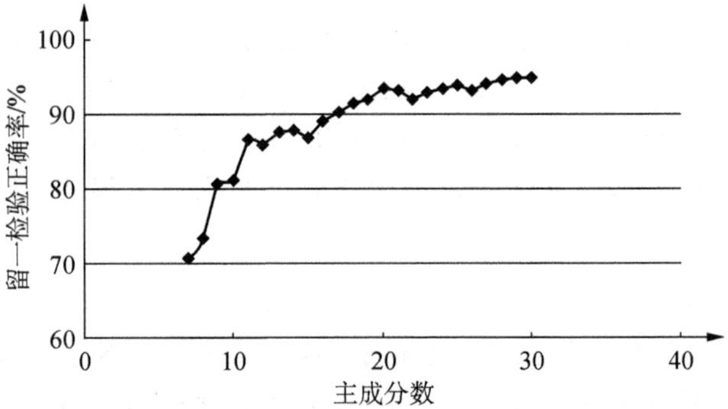

图 8-13　主成分个数与留一检验正确率之间的关系

对于 125 个烤烟烟叶样本，随机抽取 5 组样本集(建模集 99 个样本，预测集 26 个样本)，分别以原始光谱、SNV 处理后光谱及一阶导数后光滑处理光谱为信息基础，采用 IS-*KNN* 方法进行其产地识别(在整个光谱区间)，发现在小于最大主成分个数的前提下，采用 SNV 与一阶导数光谱时最佳主成分个数随样本集光谱而变(在 8～14 间波动)，所得 5 组样本下的平均正确率见表 8-9。

表 8-9 采用不同预处理近红外光谱时 IS-*KNN* 方法对烟叶产地识别的结果

原始光谱			SNV 光谱			一阶导数光谱		
AAP①	WAA②	$m_{max}/\bar{m}$③	AAP	WAA	$m_{max}/\bar{m}$	AAP	WAA	$m_{max}/\bar{m}$
88.80%	84.00%	5/5	93.85%	95.84%	15/11	97.69%	97.12%	15/12.6

注:①AAP 表示 5 个随机分组样本集下对预测集样本识别的准确率的平均值,即平均预测准确率;②WAA 表示对建模及预测集样本(所有样本)识别的准确率的平均值,即整体平均准确率;③$\bar{m}$ 为 5 组样本集下得到的最佳主成分个数的平均值。

由表 8-9 可知,采用 IS-*KNN* 方法根据一阶导数光谱的主成分得分进行烟叶产地识别可获得最高整体正确率与预测正确率(>97%)。

图 8-14 为 125 个样本在第一、第二主成分空间的投影图,该图表明陕西、重庆的烟叶样本交叉严重,云南样本也与这两个产地样本有部分重合。显然根据第一、第二主成分投影很难将 5 个产地的样本进行良好区分。这说明仅仅由两个主成分不能完全描述不同产地烟叶的风格特征,因此需要选取更多的主成分进行烟叶产地模式识别。表 8-9 的结果表明对于分类效果较好的 SNV 及一阶导数光谱,最佳主成分个数为 11~13,其个数随样本集的变化而变。

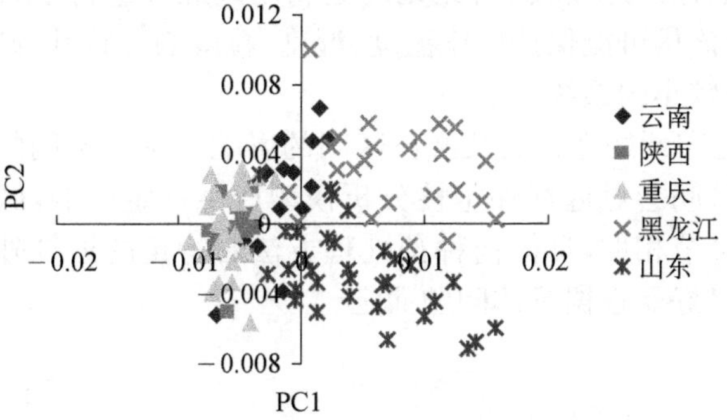

图 8-14 SNIRS125N 中烟叶样品的第一、二主成分投影

8.6.2 影响近红外定性分析模型的因素

与近红外定量分析相似,近红外定性模型也受到多种因素的影

响。影响近红外定性模型的主要因素如下。

（1）建模样本的代表性及数目。要建立一个好的近红外定性分析模型，应当从各个类别中选取数目比较均衡的有代表性的样本建立近红外模式识别模型。如果某个类别中样本数偏多而其他类别的样本数偏少，对于建模样本偏少的类别中的样本，统计模式识别模型给出的识别正确率可能会较低。

（2）建模方法的影响。对于相同的建模集和检验集，采用原理不同的模式识别方法可能会得到不同的近红外定性分析模型，方法的不同会对模型性能产生影响。不进行实际运算和比较，很难判断何种方法会获得最佳模型。一般来说，各种方法都会用到主成分分析等方法进行光谱信息压缩，主成分个数的选择对于模型的效果影响很大，是需要重点考察的因素。

（3）类别的影响。与近红外定量分析一样，近红外定性分析模型只能对其建模集样本覆盖的类别中的样本进行良好的预测，如果用于预测的样本不属于建模集中的任何一类，则无法对其进行正确的预测。所以，近红外定性（模式识别）模型通常只能对指定类别的样本进行预测而无法对建模集中未考虑的类别中的样本进行预测。

（4）环境、样品状况的影响。环境温度、湿度、样品的粒度都会影响样品的近红外吸收，因此无论是利用近红外进行定量还是定性分析，都应该尽可能保持环境温度、湿度、粒度的一致性，减小环境的影响，保证较小的系统误差。

（5）光谱预处理方法及波长区间的影响。选择不同的光谱预处理方法和区间会对近红外定性分析模型产生一定影响，区间选择原则与 7.4.2 节相似，具体何种预处理方法对特定的近红外模式识别模型效果最好要根据具体问题而定。

8.7 本章小结

8.7.1 模式识别的基本步骤

统计模式识别是根据实验数据进行定性分析时常用的方法，其数学基础是多元统计理论和方法。相关的参考书大多以多元统计分析或模式识别命名。

一个完整的模式识别过程需要经过如下步骤。

(1) 特征的选择与抽提。这一步骤没有哪本教材可以提供明确的解决方案，因为实际对象千差万别，不同类型模式的分类特征不同，因此特征的抽提与选择需要对研究对象有较为深入、全面的认识和专业知识、经验。通常是采用查阅相关领域的参考文献，根据专业背景知识与经验来确定所要研究的对象的特征。然后再进一步利用各种方式进行筛选，以抽提重要的特征。若特征的选择不合适，则无论采用何种模式识别方法都很难取得好的识别效果。

(2) 特征参数的测试与收集。在确定进行分类研究所需的重要特征后，下一步应当是收集或者测试各个样本(模式)的特征参数，即我们通常进行的实验过程。

(3) 选择合适的模式识别方法对研究对象进行分类或者识别。在有监督模式识别中，通常要根据已知类别的样品特征建立一个判别模型(函数)，然后根据所建立的模型(函数)对未知样品(模式)进行识别。而在无监督模式识别中，事先并不对样品进行分类和限制，而是根据样品的特征参数和相似性评价指标(如距离指标、相似系数等)的接近程度对样品进行自然分类。

8.7.2　影响模式识别结果的因素

模式识别方法是根据多元统计分析对模式的相似程度进行评价，选择的模式特征不同、评价指标与评价准则不同时，得到的分类结果也不同。既然模式识别模型也是统计模型，模式识别的结果自然也受建模样本的代表性及复杂程度的影响。

例如，例 8-11 中采用相关系数度量样本的相似程度所得的聚类谱系图 8-5 与例 8-12 中采用欧氏距离度量相似程度所得的聚类谱系图 8-6 及图 8-7 不同。

8.5 节介绍的一次计算成型法与最大生成树、最小生成树法的分类原则在本质上是相同的。当一次计算成形法采用相关系数或夹角余弦作为相似度度量指标时，其分类结果与采用相同相似指标的最大生成树法的结果必然相同；而当采用距离系数作为模式相似度度量指标时，其分类结果与采用相同距离指标的最小生成树法的结果相同。但特征投影分类的结果与上述三种无监督模式识别方法的结果不一定相同——因为特征投影的分类准则与这三种方法不同。因此，模式识别的分类准则不同时，其分类结果通常是不一样的。

分类特征对于模式识别结果影响很大，当分类特征选取得合适时，可以获得良好的分类结果。反之，若特征不能良好地体现类别特征，无论采用何种分类方法都很难获得好的分类结果。文献[13]中分别以烟叶中的主要化学成分的含量（尼古丁、总氮、总糖、还原糖、氯、钾）和近红外光谱为特征，采用 IS - *KNN* 模式识别方法进行烟叶产地和部位的识别。结果表明，采用近红外信息对烟叶产地的识别准确率为 88%～95%，而采用 6 个化学指标为特征时的产地识别正确率只有 61%～78%；但以近红外光谱和 6 个化学指标为特征时对同一产地烟叶部位预测的准确率分别为 82%～87%与 80%～93%，两种信息来源对烟叶部位预测的正确率差异很小。

这一工作表明烟叶的主要化学成分含量较好地反映了烟叶的部位特征，采用化学指标可以对烟叶部位进行良好分类，但是采用这些化学指标进行烟叶产地识别时，结果却很差。这说明这 6 个化学指标不能良好地体现烟叶产地风格特征，因此以这几个化学指标作为模式特征进行烟叶产地识别无法得到理想效果。近红外光谱因为包含样品有机基团的综合信息，无论是对烟叶部位还是产地进行识别，近红外模式识别模型均能获得良好的结果。

由此可见，仅仅掌握了模式识别的方法是不够的，要正确解决实际问题中的模式识别问题，还需要有良好的专业知识与分析问题的能力，能从复杂的现象中找出对分类起主要作用的特征，是成功进行模式识别的决定因素。

思 考 题

1. 何为模式特征、模式向量和模式空间？

2. 模式特征的常用抽提方法有哪些？通常采用什么方法检验特征的重要性？
3. 有监督模式识别与无监督模式识别的区别在哪里？它们各自适用于什么情况？
4. 模式识别的步骤有几步？其中关键性的步骤是哪个？特征抽取时要注意的问题是什么？
5. 本章介绍过哪几种有监督的模式识别方法？简要说明 *KNN* 方法的原理和步骤。
6. 考察样本(模式)间相似程度的指标有哪两类？写出两个评价样本间相似度的指标。
7. 举出几个你认为可以采用模式识别方法解决的实际问题。

练 习 题

一、填空题

1. 有监督模式识别方法需要选择一些类别已知的样本作为______________和__________,然后根据这些样本和某种的分类规则建立__________,对于类别未知的样本,采用建立好的判别准则对其进行判别、确定其归属。
2. 聚类分析首先采用____________________或者____________________建立对所有样本间相似程度的评价指标,然后根据这些相似指标及某种聚类规则对样本进行聚类,得到样本的聚类谱系图或者分类结果。
3. 若样本间的相似程度都以同类相似系数描述,采用一次计算形成法与最大生成树法对样本进行分类的结果______________。若采用相同距离指标描述样本间的相似程度,一次计算形成法和最小生成树法得到的分类结果______________。
4. 对样本采用不同的相似度评价指标时,即使分类方法相同,得到的分类结果____________________。
5. 用来描述研究对象的物理或化学性质等参数,在模式识别中称为________________。

6. 模式特征与模式识别方法均会影响分类和判别结果，其中____________对模式识别结果的影响要大于____________。如果模式特征____________，无论采用哪种模式识别方法都很难得到好的分类(识别)结果。

7. 在模式特征能良好反映样本类别属性时，采用合适的模式识别方法____________得到良好的分类(识别)结果。

8. 假设样本个数为 n、模式特征个数为 p，在用马氏距离指标评价样本相似程度时，n 应当____________$p+1$，如果 $n=p+1$，则不同样本间的马氏距离____________；如果 n 小于 p，模式特征变量的协方差矩阵奇异，____________求出马氏距离。

9. 假设原始数据矩阵为 $X_{n\times p}$，n 为样本数，p 为变量(特征)个数。采用相关系数或者相似系数评价模式间的相似程度时，如果是对变量进行分类研究，相关系数中的均值是每一列的均值，计算公式中的求和是对____________求和，相关系数 $r=$ ____________；如果是对样本进行分类研究，相关系数中的均值是每一行的均值，计算公式中的求和是对____________求和，相关系数 $r=$ ____________。

10. 最大生成树法是以____________或____________作为样本间路径强度指标，最大生成树中路径强度____________的两个点(样本)间的相似程度最高。

11. 最小生成树法是以____________作为样本间路径强度指标，最小生成树中路径强度____________的两个点(样本)间的相似程度最高。

二、简答题

1. 在 MATLAB 下采用例 8-6 中表 8-3(b)的前 6 个主成分得分求各样本到地层Ⅰ、Ⅱ类重心的欧氏距离，看各样本是否可正确判断到自身实际所属地层(要求写出步骤、MATLAB 命令及结果)。

参考答案：

根据前 6 个主成分得分所得地层Ⅰ的样本到两个地层类重心的

欧氏距离

样本序号	1	2	3	4	5	6	7	8	9
距 C_1	0.84	0.53	1.28	1.11	1.43	1.52	1.68	0.61	1.22
距 C_2	1.78	1.46	1.56	2.30	2.12	2.49	3.00	2.30	2.60

根据前 6 个主成分得分地层Ⅱ的样本到两个地层类重心的欧氏距离

样本序号	10	11	12	13	14	15	16	17	18
距 C_1	1.82	2.02	2.37	2.53	1.88	2.01	2.63	2.00	1.64
距 C_2	1.51	1.51	1.43	1.31	1.02	1.10	1.74	1.26	1.39

2. 在 MATLAB 下以马氏距离为指标，利用 *KNN* 法判别例 8－8 中的 4 个检验集病理样本属于哪一类？

3. 根据式(8－29)中的相关系数矩阵，作出表 8－7(b)中 6 个样本的最大生成树并进行分类，将结果与例 8－11 中一次计算成形法的结果进行比较。

4. 先对表 8－3(a)中的数据进行自标度化预处理，取第 8，9 和 17，18 号样本为检验集，其余样本为建模集，仿照例 8－9，采用 Fisher 判别分析法，对例 8－6 中的 2 个地层样本的类别进行判别。

5. 对例 8－8 中的数据，仿照例 8－14 的步骤。

(1) 先对 16 个建模样本和 4 个检验集样本进行自标度化预处理。

(2) 对 16 个建模样本进行主成分分析，确定前两个主成分的累积贡献率。

(3) 根据载荷矩阵求 4 个检验集样本的第一、第二主成分得分。

(4) 将 16 个建模样本和 4 个检验样本在第一、第二主成分轴投影，作出其主成分投影图，根据该投影图判别 4 个检验样本的归属。

(5) 将主成分投影分类结果与例 8－9 采用 Fisher 判别分析的结果进行比较和讨论。

参考文献

[1] 陆晓华. 化学计量学. 武汉：华中理工大学出版社，1997.

[2] 梁逸曾，俞汝勤. 分析化学手册十分册(化学计量学). 北京：化学工业出版社，2000.

[3] 刘树深，易忠胜. 基础化学计量学. 北京：科学出版社，1999.

[4] 陈念贻，许志宏，刘洪霖，等. 计算化学及其应用. 上海：上海科学技术出版社，1987.

[5] 陈念贻，钦佩，陈瑞亮，等. 模式识别方法在化学化工中的应用. 北京：科学出版社，2000.

[6] Young-ah Woo, Chang-hee Cho, Hyo-jin Kim, et al. Classification of cultivation area of ginseng by near infrared spectroscopy and ICP-AES. Microchemical Journal, 2002, 73:299 - 306.

[7] Magali Laasonen, Tuulikki Harmia-Pulkkinen, Simard Christine L, et al. Fast Identification of Echinacea purpurea Dried Roots Using Near-Infrared Spectroscopy. Anal. Chem., 2002, 74:2493 - 2499.

[8] Scafi, Sergio Henrique Frasson, Pasquini, et al. Identification of counterfeit drugs using near-infrared spectroscopy. Analyst, 2001, 126 (12):2218 - 2224.

[9] 王国东，束茹欣，张建平，等. 不同产地中国烤烟近红外光谱的特征分析及其模式识别. 烟草科技，2006，5:36 - 40.

[10] 束茹欣，王国东，张建平，等. 国产烤烟烟叶的 NIRS 模式识别. 烟草科技，2006，8:12 - 15，20.

[11] Ni L J, Zhang L G, Xie J, et al. Pattern recognition of Chinese flue-cured tobaccos by an improved and simplified K - nearest neighbors classification algorithm on near infrared spectra. Anal. Chim. Acta, 2009，633:43 - 50.

[12] Cocchi M, Corbellini M, Foca G, et al. Anal. Chim. Acta. 2005，544:100 - 107.

[13] 谢娟，罗建群，倪力军，等. 基于 NIR 和化学指标的国产烤烟烟叶产地、部位模式识别. 烟草科技，2008，7:42 - 44，47.

[14] 董海娟，张尊建，余静. 不同产地穿心莲药材色谱指纹图谱的比较研究. 中成药，2006，28(3):321 - 324.

第9章 如何用好化学计量学

本书介绍了化学计量学中的一些基本和常用的概念、方法。化学计量学的本质是借助数学、计算机和相关的化学原理，从实验数据中提取有用的信息，是一种间接获取化学信息的方法。在某些情况下，化学计量学方法可以克服实验条件的限制，为化学工作者提供有益和需要的相关信息。但化学计量学并不是万能的，也受到一些因素的限制和制约。因此在应用化学计量学方法时，了解化学计量学能做什么、不能做什么，了解各化学计量学方法的长处和不足，使用时应当注意的事项，是非常重要的。

9.1 避免采用不稳定的数据建模

不稳定的数据含有很多不确定的信息，在应用化学计量学方法时应当尽量避免这类数据。例如，例 2 - 9 分析了商品牛奶的精密度测试的标准方差光谱，发现在 4 500 cm^{-1} 之前的精密度测试标准方差值大大高于 4 500～10 000 cm^{-1} 区间的值，说明商品牛奶近红外光谱信号在 4 000～4 500 cm^{-1} 非常不稳定，即该区间的近红外信息不可靠，故不宜采用这段光谱信息建立近红外定量或定性模型。

9.2 避免采用离群点和异常点建模

离群点可以帮助我们判断所对应的样本是否异常，其数据有无问题。如何对待“离群点”是一个需要慎重从事的问题。在稳健统计学中，离群点通常是以偏离线性关系为定义的，这对非线性情况一般不适用。利用 KNN 法作留一法预报(将每一个点用 1，3，5 个近邻点的类别按 KNN 法预报，预报错误者怀疑为离群点)或按曲面平滑化原理(将每一个点的目标值与其近邻的目标平均值或加权平均值相减，相差过大者怀疑为离群点)是可以考虑采用的手段，但在样本点偏少时须慎用。

9.3 谨慎进行数据的转换和确认

尽量避免手工转换数据，因为这样容易导致错误。原始数据如果不准确、不可靠，则无法指望通过化学计量学方法获得的信息能够可靠和准确。因为任何一个人都不可能从坏的数据中提取有用的信息。从别人那里获得的数据通常是经过审查、修正和过滤的，而作为数据的接受方却从不知道这点。为了获得最大的成功机会，对数据有全面了解的人必须考虑这些数据该如何运用并保证它们适合于分析。换句话说，如果不了解手中的数据，就无法评估它是否适于化学计量学分析。另外，对不寻常的数据应该研究，因为很多数据分析与挖掘方法在界外点存在时给出的结果很差。

9.4 对原始数据进行必要的分析，了解数据的基本特点

在进行化学计量学分析之前应当对手中的数据进行基本了解：如求均值、标准方差、最大、最小值，确定其波动范围或进行必要的预处理等。利用均值可以判断数据的集中程度，方差则提供样本数据偏离中心(均值)的程度。根据这些参数我们可以对手中数据有一个总体的判断与把握。对数据的预处理可消除因为不同变量数量级之间的差异，使各个变量的作用具备同等地位。

9.5　充分利用专业背景知识、慎重评价信息解析得到的结果

对于数据分析中观察到的现象和得到的结果一定要慎重考虑，当结果与所知道的事实不符时，存在以下几种可能。

(1) 原始数据有问题、缺陷。

(2) 采用的数据分析方法可能存在缺陷，不适用于该类结构的数据。

(3) 数据与方法都不存在问题，是实际对象处在非常态状况，因此会导致貌似谬误的结论，这需要针对具体问题进行深入研究，找出根源。

(4) 所研究的对象存在我们所未发现的问题，从数据中体现出与常识矛盾的情况。

对于前两种情况，可以借助对数据的进一步考察及相关数学理论来分析、解释。而后两种情况则需要结合专业知识来解决。数据处理软件只是一种工具，只有深入实际的专业人员才能用好它。因此遇到有专业知识或“常识”相违背的数据处理结果，不宜轻易否定。它毕竟是客观数据的一种反映，有时将这种“异常”结果查明后，可有意外收获。

9.6　建模与验证相结合，不可片面追求拟合效果

本书介绍的各种定量拟合模型多数是线性模型(即认为自变量和因变量之间是线性关系)。线性模型具有稳定、不易出现过拟合的优点。对于自变量与因变量之间不是线性关系的情况，可以采用非线性模型。即假设二者之间的关系不是线性关系，例如，因变量 y 是自变量的多项式函数、指数函数、对数函数等。对有限点做非线性拟合有很多种方法(很多种模型)，如神经元网络、多次样条函数拟合

等。但其中多数没有物理意义，只能算“数学游戏”的结果。而且由于噪声干扰，对建模数据拟合最佳的未必是“真”模型，有时虽然对建模样本给出的评价指标(残差、相关系数等)很好，但对于预测样本给出的结果却非常差，此即所谓的“过拟合”现象，如图 9－1 中建立的数学模型(实线)通过了每一个建模点(＊号表示)，但对于非建模样本(◦号表示)，模型值(实线)偏离这些点很远。即建立的模型仅仅是使模型非常逼近建模样本的值但并未真实反映实际数据的规律(实际的数据分布规律如虚线所示并不像图中的曲线那样分布)。

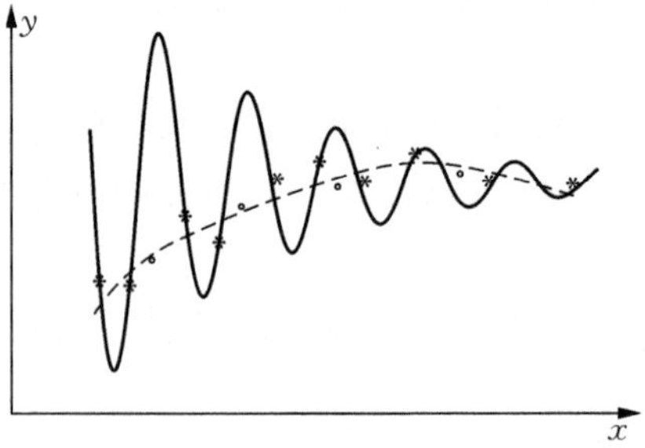

图 9－1　过拟合的例子

因此，在数据分析与信息挖掘时不可片面追求建模结果最优，更重要的是应当看模型预测效果是否良好。因为，建模的目的是为了预测未知，对于建模样本拟合再好而预测非建模样本的结果却很糟糕时，这个模型可以说是彻底失败的。当数据样本不够或结果有疑问时，可通过更多的数据检验其规律性，以增加结论的可靠性。

9.7 根据具体问题慎重选择适用的方法

化学计量学不是魔术，不是万能的方法。它只是从好的数据里进行信息抽提的辅助工具。不是所有的尝试都有效，化学计量学方法也会失败。因此，不要太沉迷于任何一种方法：每种方法都有其长处和短处。辅助方法的应用会将方法的弱点最小化，过度依赖某种方法易于导致错误发生。其次，不可以把化学计量学技术当作“黑箱”。随意地选取方法会导致差的结果。使用者必须知道问题的基本目标、拟采用的化学计量学方法的应用前提及其不足之处(或者说要知道所用方法的适用范围),如果我们了解可能会出现的后果,可以拓展方法的局限性。

尤其是一些比较新的方法提出时,研究者对其适用范围也缺乏深入、细致的研究与了解,应用者如果缺乏良好的数学素养,不能正确选择适用的方法时,会导致数据分析与挖掘的失败。切记,不是所有的尝试都有效,化学计量学方法也会失败。

附录1 关于马氏距离的定理与证明

定理 设变量个数为 p，当样本观测次数 $n=p+1$ 时，各次样本观测之间的马氏距离恒等于一个常数 $\sqrt{2p}$ 。

证明：设 $X=\begin{bmatrix} x_{11}-\bar{x}_1 & x_{12}-\bar{x}_2 & \cdots & x_{1p}-\bar{x}_p \\ x_{21}-\bar{x}_1 & x_{22}-\bar{x}_2 & \cdots & x_{2p}-\bar{x}_p \\ \vdots & \vdots & & \vdots \\ x_{n1}-\bar{x}_1 & x_{n2}-\bar{x}_2 & \cdots & x_{np}-\bar{x}_p \end{bmatrix}=\begin{bmatrix} x_1-\bar{x} \\ x_2-\bar{x} \\ \vdots \\ x_n-\bar{x} \end{bmatrix}$ 是减去各变量的均值后的数据矩阵。其中 $x_i=[x_{i1} \quad x_{i2} \quad \cdots \quad x_{ip}]$，$\bar{x}=[\bar{x}_1 \quad \bar{x}_2 \quad \cdots \quad \bar{x}_n]$。

设 $\mathbf{1}=\begin{bmatrix}1\\1\\\vdots\\1\end{bmatrix}$ 是全部由 1 组成的 n 维向量，显然有 $\mathbf{1}^{\mathrm{T}}\mathbf{1}=$

$[1 \quad 1 \quad \cdots \quad 1]\begin{bmatrix}1\\1\\\vdots\\1\end{bmatrix}=n$。

$$X^{\mathrm{T}}\mathbf{1}=\begin{bmatrix} x_{11}-\bar{x}_1 & x_{12}-\bar{x}_2 & \cdots & x_{1p}-\bar{x}_p \\ x_{21}-\bar{x}_1 & x_{22}-\bar{x}_2 & \cdots & x_{2p}-\bar{x}_p \\ \vdots & \vdots & & \vdots \\ x_{n1}-\bar{x}_1 & x_{n2}-\bar{x}_2 & \cdots & x_{np}-\bar{x}_p \end{bmatrix}^{\mathrm{T}}\begin{bmatrix}1\\1\\\vdots\\1\end{bmatrix}$$

$$= \begin{bmatrix} \sum_{i=1}^{n} x_{i1} - n\bar{x}_1 \\ \sum_{i=1}^{n} x_{i2} - n\bar{x}_2 \\ \vdots \\ \sum_{i=1}^{n} x_{ip} - n\bar{x}_p \end{bmatrix} = \begin{bmatrix} 0 \\ 0 \\ \vdots \\ 0 \end{bmatrix} = \mathbf{0},$$

$$X^{\mathrm{T}}X = \begin{bmatrix} \sum_{i=1}^{n}(x_{i1}-\bar{x}_1)^2 & \cdots & \sum_{i=1}^{n}(x_{i1}-\bar{x}_1)(x_{ip}-\bar{x}_p) \\ \vdots & & \vdots \\ \sum_{i=1}^{n}(x_{ip}-\bar{x}_p)(x_{i1}-\bar{x}_1) & \cdots & \sum_{i=1}^{n}(x_{ip}-\bar{x}_p)^2 \end{bmatrix}$$

$$= (n-1)S = pS,$$

其中 $S = \frac{1}{n-1}X^{\mathrm{T}}X = \frac{1}{p}X^{\mathrm{T}}X$ 是样本协方差阵。

由于 $n = p+1$，所以 $[\mathbf{1} \quad X] = \begin{bmatrix} 1 & x_{11}-\bar{x}_1 & \cdots & x_{1p}-\bar{x}_p \\ 1 & x_{21}-\bar{x}_1 & \cdots & x_{2p}-\bar{x}_p \\ \vdots & \vdots & & \vdots \\ 1 & x_{n1}-\bar{x}_1 & \cdots & x_{np}-\bar{x}_p \end{bmatrix}$ 是 $n \times n$ 可逆阵。

因为

$$[\mathbf{1} \quad X]^{\mathrm{T}}[\mathbf{1} \quad X] = \begin{bmatrix} \mathbf{1}^{\mathrm{T}} \\ X^{\mathrm{T}} \end{bmatrix}[\mathbf{1} \quad X] = \begin{bmatrix} \mathbf{1}^{\mathrm{T}}\mathbf{1} & \mathbf{1}^{\mathrm{T}}X \\ X^{\mathrm{T}}\mathbf{1} & X^{\mathrm{T}}X \end{bmatrix} = \begin{bmatrix} n & \mathbf{0}^{\mathrm{T}} \\ \mathbf{0} & X^{\mathrm{T}}X \end{bmatrix}。$$

上式两边同时求逆阵，有

$$[\mathbf{1} \quad X]^{-1}\begin{bmatrix} \mathbf{1}^{\mathrm{T}} \\ X^{\mathrm{T}} \end{bmatrix}^{-1} = \left(\begin{bmatrix} \mathbf{1}^{\mathrm{T}} \\ X^{\mathrm{T}} \end{bmatrix}[\mathbf{1} \quad X]\right)^{-1}$$

$$= \begin{bmatrix} n & \mathbf{0}^{\mathrm{T}} \\ \mathbf{0} & X^{\mathrm{T}}X \end{bmatrix}^{-1} = \begin{bmatrix} \frac{1}{n} & \mathbf{0}^{\mathrm{T}} \\ \mathbf{0} & (X^{\mathrm{T}}X)^{-1} \end{bmatrix},$$

所以有

$$I_n=[\mathbf{1}\quad X]\begin{bmatrix}\frac{1}{n} & \mathbf{0}^{\mathrm T}\\ \mathbf{0} & (X^{\mathrm T}X)^{-1}\end{bmatrix}\begin{bmatrix}\mathbf{1}^{\mathrm T}\\ X^{\mathrm T}\end{bmatrix}=\frac{1}{n}\mathbf{1}\mathbf{1}^{\mathrm T}+X(X^{\mathrm T}X)^{-1}X^{\mathrm T},$$

即有

$$X(X^{\mathrm T}X)^{-1}X^{\mathrm T}=I_n-\frac{1}{n}\mathbf{1}\mathbf{1}^{\mathrm T}。$$

因为 $S=\frac{1}{p}X^{\mathrm T}X$，所以 $S^{-1}=\left(\frac{1}{p}X^{\mathrm T}X\right)^{-1}=p(X^{\mathrm T}X)^{-1}$，所以

$$\begin{bmatrix}x_1-\bar{x}\\ \vdots\\ x_n-\bar{x}\end{bmatrix}S^{-1}\begin{bmatrix}x_1-\bar{x}\\ \vdots\\ x_n-\bar{x}\end{bmatrix}^{\mathrm T}=XS^{-1}X^{\mathrm T}$$

$$=pX(X^{\mathrm T}X)^{-1}X^{\mathrm T}=pI_n-\frac{p}{n}\mathbf{1}\mathbf{1}^{\mathrm T},$$

即有

$$\begin{bmatrix}(x_1-\bar{x})S^{-1}(x_1-\bar{x})^{\mathrm T} & \cdots & (x_1-\bar{x})S^{-1}(x_n-\bar{x})^{\mathrm T}\\ \vdots & \ddots & \vdots\\ (x_n-\bar{x})S^{-1}(x_1-\bar{x})^{\mathrm T} & \cdots & (x_n-\bar{x})S^{-1}(x_n-\bar{x})^{\mathrm T}\end{bmatrix}$$

$$=\begin{bmatrix}p-\frac{p}{n} & -\frac{p}{n} & \cdots & -\frac{p}{n}\\ -\frac{p}{n} & p-\frac{p}{n} & \cdots & -\frac{p}{n}\\ \vdots & \vdots & \ddots & \vdots\\ -\frac{p}{n} & -\frac{p}{n} & \cdots & p-\frac{p}{n}\end{bmatrix}。$$

可见有

$$(x_i-\bar{x})S^{-1}(x_j-\bar{x})^{\mathrm T}=\begin{cases}p-\frac{p}{n} & \text{当 } i=j \text{ 时},\\ -\frac{p}{n} & \text{当 } i\neq j \text{ 时}。\end{cases}$$

所以，第 i 次样本观测与第 j 次样本观测之间的马氏距离的平方为

$$
\begin{aligned}
&(x_i - x_j)S^{-1}(x_i - x_j)^{\mathrm{T}} \\
&= [(x_i - \bar{x}) - (x_j - \bar{x})]S^{-1}[(x_i - \bar{x}) - (x_j - \bar{x})]^{\mathrm{T}} \\
&= (x_i - \bar{x})S^{-1}(x_i - \bar{x})^{\mathrm{T}} - 2(x_i - \bar{x})S^{-1}(x_j - \bar{x})^{\mathrm{T}} + (x_j - \bar{x})S^{-1}(x_j - \bar{x})^{\mathrm{T}} \\
&= p - \frac{p}{n} - 2\left(-\frac{p}{n}\right) + p - \frac{p}{n} = 2p。
\end{aligned}
$$

也就是说，当样本数 $n =$ 变量数 $p + 1$ 时，各次样本观测之间的马氏距离是一个常数。

附录2 本书常用 MATLAB 函数释义

多元回归函数 regress、逐步回归函数 stepwisefit、主成分分析函数 princom、偏最小二乘回归函数 plsr 的释义及调用在相应章节已有详细解释。

在本书的一些自编 m 文件中经常使用到其他一些 MATLAB 自带函数，下面是在本书中经常用到的 MATLAB 中的 M 文件（函数）的调用格式及输入与输出变量的释义。

读者也可以在 MATLAB 的 command windows 下输入命令：

help 函数名，即可查到对应函数的调用格式及输入、输出变量的含义。

进一步输入命令：

edit 函数名. m

即可看到该函数的 MATLAB 源代码，并可根据自己的需要在此基础上扩充或修改相关命令，形成新的 M 文件。

1. **mean**（求均值）

函数格式：**y＝mean（X，dim），mean（X）**

mean 函数用于求一个矩阵的行或者列均值。

如果 X 是向量，mean（X）是向量的均值，返回一个数值给 y。

如果 X 是矩阵，mean 函数返回一个列向量或者行向量给 y，当 dim＝1 时，返回一个由 X 的每一列的列均值构成的行向量；当 dim＝2时，返回一个由 X 的每一行的行均值构成的列向量。dim 的默认值是 1。

例如，若矩阵

X＝

0　1　2

3　　4　　5

输入命令

y=mean(X)或 y=mean(X,1)

可得

y=[1.5　2.5　3.5]

输入命令

y=mean(X,2)

可得

y=

1

4

2. **sum**(求和)

函数格式:**sum(X,dim)**, **sum(X)**

当 X 是向量时,sum(X)求向量各元素的和;

若 X 为矩阵,sum(X,1)返回矩阵 X 中每一列的和构成的行向量;sum(X,2)返回矩阵 X 中每一行的和构成的列向量;dim 的默认值是 1。

例如,对矩阵 $\boldsymbol{X}$=

0　　1　　2

3　　4　　5

输入 MATLAB 命令

sum(X)或 sum(X,1)

可得

ans=

3　　5　　7

输入命令

sum(X,2)

可得：

ans=

3

12

3. **max**(求最大值)

函数格式：**max(X, [], dim)**, **max(X)**, **[Y, I]=max(X, [], dim)**

当 X 是向量，max(X)返回 X 向量的最大元素值；

若 X 为矩阵，max(X,[],1)返回矩阵 X 中每一列的最大值构成的行向量；max(X,[],2)返回矩阵 X 中每一行的最大值构成的列向量；dim 的默认值是 1。

采用[Y,I]=max(X,[],dim)调用命令时，Y 数组存放 X 的行或列的最大值，I 存放对应的行(列)最大值所在的列号或行号

例如，对矩阵 ***X*=**

0 1 2

3 4 5

输入 MATLAB 命令：

max(X)或 **max(X,[],1)**

可得

ans=

3 4 5

输入命令

max(X,[],2)

可得

ans=

2

5

输入命令

[Y,I]=max(X,[],1)

可得

Y=

3　4　5

I=

2　2　2

输入命令

[Y,I]=max(X,[],2)

可得

Y=

2

5

I=

3

3

4. **min**(求最小值)

函数格式:**min(X, [], dim)**, **min(X)**, **[Y,I]=min(X,[],dim)**

当 X 是向量,min(X)返回 X 向量的最小元素值;

若 X 为矩阵,min(X,[],1)返回矩阵 X 中每一列的最小值构成的行向量;min(X,[],2)返回矩阵 X 中每一行的最小值构成的列向量;dim 的默认值是 1。

采用[Y,I]=min(X,[],dim)调用命令时,Y 数组存放 X 的行或列的最小值,I 存放对应的行(列)最小值所在的列号或行号

例如,对矩阵***X*=**

0　1　2

3　4　5

输入 MATLAB 命令

min(X)或 **min(X,[],1)**

可得

```
ans=
    0    1    2
```

输入命令

min(X,[],2)

可得

```
ans=
    0
    3
```

输入命令

[Y,I]=min(X,[],1)

可得

```
Y=
    0    1    2

I=
    1    1    1
```

输入命令

[Y,I]=max(X,[],2)

可得

```
Y=
    0
    3

I=
```

```
1
1
```

5. **var**(求方差)

函数格式:**var(X)**, **var(X,1)**

若 X 是向量,var(X)返回 X 的方差;

若 X 是矩阵,var(X)或 var(X,1)返回由 X 的每一列的方差构成的行向量;其中 var(X)的计算中除以 $N-1$(N 为列向量长度),如果样品服从正态分布,var(X)可给出 X 的最佳无偏估计;var(X,1)的计算中除以 N(N 为列向量长度),可生成样本围绕均值的二阶矩。

例如,若

```
X=
    4    -2    1
    9     5    7
```

输入命令

```
var(X)
```

可得

```
ans=
    12.5000   24.5000   18.0000
```

输入命令

```
var(X,1)
```

可得

```
ans=
    6.2500   12.2500    9.0000
```

6. **std**(求标准方差)

函数格式:**std(X)**, **std(X,1)**

若 X 是向量,std(X)返回 X 的标准方差;

若 X 是矩阵,std(X)或 std(X,1)返回由 X 的每一列的标准方差构成的行向量;其中 std(X)的计算中除以 $N-1$(N 为列向量长度);std(X,1)的计算中除以 N(N 为列向量长度)。

例如,若

```
X=
    4    -2    1
    9     5    7
```

输入命令

std(X)

可得

```
ans=
    3.5355    4.9497    4.2426
```

输入命令

std(X,1)

可得

```
ans=
    2.5000    3.5000    3.0000
```

7. **cov**(求协方差)

函数格式:**cov(X), cov(X,Y), cov(X,1), cov(X,Y,1)**

若 X 是向量,cov(X)返回 X 的方差。

若 X 是矩阵(每一行代表一个样本,每一列代表一个变量),cov(X)是变量的协方差矩阵,其对角元 diag(cov(X))是变量的方差构成的向量,其对角元的开方 sqrt(diag(cov(X)))是标准方差构成的向量;若 X 与 Y 是长度相等的向量,cov(X,Y)为向量 X、Y 之间的协方差。

cov(X)或 cov(X,Y)均除以 $N-1$(N 是样本个数);cov(X,1)或 cov(X,Y,1)均除以 N。

例如,若

X=

1	**2**	**3**
3	**2**	**0**
2	**1**	**2**
1	**3**	**1**

输入命令

cov(X)

可得

ans=

0.9167	**−0.3333**	**−0.8333**
−0.3333	**0.6667**	**−0.3333**
−0.8333	**−0.3333**	**1.6667**

输入命令

cov(X,1)

可得

ans=

0.6875	**−0.2500**	**−0.6250**
−0.2500	**0.5000**	**−0.2500**
−0.6250	**−0.2500**	**1.2500**

8. **corrcoef**(求相关系数)

函数格式:**R=corrcoef(X), R=corrcoef(X,Y)**

R=corrcoef(X)计算矩阵 X 的变量间的相关系数,X 的每一行为一个样本,每一列为一个变量。

R=corrcoef(X,Y)计算向量 X 与 Y 间的相关系数(X 与 Y 的长度相等)

例如,若矩阵

X=

1	2	3
3	2	0
2	1	2
1	3	1

输入命令

```
R=corrcoef(X)
```

可得

R=

1.0000	−0.4264	−0.6742
−0.4264	1.0000	−0.3162
−0.6742	−0.3162	1.0000

若矩阵

Y=

1	1	3
2	3	1
3	4	2
2	4	2

输入命令

```
R=corrcoef(X,Y)
```

可得

R=

1.0000	0.4388
0.4388	1.0000

9. **finv**(求F分布函数的临界值)

函数格式:**Fcrit=finv(P, V1, V2)**

finv 是 F 累积分布函数的倒数,返回自由度为 $V1$ 和 $V2$ 时,在

概率 P 下的 F 分布的倒数。

例如,要获得 $\alpha=0.05$,自由度 $m=2, n-m-1=4$ 下的 F 分布的临界值,在 MATLAB 下输入命令

Fcrit＝finv(0.95，2，4)

可得

Fcrit＝6.9443

或者输入命令

Fcrit＝1/finv(0.05，4，2)

可得

Fcrit＝6.9443

10. **tinv**(求 t 分布函数的临界值)

函数格式:**tcrit＝tinv(P,V)**

tinv 是 T 累积分布函数(cdf)的倒数,返回自由度为 V,概率 P 下的 t 分布的倒数。

例如,要获得 $\alpha=0.05$,自由度 $V=4$ 下的 t 分布的临界值,在 MATLAB 下输入命令

tcrit＝tinv(0.95，4)

可得

tcrit＝2.1318

11. **size**(求矩阵的维数)

函数格式:**D＝size(X)，[n,m]＝size(X)，M＝size(X,dim)**

$D=$ size(X) 返回 $M\times N$ 矩阵 X 的行与列,D 中有 2 个元素,第 1 个元素是矩阵 X 的行数,第 2 个元素是矩阵 X 的列数;若 X 是个 N 维的数组,size(X)返回该数组的长度;

[M,N]＝size(X)以矩阵的行数(M)与列数(N)为返回变量;

$M=$ SIZE(X,dim) 当 dim $=1$ 时返回矩阵 X 的行数,当 dim＝

2 时返回矩阵 X 的列数。

例如,若矩阵

```
X=
      1     2     4
      2     3     5
```

输入命令

```
D=size(X)
```

可得

```
D=
      2     3
```

输入命令

```
[n,m]=size(X)
```

可得

```
n=2
m=3
```

输入命令

```
M=size(X,1)
```

可得

```
M=2
```

输入命令

```
M=size(X,2)
```

可得

```
M=3
```

12. **ones**(生成以 1 为元素的矩阵)

函数格式:**ones(N)**, **ones(M,N)**

ones(*N*)生成一个 *N* * *N* 的单位矩阵;ones(*M*,*N*)生成一个 *M* * *N*的单位矩阵

例如,在 MATLAB 下输入命令

```
ones(4)
```

可得

```
ans=
    1    1    1    1
    1    1    1    1
    1    1    1    1
    1    1    1    1
```

输入命令

```
ones(3,2)
```

可得

```
ans=
    1    1
    1    1
    1    1
```

13. **repmat**(矩阵的复制与叠加)

函数格式:**B=repmat(A,M,N)**

repmat 函数可实现数组的复制与叠加,在进行矩阵运算时,利用 repmat 函数可使程序的编写简单便捷。

B=repmat(*A*,*M*,*N*) 创建一个含有 $M \times N$ 个矩阵 *A* 的新矩阵 *B*

当 *A* 是一个向量时,repmat(*A*,*M*,*N*) 经常被用来生成一个由 *A* 的数值组成的 $M \times N$ 的矩阵,当 *M* 与 *N* 值很大时,运行 repmat(*A*,*M*,*N*)比 *A* * ones(*M*,*N*)要快得多。

例如,若矩阵

```
A=
     1     2     1
     2     3     5
```

在 MATLAB 下输入命令

```
B=repmat(A,2,3)
```

可得

```
B=
     1     2     1     1     2     1     1     2     1
     2     3     5     2     3     5     2     3     5
     1     2     1     1     2     1     1     2     1
     2     3     5     2     3     5     2     3     5
```

输入命令

```
B=repmat(A,3,1)
```

可得

```
B=
     1     2     1
     2     3     5
     1     2     1
     2     3     5
     1     2     1
     2     3     5
```

14. **cumsum**(累积求和函数)

函数格式:**cumsum(X)**或 **cumsum(X,dim)**

若 X 是向量,cumsum(X)返回一个以 X 的元素的累积求和构成的向量;

dim 的默认值为 1，若 X 是矩阵，cumsum(X)与 cumsum(X,1)返回一个与 X 维数相同、由 X 的每一列的元素累积求和构成的矩阵；cumsum(X,2)返回一个与 X 维数相同、由 X 的每一行的元素累积求和构成的矩阵。

例如，若矩阵

X=

[0　1　2

3　4　5]

则 cumsum(X,1)=[0　1　2

3　5　7]

cumsum(X,2)=[0　1　3

3　7　12]

15. **eig**(特征分解函数)

函数格式：**E=eig(X)，[V,D]=eig(X)，E=eig(B,A)，[V,D]=eig(B,A)**

eig 函数进行矩阵 X 的特征分解或 $(\boldsymbol{B}-\lambda\boldsymbol{A})\boldsymbol{V}=\mathbf{0}$ 的广义特征分解，返回特征值与特征向量。

E=**eig**(X)是一个由方阵 X 的特征值构成的向量。

[V,D]=**eig**(X)生成一个由 X 的特征值构成的对角矩阵 D 和一个特征向量矩阵 V，V 的每一列为对应特征值的特征向量，$X*V=V*D$。

E=**eig**(B,A)是方阵 A 和 B 的广义特征值组成的向量。

[V,D]=**eig**(B,A)生成一个由广义特征值组成的对角矩阵 D 和一个特征向量矩阵 V，V 的每一列为对应特征值的特征向量，$B*V=A*V*D$。

eig 函数按照从小到大的顺序给出特征值及其对应的特征向量。

16. **plot**(绘图函数)

函数格式：**plot(X,Y,'S')** 或 **plot(X1,Y1,'S1',X2,Y2,'S2',... Xn,Yn,'Sn')**

其中 X 和 Y 为长度相同的向量，分别用于存储 X 坐标和 Y 坐标数据，S 为图形特征，即可以对画出的图形的颜色、图标等自定义。具体颜色、图标定义可在 matlab 中 help plot 命令中查询。当我们想在同一坐标系下画出多条曲线时，只需增加 X、Y 向量的个数即可，且每条曲线均可以自定义颜色、图标。

例如，在 matlab 命令中输入命令

```
x=0: pi/100 :2 * pi;
y=2 * exp(-0.5 * x). * cos(4 * pi * x);
plot(x,y,'b')
```

即可看到如下图形

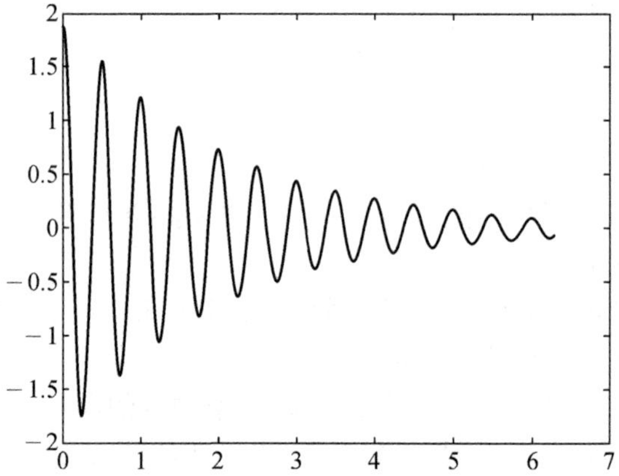

对于多条曲线

在 matlab 中输入如下命令

```
x1=linspace(0,2 * pi,100);
x2=linspace(0,3 * pi,100);
x3=linspace(0,4 * pi,100);
y1=sin(x1);
y2=1+sin(x2);
y3=2+sin(x3);
plot(x1,y1,'k-',x2,y2,'k:',x3,y3,'k--')
```

即可看到如下图形

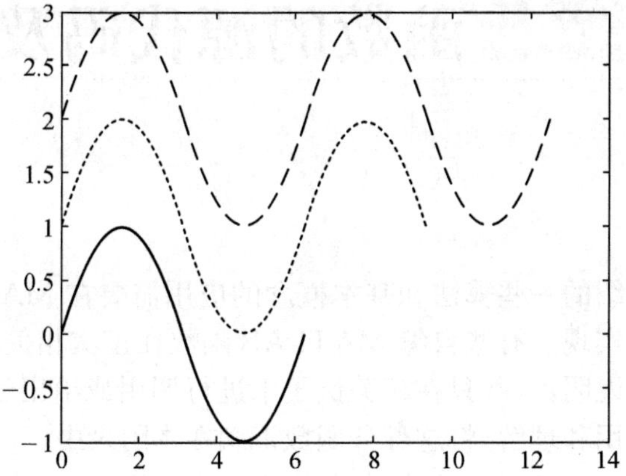

附录3 本书自编 MATLAB 函数的源代码及注释

本书介绍的一些算法和基本概念的应用需要在 MATLAB 下编辑命令得以实现。有些自编 MATLAB 函数在正文相关章节已有源代码和相应说明，有些只在相关例子中进行调用或给出运行结果，为便于读者使用和理解，将这部分函数汇编在本附录中。

1. 精密度测试光谱的标准方差光谱的计算

本书第 2 章的式(2－11)介绍了应用精密度测试光谱的标准方差评价光谱质量的公式与方法，其应用通过下述自编函数实现(该函数要求输入数据文件为 csv 格式)

function [data,x,dirs,stdA]=SVSRS(filedir,filetype,k)

% 对多个光谱进行标准差分析(若各光谱的波长点不相等则该函数无法使用)

*% **filedir**—光谱文件所在目录，**filetype**—文件类型，两者必须以字符串形式输入。*

*% 例如 SVSRS ('**c:/matlab/work/data/**','***.csv**',**0**)即为对路径**c:/matlab/work/data**中的光谱进行标准方差计算*

*% **k=0**，对原始光谱进行标准方差分析；*

*% **k=1**，对光谱进行一阶导数处理后再进行标准方差分析；*

*% **k=2**，对光谱进行 **SNV** 预处理后再进行标准方差分析；*

*% **k=3**，对光谱进行 **MSC** 预处理后再进行标准方差分析*

% x 为光谱的横坐标(波数或波长)，data 为光谱吸光度矩阵(行为样本序号，列为光谱点序号)

*% **dirs** 为所计算路径下光谱文件名(字符串)组成的列向量*

*% **stdA** 为指定路径下光谱的标准方差构成的行向量*

d=dir([filedir filetype])；

```
for i=1:length(d)
    temp=load([filedir d(i).name]);
% 将 filedir 目录下第 i 个光谱文件中的数据赋给 temp 矩阵,temp 的第 1 列为光谱横坐标(波数或波长点),第 2 列为该光谱的吸光度
    data(i,:)=temp(:,2)';
% 将第 i 条光谱的吸光度赋给 data 矩阵,data 的每一行为一条光谱
    if i==1
        dirs=d(i).name;
    else
        dirs=strvcat(dirs,d(i).name); %将第 i 个光的文件赋给 dirs
    end
end
% 以上为读入光谱数据的命令
x=temp(:,1); % 将光谱横坐标赋给 x
[n,m]=size(data); %将样本个数赋给 n,光谱点个数赋给 m
if k<1  % 若 k<1 计算原始光谱的标准方差并作图
  stdA=std(data);
plot(x,stdA');

elseif k==1  % 若 k=1 对光谱进行一阶导数预处理后求其标准方差并作图
b1=gradient(data);     %对光谱求一阶导数
for i=1:n
    A(i,:)=smooth(b1(i,:)',11,'sgolay')';  %对导数光谱进行 11 点光滑
end
stdA=std(A);
plot(x,stdA');
```

```
elseif k==2 %若 k=2 对光谱进行 SNV 预处理后求其标准方差并作图
    A=(data-repmat(mean(data,2),1,m))./repmat(std(data,0,2),1,m);
    % 对光谱数据进行 SNV 预处理并赋给 A
    stdA=std(A);
    plot(x,stdA')

else k==3 %若 k=3 对光谱进行 MSC 预处理后求其标准方差并作图
    % 以下对光谱数据矩阵 data 进行 msc 预处理
    msp=mean(data);
    for i=1:n
        B=regress(data(i,:)',[msp;ones(1,m)]',0.01);
        Amsc(i,:)=(data(i,:)-repmat(B(2,1),1,m))./B(1,1);
    end
    % 完成对 data 的 msc 预处理
    stdA=std(Amsc);
    plot(x,stdA');
end
% end of 标准方差光谱计算
```

例 1 在 MATLAB 下分别输入如下命令

```
[data,x,dirs,stdA]=SVSRS('E:\基础化学计量学及其应用\repeat/','*.csv',0);
[data,x,dirs,stdA]=SVSRS('E:\基础化学计量学及其应用\repeat/','*.csv',1);
[data,x,dirs,stdA]=SVSRS('E:\基础化学计量学及其应用\repeat/','*.csv',2);
[data,x,dirs,stdA]=SVSRS('E:\基础化学计量学及其应用\repeat/','*.csv',3);
```

打开 dirs 可看到该路径下同一广藿香挥发油样品连续 5 次测得的 5 条近红外光谱文件名

dirs＝
ghx2001. CSV
ghx2002. CSV
ghx2003. CSV
ghx2004. CSV
ghx2005. CSV

分别得到下面 4 个标准方差光谱图

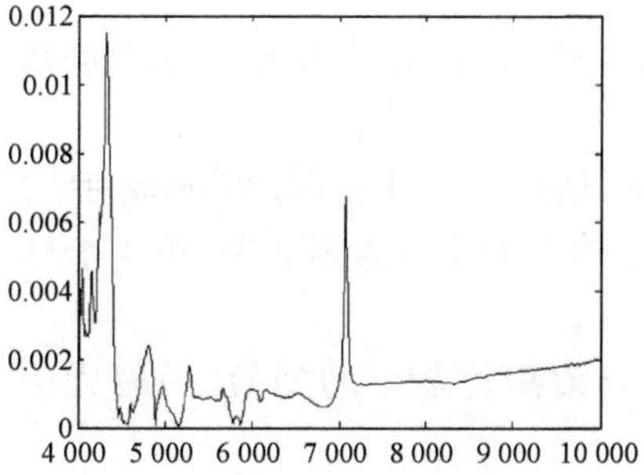
(a) 广藿香挥发油精密度测试
原始光谱的标准方差

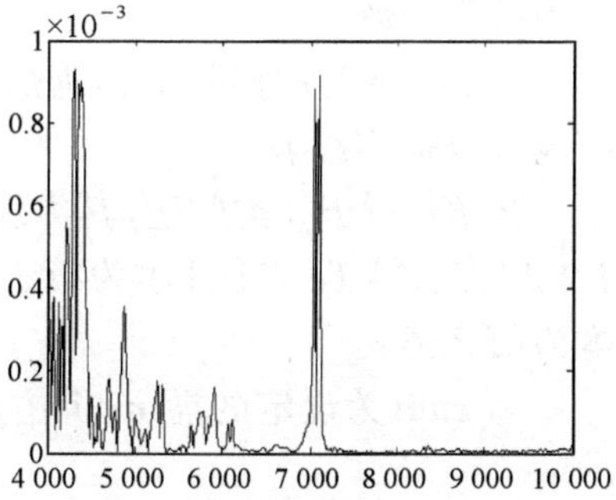
(b) 广藿香挥发油精密度测试
一阶导数光谱的标准方差

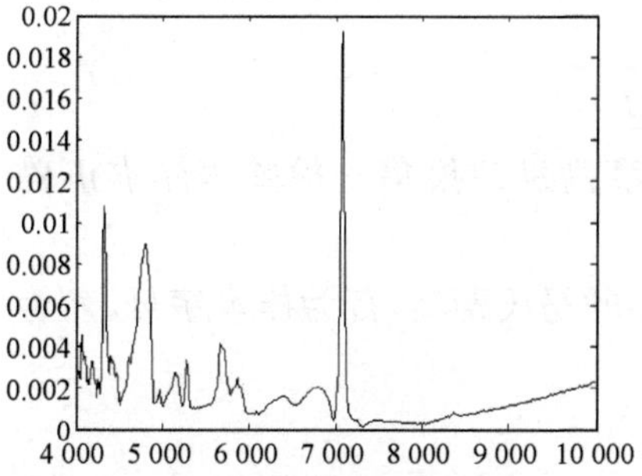
(c) 广藿香挥发油精密度测试
SNV光谱的标准方差

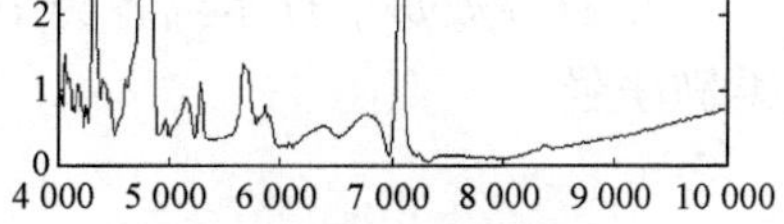
(d) 广藿香挥发油精密度测试
MSC光谱的标准方差

2. 简化的 *KNN* 模式识别方法(SKNN)

8.4.1 节介绍了 *KNN* 模式识别方法及其简化的类重心模式识别方法并在例 8－6 与例 8－7 中演示了在 MATLAB 下处理该例的步骤与命令。基于主成分空间下马氏距离的类重心判别方法(即例 8－7中的方法)完整和通用的 M 文件源代码如下

```
function [cgroup_model, percent, vgroup_model, Acr, D] = SKNN(usage,feature,group,cum)
% 以离散变量为模式特征,以主成分空间下样本到各个类重心的马氏距离为判别依据的简化 KNN 模式识别方法
% usage 是样本的用途矩阵,1 为训练集,2 为预测集或检验集
% feature 为样本的特征变量矩阵,该矩阵行数为样本个数,列数为特征个数
% group 为提供样本类别信息的列向量,对应的元素可以是数字也可以是字符串
% 例:对于 3 类问题,其类别分别用 1, 2, 3 表示,则 group=[1 1 2 3]表示第 1, 2 个样本为第 1 类,第 3 个样本为第 2 类,第 4 个样本为第 3 类
% cum 为设定的前 m 个主成分累积贡献率的阈值,一般大于 0.9
% cgroup 是预测的建模集样本类别
% percent 是检验集预测正确率(即模型判别检验集正确的样本数与检验集样本个数之比)
% vgroup 检验集样本类别信息
% Acr 整体预测正确率(即模型判别建模集+检验集样本正确个数与总样本数之比)
% D 存放每个样本到各类中心的马氏距离,行为样本序号,列为类别序号

if nargin < 3
    error('本函数至少需要 3 个输入参数');
end
```

```
[n,d]=size(feature); %n 为总样本数,d 为特征个数
if size(group,1) ~=n
    error('GROUP 的长度必须等于 feature 的长度');
end

[pc,score,latent]=princomp(feature);
% 对特征进行主成分分析,消除特征间的相关性
yt=cumsum(latent)./sum(latent);
%求每个特征值下对应的累计贡献率并赋给 yt
% 以下确定主成个数
M=[];
for i=1:d
    if yt(i)>=cum
        m=i;
        M=[M;m];
    end
pcm=min(M);
end
pcm
lmd=latent(1:pcm)'
% 完成主成分个数的确定

smpidx=find(usage==2);  %将检验集样本的序号赋给
smpidx
trnidx=find(usage==1);  %将训练集样本的序号赋给
trnidx
if length(trnidx)<3
    error ('训练集至少要含有 3 个样本');
end

score=score(:,1:pcm);%将选定的 pcm 个主成分得分赋给
```

score

trnscore=score(trnidx,:);*%将训练集的* **pcm** *个主成分得分赋给* **trnscore**

tgroup=group(trnidx,:)　*%将训练集的类别信息赋给* **tgroup** *并屏幕显示结果*

vgroup=group(smpidx,:)*%将检验集的类别信息赋给* **vgroup** *并屏幕显示结果*

[gindext,groupt]=grp2idx(tgroup);*%将训练集样本的类别信息赋给列向量* **gindext**

ngroupt=length(groupt);*%将训练集中的总类别数赋给* **ngroupt**

gtsize=hist(gindext,1:ngroupt);

%统计训练集每个类中的样本数目并赋给行向量 **gtsize，gtsize** *中的每一列表示对应类的训练集样本数目*

ntrn=length(trnidx);*%将训练集样本数赋给* **ntrn**

[gindexv,groupv]=grp2idx(vgroup);*%将检验集样本的类别信息赋给列向量* **gindexv**

ngroupv=length(groupv);*%将检验集中的总类别数赋给* **ngroupv**

gvsize=hist(gindexv,1:ngroupv);

nv=length(smpidx);*%将检验集样本数赋给* **nv**

% 以下在主成分空间计算训练集中每个类的类重心

gmeans=repmat(NaN, ngroupt, pcm);*%开一个行数为类别数、列数为主成分个数的矩阵* **gmeans**

for k=1:ngroupt

　　gmeans(k,:)=mean(trnscore(find(gindext==k),:),1)

%将第 **k** *类训练集样本的主成分平均得分赋给* **gmeans** *的第* **k** *行*

end

% 结束每个类的重心坐标(该类样本的主成分得分平均值)的

计算并将结果存放在矩阵 ***gmeans*** *中*

　　% 以下开始计算每个样本到各个类重心的马氏距离

　　D=repmat(NaN,n,ngroupt); *%开一个行数为样本数、列数为类别数的矩阵* ***D***

　　for k1=1:ngroupt

　　　　temp=gmeans(k1,:);

　　　　x1=(score - repmat(temp,n,1)).^2;

　　　　x2=x1./repmat(lmd,n,1);

　　　　　　D(:,k1)=sqrt(sum(x2,2));

　　　　end

　　% 每个样本到各个类重心的马氏距离计算结束,存储在矩阵 ***D*** *中*

　　[Dmin,G]=min(D,[],2);*%将矩阵* ***D*** *的每一行的最小值赋给* ***Dmin,D*** *中该行最小值所在的列号赋给* ***G***

　　gaindex=repmat(NaN,n,1); *%开一个行数为样本数* ***n*** *的列向量* ***gaindex***

　　gaindex(trnidx,:)=gindext; *%将训练集类别信息按训练集的样本序号放入* ***gaindex*** *的对应行*

　　gaindex(smpidx,:)=gindexv; *%将检验集类别信息按检验集的样本序号放入* ***gaindex*** *的对应行*

　　Acrn=sum(G==gaindex); *%统计判别正确的样本总数(训练集+检验集)*

　　cgroup_model=G(trnidx);*%将预测的训练集类别信息放在* ***cgroup_model***

　　Acr=Acrn/n　*%计算整体正确率*

　　vgroup_model=G(smpidx);*%将预测的检验集类别信息放在* ***vgroup_model***

　　crt=sum(vgroup==vgroup_model);*%统计判断正确的检验集样本个数*

　　if nv>0

percent=crt/nv *%计算检验集预测正确率*

else percent=NaN *%未定义检验集样本时* ***nv=0*** *则预测正确率输出为* ***NaN***

end

% ***end of the M file***

例 2　以表 8-3(b)中的数据为特征变量矩阵 feature(矩阵维数为 18×7,即 18 个样本,7 个变量),根据例 8-7,选择所有样本都为建模集,则

usage=(1　1　1　1　1　1　1　1　1　1　1　1　1　1　1　1　1　1)'
group=(1　1　1　1　1　1　1　1　1　2　2　2　2　2　2　2　2　2)'

在 MATLAB 下输入命令

[cgroup_model, percent, vgroup_model, Acr, D]=SKNN(usage, feature, group, 0.99)

后屏幕显示

pcm=

6(即定义累积贡献率为 0.99 时程序选择了 6 个主成分)

lmd=

1.1229　0.6351　0.3820　0.3233　0.0857
0.0320

(前 6 个主成分对应的方差在 lmd 向量中)

tgroup=

1
1
1
1
1

```
1
1
1
1
2
2
2
2
2
2
2
2
2
```

（由于 usage 中定义所有样本都作为训练集，故训练集类别信息数组 tgroup 中有 18 个样本）

```
vgroup=
    Empty matrix: 0-by-1
```

（没有定义检验集样本故检验集样本类别信息数组 vgroup 是空数组）

```
gmeans=
    -0.8337   0.2241   0.1422   0.0358   -0.0378   0.0004
        NaN      NaN       NaN      NaN       NaN      NaN
```

（gmeans 中存放每个类中心在主成分空间的坐标，对于第一次循环只给出第一个类中心坐标——在第 1 行，第 2 行还未进行计算，故类中心坐标为 NaN）

```
gmeans=
```

−0.8337	0.2241	0.1422	0.0358	−0.0378	0.0004
0.8337	−0.2241	−0.1422	−0.0358	0.0378	−0.0004

(第 2 次循环结束,2 个类中心的坐标分别在第 1、2 行)

Acr=1

(整体正确率为 1,即对所有样本的判别均正确)

percent=

NaN

(由于没有定义检验集,故预测正确率 percent 无结果)

打开数组 D',可得

D'=

1.0606	0.8980	1.7122	1.5294	3.6476	2.9670	2.6488
1.9896	2.1840	2.7632	2.8588	3.9731	3.3068	3.0350

1.1827	1.9630	2.7168	2.7602	2.7033	2.7264	2.5622
2.0581	2.1574	2.2747	2.6625	2.3159	2.3557	1.8151

2.8609	3.2958	2.8574	3.2853
2.0128	2.3425	2.1621	2.4182

可见 D'的第 1 行与例 8-7 的表 8-5(a)相同、D'的第 2 行与例 8-7 的表 8-5(b)相同。

打开数组 cgroup_model 得

cgroup_model=(1 1 1 1 1 1 1 1 1 2 2 2 2 2 2 2 2 2)'

说明模型对 18 个样本均给出正确的判别。

例 3　例 2 演示了例 8－7 在自编 M 文件 SKNN. m 下运行的结果，下面我们仍以表 8－3(b) 中的数据为特征变量矩阵 feature，分别选择第 1、2 层的第一个样本为检验集，其余样本为训练集。则

usage=(2　1　1　1　1　1　1　1　1　2　1　1　1　1　1　1　1　1)'
group=(1　1　1　1　1　1　1　1　1　2　2　2　2　2　2　2　2　2)'

在 MATLAB 下输入命令

[cgroup_model, percent, vgroup_model, Acr, D]=SKNN(usage, feature, group, 0.99)

后屏幕显示

```
pcm=
    6

lmd=
    1.1229    0.6351    0.3820    0.3233    0.0857    0.0320

tgroup=
    1
    1
    1
    1
    1
    1
    1
    1
    2
    2
    2
    2
```

2
2
2
2

(即训练集中有 16 个样本,前 8 个为第 1 类,后 8 个为第 2 类)。

vgroup=
1
2

(即检验集中有 2 个样本,第 1 个样本为第 1 类,第 2 个样本为第 2 类)

gmeans=
−0.8703 0.1307 0.1704 0.0456 −0.0426 0.0001
NaN NaN NaN NaN NaN NaN

gmeans=
−0.8703 0.1307 0.1704 0.0456 −0.0426 0.0001
0.9378 −0.2378 −0.0103 0.0494 0.0463 −0.0087

(比较此处的 gmeans 与例 2 的 gmeans 不同,这是因为本例的训练集样本只有 16 个而例 2 中选择了全部 18 个样本作为训练集)

Acr=
0.9444

(整体正确率为 0.9444,说明模型有判别错的样本)

percent=
1

（预测正确率为 1，说明 2 个检验集样本都判别正确）

打开 cgroup_model'可得模型给出的 16 个训练集样本的类别信息：

cgroup_model'=

1 1 1 1 1 1 1 1 1 2 2 2 2 2 2 2

可见，训练集的第 9 个样本实际类别是第 2 类但模型判别为第 1 类，故训练集错判 1 个样本。

打开 vgroup_model'，有

vgroup_model'=

1 2

与 2 个检验集样本的实际类别相同，说明检验集样本判别正确。

打开 D'可得 18 个样本到 2 个类中心的马氏距离为

D'=

1.1932	0.9642	1.8191	1.5942	3.5961	2.9214	2.5989
2.0779	2.2090	2.7822	2.8334	4.0196	3.2926	3.0770

1.2085	1.9624	2.7566	**2.7244**	2.6754	2.7468	2.5283
2.1959	2.1955	2.5591	**2.7610**	2.4560	2.2213	1.5996

2.8485	3.3775	2.8186	3.3424
1.8204	2.4463	1.9877	2.5127

从 D 的数据可以看出，第 11 个样本到类 1 的马氏距离小于到其自身所处地层类 2 的马氏距离，故模型判别为类 1 与实际不符，该样本为训练集中样本，所以预测正确率为 100%，但将训练集与检验集样本一起考虑时模型的整体正确率为 17/18=94.44%。

3. **Fisher** 判别分析方法

8.4.3 介绍了 Fisher 判别分析模式识别方法，其 M 文件源代码如下

```
function [d,d1,d2,w,A,B]=fisher_eig(x1,x2,x)
% 求 Fisher 判别分析中的判别向量 w 并对样本进行判别分析
% x1 为类 1 中建模样本的数据矩阵；x2 为类 2 中建模样本的数据矩阵；x 为检验集(或预测集)样本的数据矩阵
% 输出变量 A、B 分别为类内和类间方差构成的矩阵；d 为检验集样本的 Fisher 判别值；d1 与 d2 分别为类 1 和类 2 样本的 Fisher 判别值

[n1,m1]=size(x1);
%求矩阵 x1 的行数 n1(类 1 中的样本个数)与列数 m1(变量个数)
[n2,m2]=size(x2);
%求矩阵 x2 的行数 n2(类 2 中的样本个数)与列数 m2(变量个数)
[n,m]=size(x);  %求矩阵 x 的行数 n(未知样本个数)与列数 m(变量个数)

if(m2~=m1),
    error(' x1 与 x2 的列数必须相等');
end
if(m~=m1)
    error('预测样本与建模样本的变量数必须相等')
end
mx1=sum(x1)/n1;
%求类 1 中每个变量的均值并赋给 mx1(mx1 为一行向量，其变量个数为 m1)
mx2=sum(x2)/n1;
%求类 2 中每个变量的均值并赋给 mx2(mx2 为一行向量，其变量个数为 m2,m2=m1)
mx=(n1*mx1+n2*mx2)/(n1+n2);
```

```
%根据式(8-25)求每个变量在2个类中的加权均值
x1a=x1-repmat(mx1,n1,1); %将x1中的每个变量减去该变量在类1中的列均值
x2a=x2-repmat(mx2,n2,1); %将x1中的每个变量减去该变量在类2中的列均值
x1b=mx1-mx; %类1的每个变量的均值减去该变量的加权均值
x2b=mx2-mx; %类2的每个变量的均值减去该变量的加权均值
A=x1a'*x1a+x2a'*x2a; %根据式(8-22)求矩阵A
B=n1*x1b'*x1b+n2*x2b'*x2b; 根据式(8-23)求矩阵B
[u,D]=eig(B,A); %求解广义特征方程(8-26),u为广义特征向量组成的矩阵,d为特征值组成的对矩阵
r=abs(sum(D)); %求出最大特征值
p=find(r==max(r)); %找出最大特征值所在位置
w=u(:,p);%找出最大特征值对应的特征向量
d1=x1*w; %求类1建模集的Fisher判别值的d1,d1为一列向量
d2=x2*w; %求类2建模集的Fisher判别值的d2,d2为一列向量
d=x*w; %求预测集(检验集)样本的Fisher的判别值

% end of function fisher_eig
```

4. PLS-DA 模式识别方法

```
function [ccr,cvr,ypredict,ycredict,yc,yp,ys]=PLS_DA(x1,y1,x2,y2,lv)
% 偏最小二乘线性判别程序
% 输入变量
% x1:建模集(训练集)的特征,行为样本序号,列为特征序号;
% y1:建模集的类别,行为样本序号,列为类别序号,样本属于
```

```
哪类则该类序号下这个样本的值为1,其他列的值为0。例如,y1的第2行=[1 0 0]指第2个样本属于第1类,样本集共分3个类别
    % x2:预测集或检验集的特征;y2:预测集的类别数组;lv:潜变量个数
    % 输出变量
    % yp:模型给出的检验集样本的y值;yc:模型给出的训练集样本的y值
    % ys:每个类里建模样本的模型y值与实际y值偏差的平均值构成的行向量,向量维数等于类别数
    [n1,m1]=size(x1); % 将训练集样本数赋给n1,变量数赋给m1
    [n2,m2]=size(x2); % 将检验(预测)集样本数赋给n2,变量数赋给m2
    nj=size(y1,2); % 将训练集类别数赋给nj
    ny=size(y2,2); % 将检验集类别数赋给ny
    if nj~=ny
        error('训练集与检验集类别数必须相等')
    end
    if m1~=m2
        error('训练集与检验集变量个数必须相等')
    end
    if lv>m1
        error('潜变量个数不能大于特征变量个数')
    end
    ys=[];
    ypredict=zeros(n2,nj);%开一个行数=检验集样本数、列数=类别数、元素值=0的数组ypredict以存放模型判别的检验集样本类别信息
    ycredict=zeros(n1,nj);%开一个行数=建模集样本数、列数=类别数、元素值=0的数组ycredict以存放模型判别的建模集样本类别信息
    yp=[];
```

```
    yc=[];
    hindexv=[];
    hindexc=[];
    for j=1:nj
        [theta,yres]=plsr(x1,y1(:,j),m1,lv);
        yre=mean(abs(yres));
        myre=mean(yre,2);
        ys=[ys myre];%将建模集的平均偏差赋给 ys
        ayc=x1 * theta'; %计算模型给出的建模集样本的 y 值并
赋给 ayc
        ayp=x2 * theta'; %计算模型给出的检验集样本的 y 值 ayp
        yc=[yc ayc]; %将模型给出的建模集样本的 y 值赋给 yc
        yp=[yp ayp]; % 将模型给出的检验集样本的 y 值赋给 yp

      end
      yre=abs(yp-y2);%计算检验集样本的偏差 yre
      ysv=[ysv yre]; %将检验集的偏差赋给 ysv
      yre=abs(yc-y1);%计算训练集样本的偏差 yre
      ysc=[ysc yre];%将训练集的偏差赋给 ysc
    for jj=1:nj
      for i=1:n2;%确定模型给出的检验集样本类别信息矩阵
ypredict
        if ysv(i,jj)>0.5
          ypredict(i,jj)=2;%若检验集样本 i 属于类别 jj 的偏差
大于 0.5,表明判别结果不可靠,定义该样本类别信息 ypredict=2(2
表示无法确定类别的灰色样本)
        elseif yp(i,jj)>0.5 & ysv(i,jj)<0.5
          ypredict(i,jj)=1; %若模型给出的检验集样本 i 属于类
别 jj 的判别值 yp>0.5 且其偏差小于 0.5,则可判断样本 i 属于 jj
类,定义其类别信息 ypredict=1
        elseif yp(i,jj)<0.5 & ysv(i,jj)<0.5
```

```
            ypredict(i,jj)=0; %若模型给出的检验集样本i属于类别jj的判别值yp<0.5且其偏差小于0.5,则可判断样本i不属于jj类,定义其类别信息ypredict=0
            end
        end
    [a,aa]=find( ypredict(:,:)>1);
    hindexv=[hindexv;a];%寻找灰色不确定样本(ypredict=2)的序号并将其赋给hindexv
    hindexv=[hindexv;a]
    yactv=y2; %将检验集的类别信息赋给yactv
    yactv(hindexv,:)=[]; % 将检验集中灰色样本所在行定义为空
    hypr=y2(hindexv,:); % 将检验集中灰色样本的类别信息赋给hypr
    ypp=ypredict; % 将模型判别的检验集类别信息赋给ypp
    ypp(hindexv,:)=[]; %将ypp中灰色样本所在行定义为空
    b=size(hypr,1); %统计检验集中灰色样本的个数
    nul=find(ypredict(:,1)==ypredict(:,2));
    nu=size(nul,1);
    d=n2-b+nu;%统计模型可明确判别类别的检验样本个数并赋给d
    c=ones(d,1); %开一个行为d、元素值为1的列向量c
    ccv=c;
    for kk=1:d
        for jjj=1:nj
            if yactv(kk,jjj)~=ypp(kk,jjj)
            ccv(kk,1)=0; %若模型判别的检验集样本类别与实际类别不同则ccv=0
            end
        end
    end
    cvr=sum(ccv)/n2; %计算模型对检验集样本判别的正确并赋
```

给 *cvr*

```
    for jj=1:nj
        for i=1:n1;%确定模型给出的训练集样本类别信息矩阵ycredict
            if ysc(i,jj)>0.5
                ycredict(i,jj)=2;%若训练集样本i属于类jj的偏差大于0.5,表明判别结果不可靠,定义该样本类别信息ycredict=2(2表示无法确定类别的灰色样本)
            elseif yc(i,jj)>0.5 & ysc(i,jj)<0.5
                ycredict(i,jj)=1; %若模型给出的训练集样本i属于类别jj的判别值yc>0.5且其偏差小于0.5,则可判断样本i属于jj类,定义其类别信息ycredict=1
            elseif yc(i,jj)<0.5 & ysc(i,jj)<0.5
                ycredict(i,jj)=0; %若模型给出的训练集样本i属于类别jj的判别值yc<0.5且其偏差小于0.5,则可判断样本i不属于jj类,定义其类别信息ycredict=0
        end
    end
    [a,aa]=find(ycredict(:,:)>1);
    hindexc=[hindexc;a]
    yact=y1; %将训练集的类别信息赋给yact
    yact(hindexc,:)=[]; % 将训练集中灰色样本所在行定义为空
    hypr=y1(hindexc,:); % 将训练集中灰色样本的类别信息赋给hypr
    ycp=ycredict; % 将模型判别的训练集类别信息赋给ycp
    ycp(hindexc,:)=[]; %将ycp中灰色样本所在行定义为空
    b=size(hypr,1); %统计模型判别为灰色样本的训练集样本个数
    nul=find(ycredict(:,1)==ycredict(:,2));
    nu=size(nul,1);
    d=n1-b+nu; %统计模型可明确判别类别的训练集样本个数并
```

```
赋给 d
    d=n1-b;%统计模可明确判别类别的训练集样本个数并赋给 d
    c=ones(d,1);%开一个行为 d、元素值为 1 的列向量 c
    cc=c;
    for kk=1:d
        for jjj=1:nj
            if yact(kk,jjj)~=ycp(kk,jjj)
            cc(kk,1)=0;%若模型判别的训练集样本类别与实际
类别不同则 cc=0
          end
        end
    end
    ccr=sum(cc)/n1; %计算模型对训练集样本判别的正确并赋
给 ccr
    % end of the M file
```

本函数的调用与应用见例 8-10。

"十二五"国家重点图书·现代化学与应用丛书·普通高等教育化学类专业规划教材——系列书目

书名	主编、编著(学校)
《无机化学》	穆 劲(华东理工大学)
《无机化学实验》	徐志珍(华东理工大学)
《有机化学》(上册、下册)	龚跃法 聂 进(华中科技大学)
《有机化学实验》	陈东红(华中科技大学)
《物理化学》	陈六平 童叶翔(中山大学)
《物理化学实验》	陈六平 童叶翔(中山大学)
《分析化学》	王海水 杭义萍(华南理工大学)
《分析化学实验》	刘建宇 王海水(华南理工大学)
《定量化学分析》	胡 坪(华东理工大学)
《波谱解析法(第二版)》	潘铁英 张玉兰 苏克曼(华东理工大学)
《有机合成》	杨光富(华中师范大学)
《高等有机化学基础(第三版)》	荣国斌(华东理工大学)
《精细化学品化学》	李祥高 冯亚青(天津大学)
《材料化学》	黄可龙(中南大学)
《环境化学》	高士祥(南京大学)
《环境化学实验》	高士祥(南京大学)
《糖化学基础》	陈国荣(华东理工大学)
《化学与应用化学专业英语》	王幸宜 戴启广(华东理工大学)
《化学计量学基础》	梁逸曾 易伦朝(中南大学)
《结晶化学》	林树坤 高绍康 陈建中(福州大学)
《基础化学计量学及其应用》	倪力军 张立国(华东理工大学)

内容提要

本书介绍化学计量学的基础知识及其应用，主要内容包括数学基础知识与 MATLAB 简介、相关分析及其应用、回归分析及其应用、实验设计与实验数据的处理、主成分分析及其在回归分析中的应用、化学校正理论及光谱定量分析技术、化学模式识别及其应用等。为了便于读者学习，本书配有 32 学时的教学课件，可作为高等院校教师教学时参考使用。

本书适合化学、应用化学及其相关专业本科生选作教材，同时也可作为分析化学计量专业研究人员的参考书和工具书。